科技政策研究方法丛书

丛书主编：方新

本丛书得到 | 科技部创新方法工作专项项目“科技政策研究的关键方法、工具集成与示范推广”（2013IM010100）
国家自然科学基金面上项目“关于科技政策学的方法论研究”（71373253） | 资助

Evaluation Methods in Science and Technology Policies Research

科技政策研究之评价方法

李 强 郑海军 李晓轩◎著

科学出版社

北 京

图书在版编目（CIP）数据

科技政策研究之评价方法 / 李强，郑海军，李晓轩著. —北京：科学出版社，2017.7

（科技政策研究方法丛书）

ISBN 978-7-03-051905-4

Ⅰ. ①科… Ⅱ. ①李… ②郑… ③李… Ⅲ. ①科技政策-评价-方法 Ⅳ. ①G301

中国版本图书馆 CIP 数据核字（2017）第 038335 号

丛书策划：侯俊琳

责任编辑：牛 玲 刘巧巧 / 责任校对：张小霞

责任印制：赵 博 / 封面设计：有道文化

编辑部电话：010-64035853

Email：houjunlin@mail.sciencep.com

科学出版社 出版

北京东黄城根北街 16 号

邮政编码：100717

http://www.sciencep.com

北京市金木堂数码科技有限公司印刷

科学出版社发行 各地新华书店经销

*

2017 年 7 月第 一 版 开本：720×1000 1/16

2025 年 3 月第七次印刷 印张：17

字数：300 000

定价：128.00元

（如有印装质量问题，我社负责调换）

丛书序

第二次世界大战以后，科技政策逐渐成为国家公共政策的重要组成部分，针对科技政策的学术研究也开始走上一条寄望成为一门学科的探索之路。成为一门学科的外部条件是要有本领域科学共同体的社会建制，内部条件是要对本领域的研究对象、研究方法有一定的共识。其中最为核心的就是能够共识性地选择研究问题，形成自身科学、合理、规范的研究方法体系。科技政策研究的学科探索之路，相比于经济、管理类其他子学科要更为曲折、艰辛。它的特殊之处在于，其科技维度追求客观和真实，其政策维度体现民主和价值。但是，客观真理并不一定能为人类社会提供及时、大众可接受的解决方案，对的也不一定就是好的。如同人们对于世界的认识曾不断徘徊于可知论与不可知论之间，科技政策研究也曾在事实与建构之间游弋。但毫无疑问，对这个领域来说，60多年的发展历史是它进一步成长的最大资本和机遇所在。2005年，美国总统科技政策办公室（OSTP）提出倡导和支持对科技政策学（science of science policy，SoSP）的研究，将科技政策研究作为一门新兴交叉学科发展，致力于为政府科技政策提供定量化的数据基础、方法和工具，帮助政策制定者更好地理解科技创新活动的规律。最近10多年，发达国家的政府及学界对科技政策研究的科学化与规范化异常重视，相关探索方兴未艾。在这一探索中，研究方法的规范化是一个无可逃避的关键问题。

当前，我国科技事业的发展中有很多内在的矛盾需要解决，科技政策在解决这些矛盾方面被寄予厚望。伴随改革开放，中国30多年科技体制改革的历程，也是科技政策研究者不懈探索的过程。2016年，中共中央、国务院印发了《国家创新驱动发展战略纲要》，召开了全国科技创新大会，吹响建设世界科技强国的号角。在这样的国家战略需求面前，科技界、科技工作者能不能给国家和人民交出满意的答卷，真正支撑国家发展，科技政策的研究能不能为决策提供科学的依据，已成为我们科技政策研究者面临的最大挑战。可以说，我国科技体制改革的深化迫切需要规范的科技政策研究给予支撑。从科技体制改革30多年的发展历程来看，以往改革的主要任务是突破在长期的计划体制下形成的科技体制，解放科技人员，解放科技生产力，促进科技与经济的紧密结合；而当前阶段改革的主要任务是建设国家创新体系。以往改革的最重要任务是“破”，而当前的主要任务则是“立”。对于前者而言，每走一步，需要“摸着石头过河”；而对于后者，则更需要顶层设计，需要统筹协调，就如同盖房子打地基一样，科学性和可靠性显然更为重要。从科技政策的研究实践来看，在“破”的阶段，政策制定者和研究者更多关注的是“为什么”的问题，如“为什么要增加科技预算?”“为什么要以企业作为创新主体?”等等；而在“立”的阶段，政策制定者和研究者则更多关注“怎样做”的问题，如“怎样提高科技经费的使用效率?”“怎样实现企业成为创新主体?”等等。从政策研究的角度来看，“为什么”的问题更多是靠理论推演或国际经验借鉴来回答，而“怎样做”的问题具有更高的系统性和复杂性，要科学而可靠地回答这类问题必须具有更坚实的实证基础以及更规范的研究来支撑。

30多年来，我国学者在科技政策研究领域已取得不少成就，但仍有一些不尽如人意之处。以问题为导向、一事一议的模板式解读多，以理论方法和经验数据为基准的实证性分析少，本领域研究方法的体系性和基本共识不足，研究成果的系统化和累积性差，研究的规范性还有待提高。最终我们看到的结果就是一些科技政策领域的重要问题，甚至是古老的主题，不断在较低水平上重复研究，真正可以累积的成果和研究突破寥寥可数。这显然会严重影响我国的科技政策研究能力，不利于科技政策的高效制定和实施。近年来，随着大量留学人员回国从事科研工作，与国际接轨的研究方法和研究规范问题得到一定程度的改善，但科技政策的特点和中国特色的问题还没有得到应有的关注。

由此，我们发起了一个科技政策学方法论研究的议程，尝试做了一点系统性的工作，希望借此引起学术界对科技政策学方法论研究的关注，共同开展更多基础性工作，弥补当前科技政策研究存在的不足，摆脱以完全应对现实问题为导向的被动式研究困境，以科学的方法和问题为指引，提升科技政策研究的水平和质量。这套丛书就是阶段性的研究成果，包括：《科技政策研究方法论》《科技政策研究之技术预见方法》《科技政策研究之评价方法》《科技政策研究之科学计量学方法》《科技政策研究之案例方法》《科技政策研究之社会调查方法》。其中，《科技政策研究方法论》是我们对科技政策研究方法体系建设的尝试，技术预见、科技评价、科学计量学、案例研究、社会调查等五个方法（群）则是科技政策研究中比较常用而又具有特色的方法。全套丛书从各种方法的发展历史、使用条件、实践展示等基础性内容入手，试图给读者描绘出工具性、系统性并存的科技政策研究方法体系。但限于作者学术水平和写作能力，书中如有不当之处，敬请指正。

最后还要感谢科技部创新方法工作专项项目“科技政策研究的关键方法、工具集成与示范推广”（2013IM010100）和国家自然科学基金面上项目“关于科技政策学的方法论研究”（71373253）的大力支持，感谢编委会各位同仁的辛勤工作，感谢科学出版社各位编辑的认真负责。

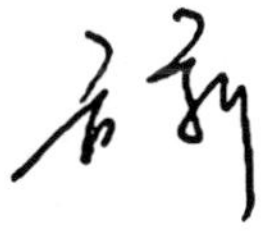

2017年2月

前　言

20世纪90年代以来，科技评价在我国逐渐兴起，成为政府及科研机构的一种重要的管理手段，并一直是科技界乃至社会关注的热点。在科技政策研究中，面临的评价问题往往会涉及政策分析、科技项目管理、机构评价、成果评价、人才评价、竞争力分析、绩效管理、技术预测等诸多方面，这些评价又可按时期分为事前评价、事中评价、事后评价以及元评价等。伴随着科技和经济社会发展对评价的大量需求，评价方法的迅速发展，尤其是在科技政策、科技计划、科研机构及科技人才等的评价中，社会学方法、统计分析法、经济学方法、文献计量法、运筹学方法和综合评价方法等诸多方法相互渗透、交叉融合。面对日益复杂的科技政策问题和日趋多样的评价方法需求，科技政策研究者越来越需要多学科理论及研究方法与手段的综合应用。

但就目前情况看，由于对评价理论与评价方法的梳理归纳和系统研究比较薄弱，对科学方法的基本规律与使用条件认识不足，尤其缺乏针对方法与问题匹配、理论与需求结合的总体研究，在实际应用中经常会出现方法不正当或不规范，以及不能选用合适方法的情况，因此制约着我国科技评价水平的提升以及科技政策研究水平的提升。

本书旨在根据科技政策的研究主题梳理并集成各类评价方法。从评价方法起源、分析步骤、数据处理、结果展示、适用条件与注意事项及与其他方法结合使用等方面，对各种评价方法的科学性、适用性、准确性和全面性做出总结与分析，并结合典型实例进行论述，以供广大读者借鉴和参考。

本书的十四个章节大体可分为两部分。第一章绪论部分，系统地阐释了科技政策研究中的评价过程、评价内容及需求特征，以评价理论与方法的发展为主线，按学科将评价方法分类，并以表格形式给出科技政策研究主要评价方法的特点、适用条件及典型应用实例，以便读者更好地阅读和参考本书，针对科技政策问题遴选评价方法。第二部分的十三个章节则是以社会学方法、统计分析法、经济学方法、运筹学方法和综合评价方法这样的学科分类为主线，对评价方法进行梳理和应用实例的介绍，以便读者更好地分析和解决问题。

社会学方法主要介绍了文献调查法、专家评议法、履历分析法及社会网络法等四种常用方法。结合目前转型期中国社会所面临的科技政策热点问题及对社会学方法规范研究和整合使用的现实需求，每种方法的介绍都结合典型实例展开。这些实例以笔者最新的研究成果为主，如基于社会网络法的评价理论研究网络及其可视化，是第一次结合方法原理系统地出现在此类著作中；除此以外，还参考和借鉴了中国科学院管理创新与评估研究中心研究团队的代表性工作，如“中国科学院研究所国际专家诊断评估”“博士后经历对科研人员职业发展影响评价”等。

统计分析法主要介绍了比较分析法、回归分析法、因子分析法和聚类分析法等四种常用方法。在科技政策研究中，统计学方法是最基础，也是应用最多的评价方法。为更好地使读者把握统计分析法的本质，本部分内容在方法介绍时都是从基本原理和数学模型出发，结合前人研究成果和笔者推导测算，着重说明每种方法的适用条件与注意事项，尤其是统计参数的含义与解释，以避免方法应用不当造成“表面上的科学性掩盖着实际上的不科学性甚至伪科学”的问题。

经济学方法主要介绍了成本收益法和效用函数法，这两种方法在近 20 年才成为欧美政府评价政策有效性的基本分析工具。为此，本部分内容在介绍方法的同时，也简要给出研发活动收益评价的案例供读者参考。

运筹学方法主要介绍了层次分析法和数据包络分析法。但是从 20 世纪 70 年代发展起来的这两种方法似乎又走向两个极端：层次分析法是当学者认识到数学工具并非万能，在决策过程中遇到大量因素无法定量表示时，转而借助决策者的选择和判断，通过层次清晰、判断合理、模型严谨，兼具定性和定量特点的分析工具来支撑决策；数据包络分析法则力求决策单元的输入、输出、环境条件参数及决策偏好的定量化。鉴于这样的差异，本部分内容特别从如何用层次分析法解决实际问题的角度入手，详述建模思想与基本步骤，并通过典型案例，从提出问题、引入方法、构建模型、设计问卷、分析数据直到得出结论，让读者能够学以致用；而对于数据包络分析法，则重点介绍不同模型所包含的决策思想——主要针对最小成本问题、最大收益问题抑或利润最大化问题等。

综合评价方法部分结合案例系统介绍了综合指数法、标杆基准法和战略地图法。其中，综合指数法对国内外主要科技评价指数的指标构成、样本空间、数据来源及合成方法进行了系统的介绍；标杆基准法则着重从应用的角度介绍了标杆“锚定”的方法，并结合“美国能源部国家实验室的绩效管理”的实例进行了阐释；战略地图法则是平衡计分卡方法的继承和发展。本书重点介绍了如何将该方法与组织战略和绩效测度有机结合，结合案例阐述了如何形成机构战略地图，并在此基础上构建绩效评价体系。

元评价方法实际上是“对评估的评估”，且兼具内容与方法的综合性特点，本书在简述其产生与发展的基础上，就其分类应用结合“美国教育方案、计划及材料评估标准”案例进行了讨论。

与一般的科技评价方法专著相比，本书的特点是系统性、实用性与先进性。一是突出评价理论方法的学科特征，力求做到概念清晰、模型准确、方法具体；二是突出评价理论方法与科技政策研究的紧密结合，既有对理论方法的梳理，又有针对问题的实际应用；三是多学科前沿交叉，全书围绕科技政策研究需求融汇于方法的综合运用，属于本书开拓创新的内容。

本书前十章由李强编写、第十一章到第十四章由郑海军编写，李晓轩负责大纲制订和最终定稿。书中的实例采用了各方面研究者的研究成果，谨在此表示衷心感谢。为便于读者参阅，笔者根据实际需要对实例进行了认真的加工和整理。

需要说明的是，本书作为“科技政策研究方法丛书”之一，其他书目中专题介绍的评价方法，如案例分析、文献计量、技术预测、政策模拟等，本书中未设专门章节赘述，有兴趣的读者可以参考本套丛书的其他书目。

因能力所限，本书难免存在不足之处，请广大读者指正。

中国科学院管理创新与评估研究中心主任

中国科学学与科技政策研究会科技评价专业委员会主任委员

李晓轩

2017年2月

目 录

从书序 …… i

前言 …… v

第一章 绪论 …… 1

第一节 科技政策研究与评价 …… 2

第二节 评价活动的需求导向 …… 4

一、科技政策评价 …… 4

二、科技计划评价 …… 6

三、科研机构评价 …… 8

四、科技人才评价 …… 9

第三节 评价理论与方法概述 …… 10

一、社会学方法 …… 11

二、统计学方法 …… 14

三、经济学方法 …… 17

四、文献计量法 …… 18

第四节 内容要点与章节安排 …… 21

第二章 文献调查法 …… 25

第一节 文献调查法概述 …… 25

第二节 文献调查的步骤 …… 26

一、文献搜集 …… 26

二、鉴别整合……27
三、分析评价……27
第三节 与其他方法结合……28
第四节 文献调查法的特点……31
应用实例：美国总统科技顾问委员会咨询评议报告……32

第三章 专家评议法……34

第一节 专家访谈法……35
第二节 同行评议法……37
一、同行评议概述……38
二、同行评议系统……39
三、同行评议过程……40
四、注意事项……43
应用实例：中国科学院研究所国际专家诊断评估……45

第四章 履历分析法……57

第一节 履历分析法概述……57
第二节 履历分析法的应用……58
一、国家层面……58
二、科学共同体层面……59
三、科研人员个体层面……60
第三节 数据来源与分析步骤……62
第四节 方法局限及未来发展……64
应用实例：博士后经历对科研人员职业发展影响评价……66

第五章 社会网络法……74

第一节 社会网络法概述……75
一、构成要素……75
二、方法原理……76

三、分析视角……77
第二节 研究设计与资料收集……78
第三节 数据处理与结果展示……81
一、邻域和密度……83
二、中心度分析……84
三、子群和派系……85
四、辅助软件的使用……86
应用实例：评价理论研究网络及其可视化……87
第六章 统计分析法……99
第一节 比较分析法……99
一、绝对数与相对数……100
二、数据比较的标准……101
三、适用条件与范围……101
第二节 回归分析法……102
一、线性回归的数学模型……102
二、回归方程显著性检验……103
三、适用条件与注意事项……104
第三节 因子分析法……107
一、因子分析法的数学模型……108
二、因子分析法的基本步骤……109
三、求载荷矩阵与因子得分……110
四、与主成分分析法的异同……113
第四节 聚类分析法……114
一、数据标准化……114
二、相似性测度……115
三、聚类分析算法……118
四、需注意的问题……124
应用实例：基于聚类和因子分析的科技评价指标构建……125

第七章 成本收益法 …… 139

第一节 分析步骤与基本假设 …… 139

一、与目前的状态进行对照 …… 140

二、以特定政策为分析单元 …… 140

三、评估对比可替代性手段 …… 141

四、兼顾分配效果与公平性 …… 141

第二节 价值测度方法与指标 …… 142

一、基本测度指标 …… 142

二、市场价值评估 …… 142

三、非市场价值评估 …… 143

第三节 成本收益法的新发展 …… 143

应用实例：研发活动收益的评价 …… 144

第八章 效用函数法 …… 149

第一节 基本逻辑思想 …… 149

第二节 指标权重设置 …… 150

一、变异系数法 …… 150

二、相关系数法 …… 151

三、熵权法 …… 152

第九章 层次分析法 …… 154

第一节 层次分析法概述 …… 155

第二节 层次分析法建模 …… 156

一、建立层次结构 …… 157

二、构建判断矩阵 …… 158

三、计算要素权重 …… 162

四、判断矩阵检验 …… 163

五、总排序与决策 …… 164

第三节 方法改进与发展 …… 167

应用实例：基于层次分析法的科技发展战略评价 …… 168

第十章 数据包络分析法 …… 184

第一节 确定数据 DEA 模型 …… 185

一、基于不同生产可能集假设的 DEA 模型 …… 185

二、基于不同测度的 DEA 模型 …… 188

三、蕴含不同偏好的 DEA 模型 …… 190

四、基于变量类型的 DEA 模型 …… 191

第二节 非确定数据 DEA 模型 …… 193

第三节 数据包络分析法的应用与发展 …… 194

一、生产效率 …… 194

二、规模收益 …… 195

三、其他应用 …… 195

应用实例：中外大学技术转移效率评价 …… 196

第十一章 综合指数法 …… 205

第一节 科技评价指数 …… 206

一、全球竞争力指数 …… 206

二、世界竞争力指数 …… 207

三、全球创新指数 …… 208

四、欧盟综合创新指数 …… 209

五、国家创新指数 …… 210

第二节 指数编制方法 …… 211

一、确定样本空间 …… 211

二、构建指标体系 …… 212

三、数据收集整理 …… 213

四、合成评价指数 …… 214

第十二章　标杆基准法 …… **216**

第一节　标杆基准法概述 …… **216**

第二节　标杆基准的“锚定”过程 …… **217**

一、战略分析 …… 217

二、标杆“锚定” …… 218

三、学习改进 …… 220

应用实例：美国能源部国家实验室绩效评价 …… 220

第十三章　战略地图法 …… **224**

第一节　组织战略与绩效测度 …… **224**

第二节　科研机构的战略地图 …… **226**

一、委托人视角 …… 226

二、内部运作视角 …… 227

三、学习和成长视角 …… 229

四、财务视角 …… 230

五、战略地图构建 …… 231

应用实例：基于战略地图的研究所绩效评价 …… 232

第十四章　元评价方法 …… **236**

第一节　元评价方法的产生与发展 …… **236**

第二节　元评价方法的分类与应用 …… **239**

一、内容分析法 …… 239

二、经验总结法 …… 239

三、信度分析 …… 239

四、效度分析 …… 240

应用实例：美国教育方案、计划及材料评估标准 …… 240

参考文献 …… **243**

第一章 绪 论

从欧洲的文艺复兴时期到 20 世纪前半叶，科学研究的组织形式主要是科学家个人研究或科学家之间相对松散的联合。科学研究的主要目的在于增加人类知识，通过提供公共知识产品而服务于人类文明的进步与发展。在这一时期，涉及科学技术的评价方法主要是科学共同体内部的同行评议。同行评议的任务可以大致分为三个方面：首先是科学界的评议人体制（默顿，2003），即学术杂志的编辑和聘请的评议人对科学家提交的手稿是否可以采用发表进行评价，评议人通常是不公开地做出判断，其结果只有编辑和作者可以得到；其次是科学研究项目的评价，通过科学共同体内部的民主决策，决定公共、私人基金资助的科学研究经费分配；最后是科学共同体内部的荣誉授予机制，科学家的研究成果可以通过同行评议获得科学共同体内部的承认，为奖励或荣誉的授予提供依据，由此进一步得到社会公众的认同。

第二次世界大战后，科学研究活动的外部性及基础科研成果的公共品性质表现得越来越强。具体表现是，随着科学技术的迅猛发展及其对国防、经济、社会等领域越来越深入和广泛的影响，科学技术也越来越被视为维护国家安全、促进经济繁荣、增强综合国力的重要乃至决定性因素。为此，政府与公众对科学研究活动的资助越来越大。科学研究的使命正在发生显著变化，科学研究的任务不仅是为了增加人类知识的存量，而且日益表现为服务于国家利益。在这一时期，政府资助的科研经费分配、研究方向的遴选、研究机构的调整等，成为西方主要国家科技政策的重要内容。与此相一致，对这些科技政策和措施进行预测、分析与评价，已成为政府制定和改进决策的重要途径之一，相应地带动了评价理论与方法的发展。

第一节　科技政策研究与评价

在科技政策研究中，评价是指在若干相关的价值标准下对评价对象进行测量，并将这些测量结果综合成一个整体的评价结果或一组相关的评价结果。例如，在一个发展中国家，某公共科研机构计划申请实施一项需要大科学装置的研究项目，如果单纯评价这个研究项目本身，也许会认为它是有价值的，但是如果考虑到该国家的财政收入很少、公共科研经费有限的情况，在评价此项研究计划时就会认为它并不值得去实施。因此，从本质上讲，科技政策研究中的评价是根据政府部门决策者、资助机构、社会公众或其他利益群体的评价需求，确定评价标准，并根据评价标准，收集评价对象的相关信息，判断评价对象的价值和意义，最终产生某种结果的系统过程（图 1-1）。

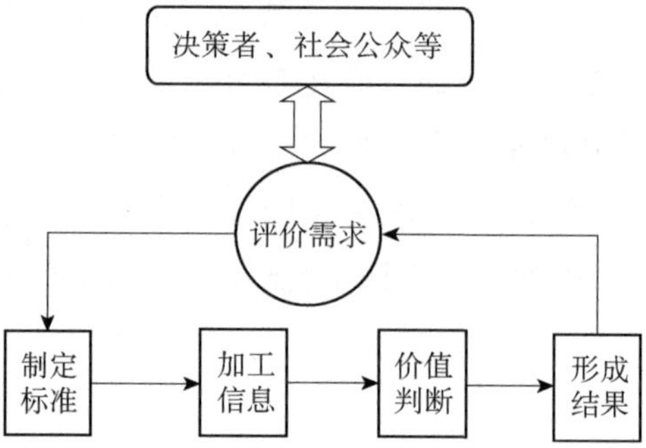

图 1-1　科技政策研究中的评价过程

如果从整个科学技术活动的过程来考虑，科技政策研究涉及科研经费的投入或分配、科研机构的管理或文化、直接科研产出（outputs，如论文、专利等）、全部科研产出（outcomes，如人才培养、国际交流等）、科技目标完成情况、科技计划与战略、可持续发展能力及科技活动的效率等，而科技评价活动贯穿上述整个过程，并需要相应的理论与方法作为支撑。例如，在科技政策研究的社会经济需求影响模型中，评价活动被归纳为九个方面（Nagarajan & Vanheukelen，1997），如图 1-2 所示。

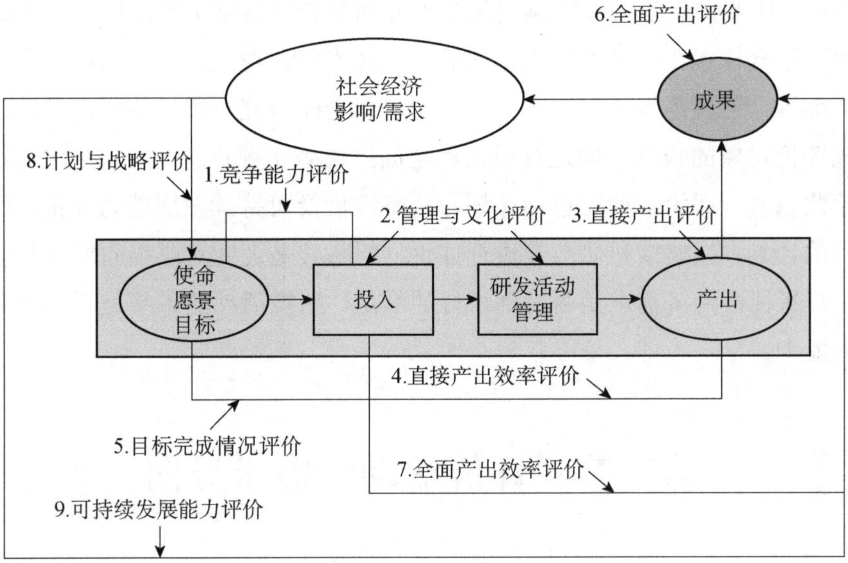

图 1-2 社会经济影响和需求中的评价活动

资料来源：Nagarajan N, Vanheukelen M. Evaluating EU Expenditure Programmes: A Guide. Directorate-General for Budgets of the European Commission, 1997: 25

在上述评价活动中，竞争能力评价是指对科研人员或科研机构从事满足国家或社会的某方面需求的研究工作并得到相应的经费能力进行的评价。经费的配置可能有两种形式，一种是比较固定的所谓经常性科研经费（或称科研事业费），另一种是通过竞争获得的资助经费（或称科研项目合同费）。尤其是在后一种经费配置方式中，科研人员或科研机构申请的项目要接受资助机构组织的同行评议，对科研人员或科研机构提出的项目申请的科学性、合理性、可行性和其完成该项目的科研能力进行评价。

管理与文化评价是指科研管理部门或资助机构往往会对科研机构内部科学研究活动过程或科研管理与文化做出评价，要求科研机构根据制定的管理措施或战略，遵从科研管理的规律，开展科研活动。

直接产出评价是针对科学研究活动直接产出，如发表论文、出版专著、发明专利等，对评价对象科研活动的效果进行评价。在考虑科学研究活动的直接产出的同时，还要考虑针对该科研活动的各种要素投入，进行投入产出效率评价。

目标完成情况评价考察的是科研活动的产出与该项研究的初始目标是否一致、科研机构是否完成了既定目标和任务等。因为对科研产出的界定不仅是近期直接产出，还要扩展为关注影响覆盖学术界和社会经济诸多方面的中长期综合成果，如国际合作水平、高水平人才的流向、技术创新形式、经济回报、对文化的整体贡献等，这就需要全面产出评价。在进行全面研究贡献评价的同时，还要考虑对该评价对象的投入，即进行投入和全面产出效率评价。

除此以外，评价活动还包括计划与战略评价及可持续发展能力评价，即对科研机构的计划、战略或科研政策进行评价，判断其是否针对或指向经济社会的需求，并判断社会经济需求是否得到很好的满足、科技活动的系统是否具有可持续的发展能力。

第二节 评价活动的需求导向

发展至今，面对主题不同、内容各异的科技政策研究，学者有着日趋多样化的理论方法与评价工具，“一招鲜、吃遍天”的方法已成为过去，而评价方法已成为根植于社会责任、社会需求和方法论基础之上，涵盖评价应用、评价方法和价值判断三个主要研究领域的结构体系，但由于政策需求和研究目的不同，所用方法或方法组合往往各不相同。

一、科技政策评价

政策分析中评价需求的多样性对评价方法的互补与组合提出了越来越高的要求。例如，欧盟委员会从20世纪80年代就开始开展科技计划的评估，逐渐完善和规范，促进评估活动的制度化、规范化和标准化，并加强对评估结果的使用，强调政策制定过程要和评估结果更好地结合起来，这就对评价方法提出了更高的要求。

在美国，美国联邦政府在科学技术领域的最高决策权在总统，总统在内阁设立部级的国家科学技术委员会以加强对科技工作的领导。除此之外，总统办公厅设有总统科技顾问委员会和科技政策办公室，为总统处理有关科技事务提供咨询。除此之外，国家科学基金会（NSF）等联邦机构也参与制定国家科技政策。但事实上，在美国很少有政策评估，其他对研究与创新政策的评估也很少见，而计划评估是研究与创新政策评估中更常见的方式（菲利普·夏皮拉，斯蒂芬·库尔曼，2015）。

尽管如此，我们依然可以把美国发布的一些政策文件或官方报告看作是科技政策研究的重要成果，并探讨其中值得借鉴的分析方法。其中较具代表性的如1994年克林顿执政时期，美国政府发布的《科学与国家利益》政策文件。这是冷战结束后美国政府发布的第一份对国家科学政策的评论，也是自1979年以来美国第一份有关科学政策的正式总统报告。该报告通过“卫星定位”“攻克癌症的线索”等案例特别强调科学技术与国家利益之间的关系，突出“科学——既是无尽的前沿也是无尽的资源——是国家利益中的一种关键性投资”这一主题。

类似的还有美国国家科学基金会为政府制定科技发展政策所提供的重要背景材料——《美国科学与工程指标》。自1973年起，每两年出版一期的《美国科学与工程指标》总是在较为稳定的系统框架内，在十分广阔的国际环境和比较长久的历史背景中，利用丰富的统计数据对美国科技活动的潜力、资源、结构、规模，科技活动对新知识、新技术的产生及对经济增长的贡献，美国科学技术的国际竞争力，以及公众对科学技术的态度等，进行系统的分析与评价。该报告往往会采用文献计量学和统计学方法对美国及其主要竞争对手（如欧盟、日本）的论文发表和专利申请等情况及其变化趋势进行对比。

而“欧洲创新计分板”（European Innovation Scoreboard，EIS）则旨在对欧盟整体的创新绩效与世界其他主要创新体的差距，以及欧盟各国的创新表现进行评估。该指标体系以美国和日本为标杆，把创新活动作为一个系统，将企业放在创新系统的核心位置上，体现了创新是狭义的经济内生变量、创新内生于生产过程的思想。经过不断的探索、发展和完善，“欧洲创新计分板”已经形成较为成熟稳定的评估指标和方法，其中最常用的评价方法包括综合指数法、主成分分析法、标杆基准法、专家评议法、问卷调查法等。2011年，为配合“欧盟2020战略”的实施，欧盟委员会将经过多年修订和完善的“欧洲创新计分板”更改为“创新联盟记分板”（Innovation Union Scoreboard，IUS），通过25个基本指标构成的评价指标体系对欧洲28个国家进行分析。在“欧洲创新计分板”（现“创新联盟记分板”）年度报告的基础上，欧盟委员会还根据不同时期的需要展开政策研究，如基于2009年的数据，欧盟委员会发布政策研究报告——《经济危机对创新的影响：基于欧洲创新情况调查数据的分析》。该报告主要通过对问卷调查结果的统计分析，分析了全球金融危机对欧洲创新的影响。而在2013年发布的《十年创新政策的经验教训》研究报告则是基于“欧洲创新计分板”的数据，在案头研究、问卷调查、聚类分析和案例研究的基础上，对欧盟1999～2011年的创新政策进行了回顾性总结。

二、科技计划评价

科技计划评价是科学技术管理体系中的重要环节，它既是科技政策过程的出发点，又是科技政策的落脚点，对加强科技的管理、提高科技资源配置的有效性和投资效益有着重要的作用。

自20世纪50年代以来，世界各国与地区在科技规划和计划项目评价方法的理论研究和实际应用方面都取得了可喜的成绩，科技计划评价与决策已经成了一门综合性学科。我国也在国防科研项目、国家高技术发展计划、国家自然科学基金项目等重大项目的管理机制中使用了多种评价方法。

20世纪80年代末90年代初，为了满足科技政策制定和战略研究评估的新需求，传统的评估方法，包括评审专家对项目方案进行同行评议、评估人员对项目计划合同进行事后评估等，也得到不断的改进和完善。

需要特别说明的是，尽管可以用于科技项目评价的方法很多，但科技项目本身固有的属性，如技术不确定、效益不易判别、项目的多样性等，又加上各种方法的出发点不一样，解决问题的思路不同，适用的对象不同，再加上各种方法都有优缺点，使得建立一套系统化、科学化的科技项目评价方法变得很困难。这就需要在实际评价中，根据实际需求对不同的评价方法组合使用。而且无论是事前评价（评审）还是事后评价（评估），伴随着社会发展要求的不断变化，将开放式的方法研究与目标导向和问题解决结合起来考虑，为科技计划项目开发可用的方法论依然是非常大的挑战（表1-1）。

表1-1 科技计划项目评估发展现状

时间节点	资助内容		
	开放式研究	战略研究计划	研发合同或计划项目
事前评价（评审）	对建议书进行评议	对优先领域组织同行和科学及社会精英共同审查	客户和出资方自由裁量权评价
事后评价（评估）	按建议书修订后的标准进行跟踪评估	评估专家组对其战略价值进行评估，同时探索影响评价的方法	评估人员和专家组共同评价目标任务完成情况

资料来源：菲利普·夏皮拉和斯蒂芬·库尔曼（2015）

以欧盟框架计划为例。作为迄今世界上最大的公共财政科研资助计划，欧盟框架计划规范的监测评估机制对欧盟科研资助政策的调整和项目管理工作的完善发挥了重要的作用。欧盟框架计划的评估既包括通过竞争性的公开招标遴选出研究团队，依托第三方开展的评估工作，即“硬评估”；也包括通过成立专家组对已有的评估材料、数据等进行分析、研讨，在此基础上提出分析评估报告，即“软评估”。而就评估方法而言，欧盟框架计划评估活动普遍综合运用了 3 种以上的评估方法。从各类评估方法的应用频率看，文献综合调研和项目数据分析等的“案头研究”（desk study）是大多数评估研究的重要起点，使用最为普遍。此外，2011 年完成的 21 项评估活动中，有 15 项进行了访谈；有 13 项使用了案例分析；有 9 项开展了问卷调研；有 4 项开展了网络分析；有 3 项同时采用了文献计量分析和比较分析方法。值得注意的是，欧盟框架计划的评估活动很少使用复杂的建模方法。相反，大多数评估活动使用了观测和调查方法，注重对客观事实的统计、监测和描述；除此以外，还注重对各种方法的结合使用，以体现不同方法之间的互补性。例如，将案例研究、实地调查（field studies）、描述统计（descriptive statistics）和元评估这些观测方法与问卷调查、结构化访谈、专家组讨论等主观调查方法相结合，以强调客观事实与主观判断意见之间的互补性（陈敬全，2013）。

“先进技术计划”（Advanced Technology Program，ATP）是美国于 20 世纪 90 年代开始实施的全国性政府资助计划。该计划以资助高风险研究、培育国家福利为目标，采用政府与企业共同分担研究和开发成本的形式，建立公共部门与私人部门的合伙关系，鼓励知识扩散，从而有效地调动企业研发投入的积极性。该计划利用各种评估工具与方法，评价项目影响，监测项目绩效，以保证项目成功执行并取得预期效果（叶中华，2010）。例如，为了全面而及时地了解计划执行是否产生了明显的影响及影响的方向与内容所进行的问卷调查；综合运用统计分析和计量经济学方法来回答与计划净收益相关的问题，测试先进技术计划在高技术研究与开发中的杠杆效应，模拟公私合作对企业生产效率产生的影响，测量该计划的溢出效应；除此以外，先进技术计划在评估中还使用社会网络分析来估算知识溢出效应，运用成本指数估算社会效益、运用综合指数进行绩效考评，以及针对特定项目的案例进行分析等。

类似地，在美国小企业技术创新研究计划的评估中，评估委员以访谈、问卷等多种方式，对联邦政府机构管理层、项目执行官员、获资助企业负责人等进行了多角度、全方位的调查，并通过具体案例提炼一般性规律。除此以外，该评估还包括基于大量复合型指标的统计分析，以凸显该计划提高美国研发体系知识产出，如论文发表、专利授权、新技术、新算法，以及促进美国技术创新、提高私营企业创新成果商业化程度等方面的效果。

国家高技术研究发展计划（863 计划）“十五”期间执行情况的评估则分三个层面展开。在目标评估中侧重计划定位与目标完成度，主要采用了案头研究和专家评价的方法；在管理评价中重点考察了计划管理的适应性、重大专项的组织实施、课题组织实施与管理、计划管理的效率与公开透明度等，主要采用了问卷调查和专家评价相结合的方法；而在效果评价中主要关注有哪些前沿战略高技术突破、专利等知识产权策略及成效、高技术研发和产业化的影响、企业参与和产学研合作等，主要采用了统计分析和案例研究的方法。

三、科研机构评价

德国弗朗霍夫协会系统与创新研究所直观地表述了德国研究体系引入关键要素的规模和时间——在 20 世纪后的研究体系中，随着时间推移所增加的要素包括企业研发中心和科技创新联盟（图 1-3）。

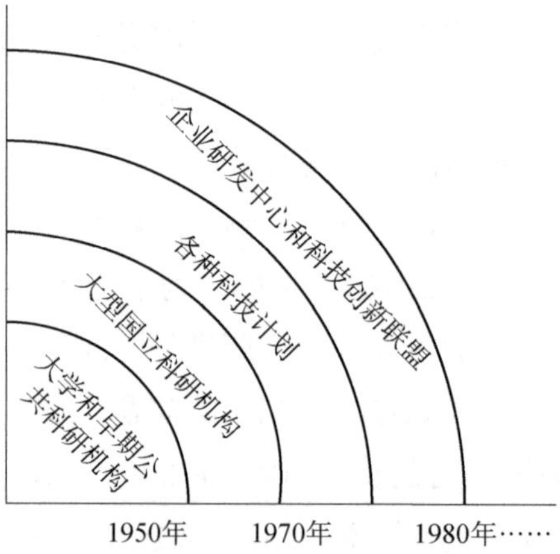

图 1-3 国家科研体系中的同心层

这些公共机构的设立，多数意义在于实施科技进步的战略，从而更好地促进经济发展。通过科技计划项目的实施和建立新的研究机构这两种途径，“科学：没有止境的前沿”这个理念不断植入和渗透到国家研究体系的制度格局。同样，科技计划和科研机构可以看做是科技体系制度化的产物，以应对科技与社会日益增长的相互作用所带来的挑战。

从科学和社会发展之间的关系看，社会公众对新兴科技带来的影响和风险并不会听之任之，这就意味着会吸引更多的利益相关方，对国家科研体系进行系统的综合评估，而科研机构作为国家科研体系的核心构成和科技政策的着力点，正面临日益强化的系统性综合评估，与之有关的评估方法与途径也正在不断形成。

一般来讲，与科技政策密切相关的科研机构评价主要包括三个方面。首先是问责，即绩效评估关心的是“你用科研经费都干了什么？”的问题，这通常会涉及对研究投入和研究成果的评估。其中最具代表性的是美国的《政府绩效与结果法案》和绩效评价工具（PART），使得美国国家科学基金会及美国能源部的一些基础研究机构压力骤增。类似地，我国也有对中国科学院知识创新工程的总结性评估。其次是决策支持，可以是专门的、定期的，也可以是针对特定需求，为研究机构全局决策提供系统数据，如中国科学院研究所综合质量评估或局部决策支持、美国对大学与产业的关系的评估、英国对大学科研的评估等。最后是“战略锚定”评估，即评估人员检查战略转变固化的程度——对政策目标适宜性和实际效果的评估，这方面具有鲜明特色的是中国科学院研究所“一三五”国际专家诊断评估。

四、科技人才评价

从本质上讲，科技人才评价是科学技术系统内部的一种评价活动，该活动不仅包括了以参与活动的人为主的各种要素，特别要强调的是，也包括了活动的全过程，这就需要在评价方法上不仅局限于呆板的评价指标体系，而更应该关注客观的评价机制、科学的方法和程序，以使评价有利于创新人才、拔尖人才的产生，有利于创新成果的产出，避免评价结果不公对人们精神、心理、利益的影响甚至损害。

因此，在本书中，科技人才评价更多的是从政策分析的角度探讨其应有的方法论基础，而且评价方法因评价需求而异。例如，在中国科学院“百人计划”这样的科技人才政策评估中，通过大量基础数据的统计分析、案头研究及涉及不同利益相关者的座谈、访谈，并通过诸多的案例分析，客观地指出政策的效果和影响，以及取得的经验和未来的挑战。类似地，在关于“中国青年科技奖”的科技人才政策研究中，由于数据资料可获得性的限制，评估者更多的是采用问卷调查和访谈的方法。

人才政策对人才成长的有效性及科技体系中的体制性壁垒也是科技政策研究中最为常见的问题，这就需要结合履历分析和统计分析，对研究假设进行仔细求证。而对科技政策研究中个人科研绩效的判断，除了通常的文献计量方法外，还有H指数、R指数、AR指数等，当然，在绝大多数情况下，同行评议是必不可少的环节。

第三节　评价理论与方法概述

在过去几十年里，伴随着科技和经济社会发展对评价的大量需求，许多评价活动通过明确的计划目标、规范的概念界定、学界的广泛参与，以及评估结果和改进措施向项目管理者、决策者和其他利益相关者的及时反馈，在增进社会福祉的同时，也促进了评价方法的迅速发展。

评价方法的第一次大发展是在20世纪60～70年代，当时的美国、德国、加拿大、英国等国家已经开始认识到跟踪计划项目进展、监测活动组织效用、评估政府部门绩效的必要性，伴随着这一时期自然科学的巨大发展，将自然科学及其方法引入社会科学以解决社会问题几乎是社会科学家不可动摇的信念。这一阶段又被称为传统评价理论发展阶段，其突出特点是强调科学方法：评价者应当客观、中立、注重结果，评价质量应当建立在严谨的方法论基础之上，而可靠、有效的数据甚为关键（Torres & Preskill，2001）。

但各国评价理论研究的发展方向不尽相同。在美国，评价是肯尼迪和约翰逊两位总统“战胜贫困”动议下社会科学研究的重要内容，相关部门引入社会科学方法，通过资源分配的合理化和项目进展控制，促进了大规模统计分析模型和调查研究理论的发展；与此同时，政策评估开始兴起并在美国政府机构中得到普遍采用，被公认为是良好管理的必备工具。在加拿大，评价研究的重点并不是如何定义项目产出、效果及影响等纯理论分析，而是如何向客户提供及时、准确的信息来帮助他们更好地配置资源、改善方案的模型与方法。

20 世纪 80～90 年代，评价理论无论是在政治领域还是学术领域都获得了长足的发展。日趋激烈的竞争、更加审慎的决策、不断缩减的经费、产出要求的提升及问责机制的强化，促使政府部门和非营利组织在履行职责、改善绩效、展示成果等方面面临更大的压力，并逐渐地趋向于企业化运作。企业化运作模式的普及、基于理论的评估等技术手段的进步强化了传统评价理论的方法论基础，知识建构及其运用也开始在学术界得到重视。尽管依然关注指标数据，强调评价的客观性与严谨性，但评价的重点正在从机构活动本身和类似营业费用率等指标转向活动结果及其影响（Kaplar，2001）。

到 20 世纪 90 年代中期，参与式评价在项目评估中越来越普及，这不仅符合评价的民主性和包容性目标，也有效地促进了决策可靠性的改善。如果说传统的评价是“硬评价”的话，参与式评价则可被称为是“软评价”，因为在参与式评价中，评价者承担的是指导和教练的角色，而不再是用指标测度活动、产出、影响等内容的专家。按照利益相关者参与方式和程度，参与式评价又可分为基于利益相关者的评价、授权评价和自评价（Ryan，1998）。

近年来，国际上新发展起来的评价理论与方法还有用于价值判断的公共价值刻画（public value mapping）、用于科技计划和科研项目跟踪评价的快循环评价（rapid-cycle evaluation）等，都值得关注和进一步探讨。发展至今，评价者已拥有日益多样化的理论工具来应对评价需求，如客观主义方法与建构主义假设、定量分析与定性判断、形成性目的和总结性目的等。但归根结底，如果以学科为纲，将评价方法按照在科技政策研究中常用与否、出现时间的先后顺序，仍可以简单而合理地划分为社会学方法、统计学方法、经济学方法及文献计量法四大学科门类。

一、社会学方法

社会学方法是科技政策研究中最为重要的基础支柱之一，它与自然科学方法一样，也受科学一般规律及固有特征的制约和影响，其中对研究方法的规范化要求就是这种制约和影响的一个重要体现。

所谓规范化，指的是在科技政策研究中，研究者要自觉遵循前人通过多次反复实践所总结出来的、相对成熟的普遍性原理、一般性方法和通用技术，这种相对成熟的方法建构正是构成社会学评价方法知识体系的基本内容（风笑天，2005）。

具体来说，无论是探寻现象之间因果关系的逻辑推理或回溯分析，还是问卷设计原则与方法，甚至是专家访谈技巧、同行评议组织，以及调查数据编码和录入等，都已形成了一些科学的、固定的、相当规范的知识体系。正是依靠这种规范体系，科技政策研究才有可能最大限度地揭示出隐藏在大量社会现象背后的本质规律，为科技决策提供依据。

几十年来，我国科技政策研究者在学习和应用社会学评价方法方面进行了大量实践，取得了丰富的成果。但也应看到，目前科技评价领域在社会学方法的规范研究和整合使用方面的专业书籍并不多，也正是由于研究方法方面的局限，很多科技政策研究者难以科学有效地探索和分析转型期中国社会所面临的各种科技政策问题。同时，研究方法的局限也在一定程度上成了影响我国科技政策学学科顺利发展的瓶颈。

在科技政策研究中，专家评议是一种相对快速、直接，并为科学共同体所广泛认同和接受的社会学评价方法，它在本质上是问卷调查、同行评议等一系列社会学研究方法的集成。专家评议方法借助专家自身所掌握的知识和能力，由专家在阅读相关资料后，将自己的看法、观点、建议，用口头或书面、定性或定量的方式表达出来，供决策者参考并对评价对象做出最终价值判断。

专家评议的优点主要体现在两个方面。首先，专家评议能够集思广益，容易带来相对多元化的观点，并且通过评议专家之间看法的相互反馈作用，最终提出一些深入、独到的观点，提醒科研机构管理者关注原本忽略的管理问题；其次，专家在对某科学研究进行评议时，往往会针对一些具体的问题提出看法，比如，对目前的研究进行外部性评估，对项目的选择提出建议，选择新的研究方向或者需要资助的一些关键技术等。因此，专家评议被广泛用于辅助科研组织的管理者进行管理决策，如评价科学研究的质量、水平、方向、学科布局、科研人员职称评定，以及科研计划、项目、人员等科研资源的配置等。

但专家评议也存在一些缺点。首先，由于专家自身知识结构、认知水平和不完全信息等因素的限制，专家评议无法准确和可靠地预测基础研究成果对社会经济的影响；其次，专家评议法的区分度较低。专家判断的结果具有模糊性，它对好或者差的对象的判断比较有效，但对介于好与差之间科学研究判断的准确性、可靠性则相对较差。

综上所述，专家评议是一种主要依赖评议专家知识、能力和经验进行主观判断的方法，其最终评议结果的质量与评议专家本身的质量和评议过程的组织两个因素密切相关。从专家本身的质量看，“同行评议”顾名思义，首先要求评议专家对相关学科非常熟悉，这样评议的结果才可能相对准确和可靠。其次，评议专家的素质也很重要。专家评议会面临大量“非共识”“创新性”的问题。例如，基金项目的遴选，一流的学术大师以其深邃的洞察力无疑会对研究方向、质量，以及其学术成果的意义做出更加准确的判断。

从评议过程的组织来说，根据评价需求和目标的不同，专家评议的组织形式可以不同，但有三点需要注意：一是组织者应该尽量避免评议专家与评价各利益群体有直接的利益关系或冲突。例如，为了评议专家可以进行中立、无偏判断，组织者可以采用评审专家匿名的方式进行通信评审等。二是组织者应该为评议专家提供充足翔实的评估资料，让专家明确评价活动的目的、内容和范围等，并向专家提出评价活动具体关心的问题。三是在专家撰写评议报告时，为保证专家主观判断的可靠性和说服力，组织者应该根据评价需求，要求评价专家提供其做出主观判断的客观证据。

尽管如此，专家评议仍不失为一种相对公平、合理、有效的评价方法，并得到了广泛的应用。例如，在对欧盟框架计划评价实践的总结中，有学者认为，专家评议是最基本的决策过程之一，贯穿于计划或项目评价的整个过程（Fahrenkrog et al.，2002）。

问卷调查是一种从同行专家、管理者、决策者及各方利益相关者那里收集关于评价对象信息，并进行分析研究的社会学研究方法。基于受访者对评价对象有较为深刻的认识或了解，且愿意花时间填写问卷来提供自己真实的看法和信息这样一种基本假设，研究者可根据调查的需求和目的，设计出一组问题的集合来向受访者收集信息。

显然，问卷调查能够较为有效和经济地收集所需信息并通过抽样获得具有代表性的样本，增加对评价结果进行统计推断的准确性。但由于建立在问卷基础上的描述性统计是主观的，在对问卷中的问题存在不同理解，或者由其他人替答等情形下，所收集信息的信度和效度将难以保证；另外，在外部压力或个人组织利益面前，受访者可能做出假的、错误或有缺点的答复，使得最终调查结果存在偏差。除此以外，问卷调查还存在诸如受访者没有完成、不愿意回答问卷导致问卷返回率偏低，以及抽样方法所引起的误差等问题。

在评价实践中，根据评价目标需求和对象的不同，评价者经常会使用不同形式的同行评议。①传统同行评议（traditional peer review），主要用于规范的学术评议（canonical academic review），如论文的质量等；②修正的直接同行评议（modified direct peer review），仍沿用传统的同行评议方式，但是询问同行专家的问题并不局限于传统关注的科研产出质量，而涉及更加广泛的问题，如影响等；③辅助同行评议（ancillary peer review），是将同行评议和其他评价方法一起使用，来综合判断评价对象的价值或影响；④专家组评议（panel review），指在评价过程中评价专家组不仅包括同行专家，而且包括一些具有更广泛背景、技能和经验的专家。需要说明的是，专家组评议往往有着较强的政治色彩。

二、统计学方法

在科技政策研究中，应用最多的评价方法是统计学方法，其中又以比较分析法（comparative analysis）最为常用。比较分析法也称为对比分析法，是通过有关的指标对比来反映事物数量差异和变化的方法。因为单独看一些指标，只能说明总体的某些数量特征，得不出什么结论性的认识，而经过与计划目标、历史数据、国内外情况的比较，就可以对规模大小、水平高低、速度快慢做出判断和评价。比较分析可以配合科学技术指标进行静态比较或动态比较：静态比较也称为横向比较，是同一时间条件下不同指标的比较，如不同部门、不同地区、不同国家的比较；动态比较也称为纵向比较，是同一总体条件不同时期指标数值的比较。横向比较和纵向比较既可单独使用，也可结合使用。例如，Griliches（1958）在关于研发投入社会效应的研究中，对美国杂交玉米研发投入的分析就采用了1910～1955年的动态数据，并将投入与产出进行横向对比，结果一目了然。

需要说明的是，比较分析特别要注意指标数据的可比性，总体范围、计算方法、计量单位、时间间隔等都应该前后一致，在涉及价格因素时，还要用可比价格甚至是购买力价格来消除价格变动和汇率因素的影响，以准确反映实物量的变化。例如，美国国家科学基金会从1972年开始出版的双年度《科学与工程指标》（最初名为“科学指标”）中所使用的国内生产总值（GDP）数据就是不变价格数据。除此之外，《科学与工程指标》还将原始数据与横向和纵向对比分析结合起来，结合历史数据和与加拿大、法国、德国、意大利、日本、韩国、俄罗斯、英国及我国大陆和台湾地区等的横向比较，实质上就构成了对美国该时期科技政策背景数据的权威描述（National Science Board，2008）。这种比较通常又被称为标杆基准法（benchmarking），如欧盟从 2000 年开始对其成员国与其主要竞争对手——美国和日本的创新绩效进行对比的“欧洲创新计分板”等。

在现实社会中，科技经济现象往往是错综复杂的，其运行状况是多种因素综合作用的结果，为综合反映总体变动的方向和程度或分析这种变动受到的各因素影响的程度，加权比较法将研究对象分解为若干指标因素并赋予指标不同的权重，把研究对象总体看成是各因素变动的共同结果，以指数或排序的形式展示出来。其中较为典型的如瑞士洛桑学院从 1989 年开始每年对世界各国的综合竞争力的评价——《国际竞争力年度报告》（*World Competitiveness Yearbook*，WCY），以分析其营造和保持企业竞争力所需环境的能力。《国际竞争力年度报告》将竞争力归于四个主要的因素，即经济表现、政府效率、企业效率和基础设施，其中每一个因素又包括五个二级要素，以概括国家竞争力的不同方面，通过排名的方式予以展现（International Institute for Management Development，2006）。为便于纵向分析和横向比较，中国科学院在评价实践中将已完成重大任务、高质量论文、重要知识产权、重要咨询报告、重要科技奖励、科研经费、优秀人才、科研平台等重要指标转化为可比价格，形成了对所属研究所发展态势进行年度监测的创新能力指数指标，成为宏观战略管理不可或缺的基础支撑。

无论是通过简单的数据对比，还是基于排序或加权指数的综合比较，描述统计方法不只是对观察量基本情况的描绘总结，而是要探寻社会现象之间的各种复杂的联系，以确凿的数据来说明具体情形下科技经济领域的成就和问题、经验与教训。这就需要通过统计分析法来灵活、具体地分析。

回归分析（regression analysis）是应用极其广泛的统计分析法，它基于观测数据建立变量间适当的依赖关系来分析数据内在规律。回归分析又可按照因变量多少分为一元回归分析和多元回归分析，按照自变量和因变量之间的关系分为线性回归分析和非线性回归分析。在科技政策研究中，回归分析往往被作为最基础的分析方法与其他方法结合使用，如英国创新研究中心关于英国科学基础经济影响的分析（Haske et al.，2014），以及国内关于研发投入及其产出效率的大量研究

（马琳，2014）。

相关分析（correlation analysis）与回归分析在实际应用中有密切关系。但回归分析关注的是数据之间依赖关系的函数形式，而相关分析关注的是数据之间是否存在某种依存关系，并进一步探讨依存关系的相关方向及相关程度。相关分析按照相关程度可分为完全相关、不完全相关和不相关；按相关方向可分为正相关和负相关；按相关形式可分为线性相关和非线性相关；按影响因素多少可分为单相关和复相关。相关分析广泛运用于科技政策相关研究中，如研发合作与产出绩效的相关性（Abramo et al.，2009）、产业部门专业化研究开发指数的政策价值等（Dinges et al.，2007），但更多的研究是与其他指标方法相结合的综合应用，如结合文献计量学方法探讨科技政策、科技评价与科研绩效之间的关系（van Leeuwen et al.，2003）。

在现实科技政策问题研究中，为全面、系统地了解经济社会现象，人们往往会考虑众多因素，因为每个因素都在不同程度上反映着所研究现象的某些信息，并且测度因素的指标之间有一定的相关性，因而指标数据所反映的信息在一定程度上有所重叠。这样的指标重叠在统计分析中会引入较多变量，使计算量大大增加，这就需要把多项指标转化为少数几个综合指标。主成分分析（principal component analysis）就是通过数学变换，把相关性很高的多项指标转化成彼此相互独立或不相关的几项综合指标——所谓的主成分。作为主成分分析法的扩展，因子分析（factor analysis）根据相关性高低把指标数据分组，使得组内的指标数据间相关性较高，但不同组数据相关性较低，每组数据代表一个基本结构，即因子。对所研究问题就可用最少个数的因子的线性函数与特殊因子之和来描述。

聚类分析（cluster analysis）是研究指标分类问题中“物以类聚”的方法，主要分为对被研究对象进行聚类（即按照反映被观测对象特征的若干指标值进行分类）和对研究对象按特定属性进行聚类（即按照反映研究对象特定属性的部分指标值）两种情况。在实际应用中，聚类分析往往与主成分分析、回归分析等方法结合使用以取得更好的效果。例如，通过因子分析和聚类分析对物理化学领域科学图谱的描绘（Leydesdore，1987）、基于因子分析和聚类分析的我国区域创新能力评价（孙悦和石金涛，2006），以及结合文本分析和聚类方法的我国区域科技成果转化政策评价等（黄菁，2014）。

三、经济学方法

在科技评价实践中，经济学方法可以分为微观和宏观两个层面。在微观层面，评价者通常使用计量经济学模型分析来估计生产函数、成本函数和供给函数。生产函数是要素投入和物品产出之间数学上的技术关系。函数表示在某个要素投入组合下可能达到的最大产出，即假设所有决策单元的生产活动在技术上都是有效率的。生产函数可以回答很多问题，如要素投入产出弹性，在给定产出水平下最少成本的生产要素组合，以及预测在给定的投入水平下，生产单位的产出水平是多少等。经常使用计量经济学方法的评价有，通过科研机构的投入产出关系，分析科研机构的运行机制、投入产出效率，提高科研机构的科学研究活动绩效。科学技术需要从很多维度来测量，到目前为止，没有一个理想的指标可以全面地测量科学或创新行为，因此，很多分析案例需要使用多投入和多产出的指标。然而，多投入和多产出的指标意味着一些传统的方法，如知识生产函数（knowledge production function）（Griliches，1995）将失去效力。研究与发展的效率则可以借助其他方式来测量，如数据包络分析（data envelopment analysis，DEA）法等（Charnes et al.，1978）。

在宏观层面，主要是基于一些经济理论的经验研究来测量国家和产业层面的创新活动。例如，索罗给出了如何利用总量生产函数来测量国家的技术进步。在索罗模型中，劳动生产率的变化取决于两个分开的因素：资本深化是指人均资本占有量的增加，而外生变量“技术进步”是知识、方法的改进等（Solow，1957）。这种方法也通常也被称为索罗余值法，被其他很多学者广泛应用，来测量各个国家和产业的技术进步，在国内则主要用来测算科技进步贡献率。另外一些宏观经济学模型主要是运用一些统计学方法来描述整个或部分经济体，从而对公共政策做出经济预测，分析技术变迁、政策制定可能对产业、区域和国家经济的影响。例如，典型的宏观经济学模型可以根据国家投入产出表（national input-output table），建立一组结构化方程来描述经济关系，分析一个产品创新导致供给成本的降低会对国家产生什么影响。

总的来说，经济学方法提高了研究者对科研机构和计划等进行数量化分析的能力，提供了定量评估结果、详细的模型参数及展示研究与发展活动中的一些内在因果关系，从而可以帮助科研管理者和决策者对科学研究活动的内在规律有更为深入的理解，辅助他们进行正确的科研决策。但经济学方法也存在一些缺点：分析和结果对于一些非专家来说，可能较难理解、传播和交流；评价结果的质量与抽样、测量的有效性密切相关；经济学评价模型也不可能囊括所有可能的影响因素，因此在解释技术变迁与社会经济现象之间关系时存在不完全性。

四、文献计量法

20 世纪 60 年代以来，文献计量学逐渐成为一门专门的学科。美国从 20 世纪 70 年代开始探索评估基础研究及其影响力的定量方法，美国国家科学基金会于 1976 年形成了这一领域的经典报告《作为评估方法的文献计量学》。与此同时，美国国立卫生研究院（NIH）则建立了最早的医学研究期刊数据库，通过文献计量学方法，根据期刊数据库的信息，统计各研究所发表论文的情况，分析论文的数量、质量、影响力等方面的特点，美国国立卫生研究院据此发布对各下属研究所的评估报告。紧随其后，经济合作与发展组织（OECD）的许多成员国也开始尝试用文献计量学方法对政府支持的科学研究活动的投入、产出、成果和影响力等方面进行评价。

在科技政策领域，文献计量学方法主要用于对科学生产的投入和产出的各个方面及科学内、外各种关系的定量分析。发展至今，文献计量学方法已广泛应用于诸如科学潜力评价、科技水平比较、科学发展趋势预测等许多方面，提高了对科学技术进行组织、管理、协调、决策、预测的科学化水平，对科学技术活动进行系统的评价提供了现实可能性。其中，较常用的评价方法有统计分析法、引文分析法、数据挖掘法及信息可视化、社会网络法等。

1. 统计分析法

统计分析法是最常用的文献计量学方法。该方法利用统计学方法对文献进行分析，以描述或揭示文献的数量特征和变化规律，可以说从文献计量学的萌发阶段开始，统计分析法就被广泛采用。统计分析法分为出版物统计、著者统计、词语统计、引文统计等类型，但在科技政策研究中，从科学活动的“投入-产出”视角对国家、区域、机构、学术团体、学科领域乃至个人进行评价的统计主要围绕投入和产出两类指标开展。

在投入方面，作者数量是科学活动“投入”类的第一要素，通过对作者数量的计量分析，如时间分布、学科领域分布、合著作者的时间分布、论文按合著作者数量的分布等，结合对科研经费的计量研究，可以分析比较研究对象的科研投入力度和变化情况；在产出方面，文献数量几乎是所有文献计量学指标体系中的基础性指标，如科技图书、期刊论文、会议报告、专利标准等。基于科学技术活动文献计量学指标的描述统计，很多国家、国际组织及科研机构定期发布相关指标体系，以期为科技政策的制定提供决策参考。

在科学文献体系中，文献间并不是孤立的，而是通过相互引用发生联系，这种引用反映了科学思想交流借鉴的轨迹。布劳温认为，引文分析乃是当今世界上最富声望的文献计量技术。随着大型文献数据库的建立及以电子计算机为代表的现代信息技术在图书情报和科技研究领域中的广泛应用，特别是科学引文索引（SCI）创办以来，引文分析在文献计量学领域广泛开展（王炼，2006）。

2. 引文分析法

引文分析法是利用各种数学及统计学的方法和比较、归纳、抽象、概括等逻辑方法，对作者、科学期刊、科研机构等研究对象的引用和被引用现象进行分析，以揭示其数量特征和内在规律，达到评价和预测科学发展的目的。从在科技政策评价领域的应用角度看，引文分析主要分为评价期刊和论文的引文数量分析、揭示学科发展与联系的引文关系分析，以及揭示科学结构、学科相关程度和进行文献检索引文主题相关性分析等。例如，在 20 世纪 70 年代，加菲尔德等利用 SCI 的引文数据对自然科学领域进行学科聚类研究，绘制了反映自然科学学科联系的知识图谱（knowledge domain）。他的原始数据包括 867 600 篇被引文献，93 800 篇来源文献和 2400 种期刊，基本覆盖了当时自然科学中的全部领域。研究通过聚类图直观地显示了当时自然科学的三大基础领域是物理学、化学和生物医药，其中化学与几乎所有的学科联系紧密，说明化学是自然科学中各学科的结合点（王炼，2005）。

3. 数据挖掘法

数据挖掘是从大量的、不完全的、有噪声的、模糊的、随机的实际应用数据中提取隐含在其中的但又是潜在有用的信息和知识的过程（申义彩等，2011）。

在科技政策研究中，基于文献计量学的数据挖掘主要有两大分支：数据库挖掘与基于文本的数据挖掘。数据库挖掘主要针对结构化数据，如通过对专利引文数据库的数据挖掘可以分析测定某项专利或某特定专利族的技术地位、特定组织的行业地位，描绘行业发展轨迹和专利地域分布等。同样，通过对引文数据库，如SCI、社会科学引文索引（SSCI）、人文艺术引文索引（AHCI）的数据挖掘，也可以迅速定位某一领域或专业的核心文献（被引率较高）并进行类似的统计分析。

基于文本的数据挖掘将文本型信息源作为分析对象，利用智能算法和文字处理技术分析海量非结构化文本源，从中寻找信息结构、模型模式等各种隐含的知识。例如，波特（A.L.Porter）基于文本挖掘工具所进行的科技监测应用研究，他对大型数据库的主题词进行时间序列分析、聚类分析等，以发现科研的热点领域和前沿领域，识别这些领域的研究专家和机构，并将这些信息解释为创新状态和前景的指示符（林恩丽，2013）。

4. 信息可视化

随着可视化技术的发展，人们发现在海量数据面前，可视化方法能够揭示海量数据所隐藏的信息，伴随着文本挖掘和数据挖掘技术的不断发展，可视化技术已然成为科学学中定量化分析研究的有力工具和重要组成部分。2001 年，加菲尔德和他的同事推出了一套比较完整的引文编年可视化系统，通过对文献搜索的结果进行分析来了解各个学科发展的峰谷趋势、历史重大事件，以及各大学、研究所及作者科研文章的产出数量等，并根据结果生成拓扑图表。

文献计量学中的可视化方法主要分为共引分析、共词分析和共现分析三种类型：①共引分析以文献、著者、期刊和学科为分析对象，侧重于从微观入手，重点在于对文献、著者、期刊等具体的内容进行可视化。②共词分析以词为分析对象，侧重于从宏观入手，通过分析大量的词及其所隐藏的关系，从宏观的层面来对一个知识领域或者学科的发展概况进行可视化。③共现分析以文献、著者、期刊、学科和词等广泛内容为分析对象，既可以从宏观层面来把握一个学科和知识领域的发展，又可以从微观层面具体到一篇文献、一个著者或者一种期刊；既可以进行单一学科的分析，又可以进行跨学科的分析，适用范围更加广泛（杨立英，2007）。在这方面，国内最具代表性的工作有中国科学院文献情报中心发布的系列科学结构地图等。

社会网络法是20世纪80年代以来发展起来的文献计量学研究分支，随着科学技术的不断发展，学科专业化程度越来越高，一些复杂问题的解决往往需要不同学科学者的合作，科研合作日趋频繁，相应地，社会网络法就越来越多地与其他文献计量学方法结合使用。

例如，通过合著关系分析，可以确定个人或组织在其社会网络中具有怎样的地位（学术影响力），判断哪些作者之间的关系比较紧密，结合作者单位等其他信息了解该学科领域在信息分享和科研合作方面的特点及不同个体或组织的科研能力。通过引文分析，可以从关系的视角对期刊、作者、研究领域等进行分类评价，通过考察其在知识流通中起到的作用及在相关学科中扮演的角色，分析其获取多样化知识的能力，在创新节点中的位置等，这就比单纯的按定量数据排名更好地反映了社会关系所产生的知识生产与传播效果。

第四节　内容要点与章节安排

在科技政策研究中，评价理论与方法之所以涉猎广泛、内容众多，不仅是由于其研究目的具有很强的针对性，而且研究的内容具有跨学科性，还在于它有决策者、管理者、执行者参与其间，要考虑这些人的因素及他们之间的相互关系，这就增加了问题的复杂程度。除此以外，环境因素（如国情、文化、传统习惯）都需要纳入方法的考量，这就需要对政策问题进行重构，并考察问题背景和适用条件。

一般来说，评价方法尽管很多，但有许多方法是针对特定问题、特殊需求，在复杂条件下使用的。对于科技政策研究来说，有许多方法相互之间有共通之处。因此，在实际工作中首先应掌握一些基本的方法，在实践中补充不足、触类旁通。

应当注意的是，评价方法仅是为了研究和解决问题，在科技政策研究中要围绕解决问题去找合适的方法，不必追求方法本身的完美，而且方法并不是越复杂越好，能用简单的方法达到目的，就没有必要使用复杂的。

除此以外，还应注意定性方法和定量方法的结合。数学作为方法论和语言工具，给管理的科学化、系统化及改进决策的可行性带来了巨大的影响，特别是它便于有效地整理杂乱的数据和分散的经验。但在科技政策所研究的问题中存在许多非理性的因素，科学技术发展所面临的也是不确定的因素，对这些因素往往只能做定性分析。

因此，数理统计、文献计量、经济分析等定量方法的引入只是使定性的内容可以进行量化描述和分析，是为了更准确地定性，在解决实际问题时还应兼收社会学、心理学及行为科学的理论与方法。认为只有运用数学模型和公式才是科学的现代评价方法，这种观点是片面的，而对一些简单的问题却引入许多定量方法，罗列大量数学公式，也违反了运用数学工具是使复杂的现象和众多的数据条理化与清晰化的本意。

针对这一问题，美国乔治亚理工学院公共政策学院戴安娜·希克斯（Diana M. Hicks）教授及荷兰雷登大学科学技术研究中心（CWTS）保罗·沃特斯（Paul Wouters）教授等在《自然》杂志发表了《关于科研指标的莱顿宣言》(Hicks et al., 2015)。该宣言指出：当前科学治理日益依赖于数据，建立在量化指标基础上的科研评估已经取代曾经的同行评议而成为主流，由于主持科研评估的机构往往缺乏对量化指标的透彻理解，这些精心设计的指标经常会被错误地使用，在促进科学研究方面适得其反。包括 SCI、H 指数、期刊影响因子、高校排名等在内的科研指标的滥用已经到了不容忽视的地步。为此，该宣言提出基于指标的科研评估规范十大原则，即量化的评估应当支持而非取代质化的专家评审；科研绩效的考量应基于机构、团队，以及个人的科研使命；要保护卓越的本地化研究；数据采集和分析过程应公开、透明、简单；应允许被评估者检验相关数据和分析；应考虑发表和引用的学科差异；对于学者个人的评估应基于对其整个作品集的质化的评判；应避免不当的具体性和虚假的精确性；需要认清科技指标对科研系统的影响；定期审查指标并更新等（严蔚刚，2016）。

事实上，本书内容也有基于《关于科研指标的莱顿宣言》的考量，即按评价方法的学科特点，结合政策分析、科技项目管理、机构评价和人才评价等评价需求，从事前评价、事中评价和事后评价三个角度，对评价方法进行分类对比（表 1-2），并结合若干案例加以阐释。

需要说明的是，本书作为“科技政策研究方法论丛书”之一，其他书目中已专题介绍的评价方法，如问卷调查、案例分析、文献计量、技术预测、政策模拟等，本书中将不设专门章节赘述，有兴趣的读者可以参考本套丛书的其他书目。

表 1-2 科技政策研究主要评价方法的特点及适用条件

评价方法	主要特点	适用科技政策问题								适用条件			应用举例
		政策分析	科技项目管理	机构评价	成果评价	人才评价	竞争力分析	绩效管理	技术预测	事前评价	事中评价	事后评价	
文献调查法	通过搜集、整理、鉴别、研究文献形成对科技政策问题的评价	✓							✓	✓	✓	✓	美国总统科技顾问委员会咨询评议报告
专家评议法	利用专家的知识和智慧，从其所举事例、数据及定性看法中，做出对科技政策问题的评价和判断	✓	✓	✓	✓	✓	✓	✓	✓	✓	✓	✓	中国科学院研究所国际专家诊断评估
履历分析法	以科技人员履历作为数据来源，在编码分析的基础上借助统计分析工具进行个人或组织评价					✓						✓	博士后经历对科研人员职业发展影响评价
社会网络法	对社会关系结构及其属性进行分析，考察不同社会单位所构成的关系结构及其属性	✓	✓							✓	✓	✓	评价理论研究网络及其可视化
统计分析法	通过收集、整理、分析和解释相关数据，对其所反映的社会现象做出判断	✓	✓	✓	✓	✓	✓	✓			✓	✓	基于聚类和因子分析的科技评价指标构建
成本收益法	对政策手段实施的投入成本与政策效果的产出作比较，以决定是否实施该政策及如何实施	✓	✓	✓	✓		✓	✓		✓	✓	✓	研发活动收益的评价
效用函数法	基于政策理性假设来确定效用函数的具体形式，对不同指标赋权并选择期望效用最大的政策方案	✓	✓	✓	✓		✓	✓		✓	✓	✓	

续表

评价方法	主要特点	适用科技政策问题								适用条件			应用举例
		政策分析	科技项目管理	机构评价	成果评价	人才评价	竞争力分析	绩效管理	技术预测	事前评价	事中评价	事后评价	
层次分析法	将与科技决策相关的元素分解成目标、准则、方案等层次，在此基础之上进行定性和定量分析	✓	✓	✓	✓	✓	✓	✓					基于层次分析法的科技发展战略评价
数据包络法	将科技活动投入和产出作为输入和输出的观察值进行技术效率评价，以考察其有效生产的前沿面		✓	✓			✓	✓				✓	中外大学技术转移效率评价
综合指数法	通过对不同计量单位和性质的指标数据进行标准化，赋予权重并转化成综合指数进行对比或评价		✓	✓	✓		✓	✓				✓	科技评价指数
标杆基准法	通过对过程绩效或结果绩效数据的对比，来评价组织卓越水平		✓	✓			✓	✓			✓	✓	美国能源部国家实验室绩效评价
战略地图法	通过财务、客户、业务流程和创新发展四类指标间互相驱动的因果关系展现组织战略轨迹，通过绩效评价修正机构战略规划并改善绩效管理		✓	✓			✓	✓				✓	基于战略地图的研究所绩效评价
元评价方法	通过对评价目的、评价数据、评价方法、权重设定、评价结果等环节的检查和分析，找出已有评价中存在问题并提出改进意见的评价活动	✓	✓	✓	✓	✓	✓	✓	✓			✓	美国教育方案、计划及材料评估标准

第二章 文献调查法

文献调查法也称资料调查法或历史文献法，就是搜集和分析各种有关文献资料，并从中选取信息，以满足科技政策研究的社会学研究方法。它所要解决的是如何在浩如烟海的文献中选取适合研究任务的资料，并对这些资料做出恰当分析和使用的问题（王苏丽，2010）。

第一节　文献调查法概述

在科技政策研究中，文献调查具有特殊地位。首先，它是最基础和用途最广泛的资料收集方法之一，任何科技政策研究课题的选择、确定和探索性研究及方案设计，都必须先从文献调查入手，以使研究目的更为明确、研究内容更为全面。通过文献调查，研究者可以收集到其他方法难以收集到或没必要用其他方法收集的资料。在采用其他方法进行科技政策研究的过程中，在撰写评价报告时，也常常需要利用文献调查法提供必要的佐证和补充。另外，在很多科技政策研究中，由于人、财、物或其他客观条件的限制，只能以文献调查作为评价的基础和依据。因此，文献调查事实上贯穿了科技政策研究的各个阶段。

其次，文献调查并不仅仅是一种重要的资料收集方法，广义地讲，它还是一种独特的和专门的评价方法，它可以独立完成科技政策研究从搜集资料到分析研究乃至结果评价的全过程。尤其是不可能重复的科技规划或计划，如“曼哈顿计划”，或是不可能重现的科技政策过程，如“中国科学院知识创新工程”，或者是时间跨度大的纵贯性课题，如《技术与国家利益》对美国技术政策演变的回溯分析，也只能主要依靠文献调查来完成。

第二节 文献调查的步骤

文献调查的基本步骤包括文献搜集、鉴别整合和分析评价三个环节。在基于文献调查的科技政策研究中，这些环节缺一不可。

一、文献搜集

文献调查是从广泛搜集文献开始的。一般来说，文献搜集应尽可能全面、多样，但当代文献资料浩如烟海，很多时候与其求全，不如求精。因此，在文献收集中应注意以下几点。

第一是相关性。所搜集的文献与所要研究的问题紧密相关，这是搜集文献最基本的要求，不具备问题的相关性就失去了搜集意义。

第二是可靠性，指来源的可靠性和内容的真实性。在文献搜集过程中，要特别注意文献内容是否反映真实情况，有没有其他资料可以相互印证，从而避免由于作者的兴趣、立场和意图使文献带有倾向性。

第三是代表性，指文献的典型程度和作者的代表性。要注意选择不同时代、不同学术流派的代表人物和重要事件的文献，以准确、全面地反映时代特征。

第四是全面性。凡是与研究相关的各种形式文献都要千方百计地搜集。既要注意文字资料，又要注意统计数据；既要搜集图书和期刊文献，又要搜集网络文献和工作报告；既要注意公开出版物，又要重视内部资料，以从中挑选出精确描述、准确表达政策问题的文献。

第五是连续性。与研究相关的文献在时序上要有一定连续性和累积性，尽可能不要在重要事件或时间段上中断，从而尽可能地反映政策过程的全貌。

第六是时效性。对于与研究相关的新资料、新信息、新文献，要尽快了解、及时搜集、及时研究、及时利用，以提高研究的时效性和评价的实用价值。

传统的文献查找主要借助检索工具，最典型的如图书馆藏书目录索引，而目前更常用的则是图书馆的联机公共目录检索系统和网络搜索引擎，尤其是网络搜索引擎更为简单方便，如谷歌、百度等，只要输入要查询的“主题”或“关键词”等，就可以获得相当多的文献条目，甚至还可以自行设置搜索条件，在所涉及的研究范围内进行搜索。

学术论文可以通过专门的数据库查询，如英文论文检索工具主要有美国的SCI和SSCI，国内有中国学术期刊网络出版总库（China Academic Journal Network Publishing Database，CAJD）及万方数据资源系统和维普数据资源系统等。

除此以外，还可以根据已有文献中的参考文献追踪查找有关文献资料及其作者，直接去查找较早一些的文献或该作者最新出版的文献，直到查找出比较完整的文献资料为止。

二、鉴别整合

在基本完成搜集文献的任务后，就需要对文献进行鉴别与整合。在科技政策研究中，特别要注意对文献所载内容是否属实的鉴别，这可以通过文献间的相互参照、文献与其产生历史背景的相互参照，以及文献与其作者生平、立场与基本观点相互参照来去伪存真，提高文献质量。

文献整合是指对已掌握文献进行分析、综合、比较、概括等思维加工，形成对事实本身的科学认识。例如，从文献记载的同类事实中归纳出共同点或规律性内容，或根据文献资料已经证实的事理演绎推导出相关结论，以及辨证地分析文献内容的历史发展、演变进程和相互关系，从而得出关于科技政策问题全面系统的看法。

三、分析评价

在科技政策研究中，学者较多采用定性方法对文献进行分析评价。其特点是侧重对文献的个案研究，而不太考虑所用文献资料的样本大小与完整程度，注重对文献内容的解释，而不太强调文献的表面内容和量化构建。例如，通过运用概念、判断、推理、论证等逻辑思维方式，直接对文献所包含的信息进行评价，澄清事实真相。如果有多篇文献涉及相同情况时，还可以运用比较分析法进行横向或纵向比较。但特别需要注意比较分析适用条件，即比较对象必须属于同一类别，而且所比较的内容和范围又具有可比性。

第三节　与其他方法结合

在科技政策研究中，当研究方向和研究目标确定之后，即对选题所涉及的研究领域的文献进行广泛阅读和理解，以期对该领域主要学术观点、前人研究成果和研究水平、争论焦点、存在的问题及可能的原因等进行综合整理，并根据自己的理解和认识，形成比较专门的、全面的、深入的、系统的论述和相应的评价，是后续研究的重要基础。因此，文献调查法是科技政策研究中非常重要、非常基础的评价方法，几乎能够和其他任何评价方法结合使用。

文献调查的意义在于帮助评价者熟悉和了解本领域中已有的研究成果，并获得一些可供参考的研究思路及研究问题的角度、策略与方法。因此，在科技政策研究中，文献调查法往往和回溯性政策分析方法结合使用，下面就以美国科技政策的回溯性分析为例。

美国的经济居于世界领先地位，与其适时的科技政策密不可分：美国政府的科技政策促进了科技的发展，科技的发展促进了经济的飞跃。美国通过各种渠道资助知识创造，并通过市场机制激励技术创新。美国的科技政策历来主要针对三类机构，即高等学校、联邦实验室和研发密集型行业；主要政策手段是投资或激励，如对联邦实验室设施或设备的直接投资、资助研发企业的人力资源培养，以及为联邦实验室和大学的研究人员提供经费支持；而激励措施则是通过鼓励利用新知识来推动经济增长，如对研发支出的税收减免、鼓励产业界和联邦实验室及大学的战略合作等。

在美国，国会是国家最高立法机构，国会实行两院制，由众议院和参议院组成，政府的科技立法草案、重要科技机构的设置、重要科技官员的任命及科技预算等都需要通过国会参、众两院的审议和批准。美国总统集中了国家科技活动的最高决策权和领导权，设有总统科学顾问委员会和白宫科学技术政策办公室，为总统提供科技事务咨询，协助总统处理全国科技问题。国会通过的法案必须经总统签署才能生效。美国国会设有许多专门委员会。目前，众议院设有科学、空间和技术委员会，参议院设有商业、科学与运输委员会。国会通过其对全国科学技术的立法权、大型科研项目的拨款权、政府各部门科研经费的审批权来保障科学技术的发展。

在科技政策制定和执行过程中，政府制定科技预算，向国会提出立法建议，国会则负责最终审批预算并且通过立法决定各项科技政策的框架，政府是各种法案的具体执行者。美国没有科技部，美国的科技政策行政机构组成包括联邦行政机构和州及地方行政机构，其中联邦行政机构设置分为总统办事机构、联邦政府各部、独立机构三个部分（图 2-1）。除上述机构外，还有许多非官方的机构在制定和执行科学技术政策的过程中起着重要的咨询作用（黄传慧等，2013）。

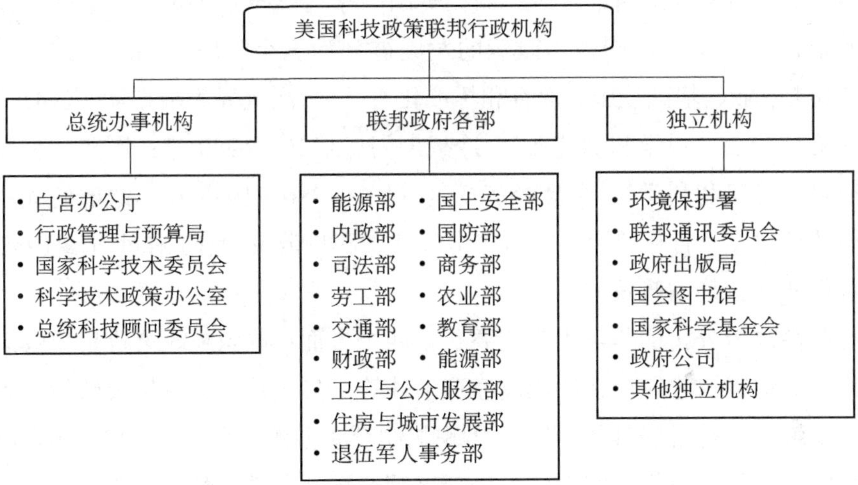

图 2-1　与科技政策有关的美国行政机构

资料来源：黄传慧，郑彦宁，孙雨生，等. 2013. 美国科技政策体系研究. 科技管理研究，(22)：43-46.

尽管如此，美国并没有一个统一的政府部门或法律告诉大家应该发展什么样的科学和技术。而科技政策更重要的意义在于调整市场失灵，即联邦政府投资于知识资源以提高创新能力，美国历届政府在科技政策上的侧重点虽然有所不同，但基本原则是一致的：政府有责任和义务支持科学技术的发展，促进科学技术为国家利益服务，同时充分利用市场机制和依靠私人资本，避免直接介入应用和技术开发研究（陆斌，2008）。也正因为如此，有学者认为美国没有什么科学和技术政策（菲利普·夏皮拉，斯蒂芬·库尔曼，2015），更多的只是政策性文件，如历届总统发布的国家科学政策报告等。

例如，在对美国科学技术政策发展的回顾与分析中，我国学者曾晓萱和余锋

(1990)在 20 世纪 90 年代将美国的科技政策发展分为五个阶段：早期经济发展时期是自由发展为主、政府立法为辅，鼓励科技发展；经济危机和第二次世界大战时期是国家干预下科技政策的强化；冷战时期是服从美苏空间竞争的科学技术政策；20 世纪 70 年代则是对科技政策的反思和调整；20 世纪 80 年代是对科技政策的再探索。黄传慧等则将美国科技政策的历史沿革分为启蒙时期、以军事为主、调整和为经济服务四个阶段。周柏春和孔凡瑜（2010）则将美国科技政策的跃迁分为奠基（建国后至第二次世界大战前）、初步形成（第二次世界大战至 20 世纪 60 年代末）、调整改革（20 世纪 70 年代至 80 年代末），以及逐步形成（20 世纪 90 年代初至今）四个阶段。而在美国国家科学技术委员会编著的《技术与国家利益》一书中，美国技术政策的发展被分为五个阶段：源起（1787～1941 年：专利、农业、基础设施、教育和标准化）；第二次世界大战期间（1941～1945 年：曼哈顿计划、科学和制造业）；冷战期间（1945～1980 年：国防、空间、能源、环境、健康和科学）；全球经济竞争时代（1980～1988 年：政府研究商业化的合作伙伴关系、合作研究、民用技术的开发和扩散）；面向 21 世纪（1988 年至今：合作伙伴计划与政策）。

回溯性政策分析的基本内容主要包括四个方面：首先是政策背景及政策问题的建构，即政策缘起的社会环境及经济条件等；其次是政策目标及政策内容，即政策所要解决的是哪些具体问题，由哪些部门通过哪些手段方法来实施，以及在政策组织、运行和执行时间上的安排部署等；再次是政策所涉及的利益相关者，包括政策的制定者、实施者、受政策影响的机构、个人等；最后是政策价值分析，如通过对政策实施所产生的效益在不同群体和个人之间的分配情况，来确定政策利益的分配是否合理，或者是更进一步的成本效益分析（成本包括政府试图解决特定问题的探索及科技政策制定所花费的成本、与政策相关的配套措施成本、由产业结构变化而引起的成本、对政策过程进行监督所产生的成本，效益则包括现实及潜在的经济及社会效益等）。

完整、清晰地对政策内容和背景进行回溯性分析，是获取政策科技信息的有效途径，也是非常重要的基础工作，这不仅包括对政策的描述与阐释，还应该包含对一定价值关系可能产生的后果进行预见和判断，如上述关于美国科技政策的回溯性分析都包括对相关政策特点的评价反思或总结展望。

第四节 文献调查法的特点

在科技政策研究中，文献调查可以超越时空限制，通过对古今中外海量文献的查阅，调查研究人类科技经济发展的状况和重大事件，在空间上又可以超越地域限制，分析世界各国的情况，这是其他评价方法所不具备的，也是文献调查法最大的优点。

就文献调查法而言，如果搜集到的文献是真实的，那么就能够获得比问卷调查、访谈、座谈等介入性调查方法更准确、更可靠的信息。文献调查作为间接和非介入性的调查，不与被调查者接触，不介入被调查者的活动，因而不会引起被调查者的反应，这就避免了问卷调查、访谈、座谈中经常发生的调查者与被调查者互动过程中可能产生的种种反应性误差。

文献调查的优点还在于受外界因素制约较少。只要找到了必要文献就可随时随地进行研究，即使出现错误也可以通过对资料重新编码和分析进行弥补。而问卷调查、访谈、实验研究等直接调查方法往往会受到种种外界因素制约，一旦设计不周密或准备不充分，效果就会大打折扣。

此外，文献调查是在别人劳动成果基础上进行的调查，对人员设备要求不高，因而可以用比较少的人力、经费和时间获得比其他调查方法更多的信息。不难设想，随着计算机和网络技术的发展，文献调查法的上述优点将会越来越突出。

需要注意的是，即使文献内容全部真实可靠，它仍然缺乏具体生动的前因后果，尤其是在研究者缺乏相关知识体验时，文献中的信息对研究者来讲是有限的，也是不充分的。事实上，文献的客观真实性往往难以保证，因为任何文献都是特定社会条件下的产物，都会受撰写者个人因素的影响和制约，文献内容与客观真实情况之间总会存在差异。在科技政策研究中，文献调查法的局限还在于文献资料难寻难找——很多政策文件常常被作为内部机密而不对外公开，因此对一些敏感的政策分析而言，往往很难得到足够的文献资料支撑。

应用实例

美国总统科技顾问委员会咨询评议报告

2012年11月，美国总统科技顾问委员会向时任总统奥巴马提交了《机遇与变革——美国科学事业的未来》咨询评议报告，该报告的主要观点包括四个方面：美国当前面临的挑战、应对挑战的目标、美国的机遇及未来应采取的措施。该报告是在大量文献调查的基础上完成的，并通过对文献的整合、分析与评价很好地支撑了报告的主要观点。

在对美国当前所面临的挑战的分析中，该报告首先通过对万尼瓦尔·布什等的《科学——无止境的前沿》，以及罗杰·皮克尔（Roger Pielke）于2010年在《自然》杂志上发表的《回顾：科学——没有止境的前沿》（*In Retrospect: Science: The Endless Frontier*）等政策分析文章的回顾，首先将美国的科学技术事业界定为：以探求知识为主的基础研究，贴近于应用研究但尚未实现成熟商业化的早期应用研究，以及后应用（科技转化）研究，如果将范围从“研究”拓展到“研究与发展”的话，还应包括工程技术研究和产品开发与定型，以及制造和工程化技术的部署与完善等。

为评价科学技术事业对美国全球引领地位的重要意义，该报告通过对生命科学、环境保护、数学、物理学、经济学等领域大量文献的调查，将科学技术对美国全球主导地位的重要意义归纳为三个方面：科技事业是美国生活方式的基石、科技投入为美国带来巨大的利益、科技创新不断引发世界性的变革。该报告援引的重要文献包括：国会图书馆调查局上报美国国会的专门调查报告《美国人的寿命》（*Life Expectancy in the United States*）、诺贝尔经济学奖获奖者罗伯特·索罗的《技术变化与总量生产函数》（*Technical Change and the Aggregate Production Function*）和肯尼思·阿罗（Kenneth Arrow）的《经济福利与创新资源配置》（*Economic Welfare and the Allocation of Resources for Invention*）、英国国家科技艺术基金会（National Endowment for Science, Technology and the Arts, NESTA）发布的《创新指数：英国的创新投资及其影响》（*The Innovation Index: Measuring the UK's Investment in Innovation and its Effects*）、美国国家科学委员会（National

Science Board，NSB）发布的《2012 年科学与工程指标》等。

为评价科学研究的世界性重组给美国带来的挑战，该报告通过对美国《时代周刊》发布的 2011～2012 年世界大学排名、上海复旦大学发布的世界大学学术排名（2011 年）、OECD 发布的《他们到哪里留学？》（*Where Do Students Go to Study Abroad?*）及美国科学促进会发布的《美国联邦研发投入的历史演变》（*Historical Trends in Federal R&D*）等专题报告的分析，归纳出美国所面临的私有部门支持的基础研究停滞不前、企业研发活动向海外迁移等现实问题。

类似地，报告对美国大学和国家实验室在科学事业中地位的评价及相关的政策建议，也是基于大量的文献调研提出的观点，如美国国家科学委员会发布的《研发、创新与科学和工程人力资源》（*Research and Development, Innovation, and the Science and Engineering Workforce*）及《投资未来：以增强美国科技事业为目标的科学基金会费用分担政策》（*Investing in the Future: NSF Cost Sharing Policies for a Robust Federal Research Enterprise*），美国国立卫生研究院的《早期研究员政策修订版》（*Revised New and Early Stage Investigator Policies*），除此以外，还有密西根大学、得克萨斯州大学等高校发布的政策研究报告等。

为使该报告更有说服力，报告还对施乐帕克研究中心（Xerox Palo Alto Research Center，Xerox PARC）的兴衰及能源部联邦实验室科技成果转移转化的新进展进行了案例对比分析。总之，尽管该报告对包括中国在内的“金砖四国”的描述有些太过耸人听闻，对美国所面临的挑战也有夸大的成分，但其研究逻辑和分析方法颇具借鉴意义。

需要说明的是，无论是美国国家科学技术委员会还是总统科技顾问委员会制定发布的政策性文件，美国很多的科技政策文件本身往往带有强烈的政策研究色彩，其政策分析不仅要充分咨询社会各界相关人士，充分发挥集体智慧来制定和评价科技政策，还特别注意面向普通公众，使其作为受益者，完全地、平等地参与其中，就研究方法而言，多采用文献调查、案例研究、同行评议、回溯性政策分析并辅之以统计分析等评价方法。

第三章 专家评议法

专家评议法是一种相对公平、合理、有效的评价方法。从评价对象来说，专家评议法特别适合针对基础研究的评价活动，其评议的内容和范围主要包括科学研究的质量、水平、方向、学科布局、科研人员职称评定，以及科研计划、项目、人员等科研资源的配置等。专家评议以其相对弹性大、适应范围广、公平的特点，在科技政策研究与实践中得到了极其广泛的应用，是目前主要的科技评价方法之一。

在实践中，根据评价目标、需求、对象的不同，科技政策研究者也经常会使用几种不同形式的专家评议方式。例如，美国科学、工程和公共政策委员会提出了三种类型的专家评议（Committee on Science，Engineering，and Public Policy，1999）：①广泛地应用于多种类型价值判断的同行评议，例如，对科研机构学科布局、科研人员职称评定、出版物的质量或价值评议、科研机构的声望评议、资助个人或资助领域的选择、论文发表、科学奖励授予，科研项目的申报等；②用于判断科研机构所进行的科学研究活动是否与其组织使命相关的评议。因为应用研究的预期成果可以确定或预见，相关性评议被广泛应用到应用研究的评价中。相关性评议也可以评价受到国家资助的一些基础科学研究项目。事实上，尽管基础研究的最终实际成果很难预测，但是确定已有的研究是否与机构的使命、目标相关非常重要；③用来评价美国科学研究努力、成果等在国际上的相对地位的标杆评议。需要指出的是，此类评价可以依靠专家判断，但有时也会利用一些定量的数据作为辅助判断的依据。

第一节 专家访谈法

专家访谈法是指科技政策研究者根据评价需求，通过与相关专家谈话，从受访者所举事例、数据及定性的看法中，逐步深入了解评价对象，收集到更深入的信息的过程。在访谈过程中，受访专家往往会引出一些故事、事例及其他一些定性描述，使评价者以类似于“听故事”的方式理解科学研究的复杂过程，完成一份描述性评价报告。专家访谈法可以确保收集到评价相关数据的数量和质量。相对其他一些方法来说（如问卷调查、统计分析等），专家访谈法具有调研针对性强、范围小、花费时间和经费少、在实践操作中可行性高的特点。所以，该方法被广泛应用到科学研究重大问题、事件的评价实践中——从简单的描述性总结，到全面的复杂分析。

专家访谈法的优点主要体现在两个方面。一方面，专家访谈法以“听故事”的方式使评价者了解科学研究的思想来源，重要的科学家，研究的目标、计划、进展动态、产出、影响及意义等。评价者可以根据访谈结果写出广泛全面和更具学术性的评价报告。而对社会听众来说，科学研究中发生的故事比起那些定量的统计数字更有吸引力和影响力。因此，专家访谈法提供了一条让包括科技政策决策者、资助机构、评价者、研究成果潜在使用者及社会大众了解科学研究活动的有效途径。另一方面，专家访谈法可以允许受访专家自由发表自己的看法，让管理者更加深入、全面地认识和理解科研组织在制度、管理、发展战略及组织文化等方面存在的问题。

在科技政策研究中，专家访谈法比较适用于对科研机构或科学事件进行案例研究。例如，某科研组织完成一个重大科学发现，这时评价者需要通过对相关的科学家进行访谈，了解科学研究过程中关键事件、人物及启示等；或者评价者围绕关于某重大科学成果相关的一系列事件的回溯性调研，集中讨论某些关键科学事件的重要性，它们怎样对科学成果产生贡献，从中可以学习什么科研活动的规律等。除此之外，在问卷调查之后，评价者也可以根据调查中所发现的问题通过专家访谈进行聚焦调查。

例如，在中国科学院研究所“知识创新工程”评价中，中国科学院领导为深入了解研究所的管理问题，对研究所进行实地考察。各研究所组织一些科研、行政人员、研究生等出席讨论会，中国科学院领导针对出席人员提出的研究所管理、战略、文化等方面的问题，给出一些解决问题的思路、建议，并做出诊断性评价。

根据受访者的人数，访谈大体可以分为个人访谈和群组访谈。个人访谈相对群组访谈更容易控制，访谈者可以确保受访者完成所有评价相关的问题的回答。因为，一旦受访专家表示愿意接受访谈，那么他往往会配合完成整个访谈计划。

群组访谈会有三到十几个具有相同知识背景的受访者，他们可以就一系列问题给出自己的看法、建议。在群组访谈过程中，访谈会议主持人需要注意：首先，在群组中，访谈人员很难保证每个受访者自始至终都有很高的参与热情，所以在组织安排群组讨论时，访谈者要确保每一个人都要有足够的时间和机会至少发言一次。其次，要注意受访者之间的互动、交流所产生正面和负面的外部效应。受访者之间的互相交流可以促进产生新的想法、观点、建议和勾起模糊的记忆，但如果某一受访者具有影响力或者学术权威性，他的发言往往会影响其他人的独立思考。因此，访谈者有责任设法鼓励每一个受访者提供他们的经验、思考和看法。例如，在头脑风暴访谈中，访谈人员鼓励每一个受访者自由地发表看法、观点，对各种意见、方案的评判必须放到最后阶段。再次，为使受访者感到舒适和不受约束，访谈人员可以选择具有相似的职位、地位、经历等的受访者。最后，访谈人员还应该控制受访者的讨论范围，将小组成员的注意力引向讨论的问题，或是围绕访谈主题提出新的问题，使访谈始终有一个焦点。

根据访谈人员和受访者之间的远近，访谈又可分为面对面访谈、电话访谈和网络访谈。面对面访谈往往在受访者感觉舒适的地方进行，如办公室、会议室、客厅、饭店、咖啡厅等，因为有访谈预约、环境舒适等因素，访谈时间可以比较长，从半个小时到几个小时不等。电话访谈一般在受访者办公室进行，访谈时间较短，从几分钟到半个小时不等。访谈人员选择电话方式往往是受预算、受访者时间，或者地理位置等因素的限制。电话访谈的缺点是访谈人员无法在访谈过程中根据受访者的面部表情，适时地调整访谈内容。网络访谈产生于信息时代，访谈者可以利用一些视频会议系统或视频软件，对受访者进行访谈。它结合了面对面和电话访谈的部分优点，允许访谈人员与受访者预约时间，又不受访谈双方地理位置的限制，具有较好的氛围，访谈成本较小。

根据访谈范围和组织安排，访谈还可分为滚雪球访谈、即兴访谈和聚焦访谈。

滚雪球访谈，即评价者预先并不设定访谈的具体范围，访谈者在访谈过程中不限制受访者发表意见的范围，并且往往针对受访者的看法适时地提出一些启发性问题。这种访谈可以使被访谈对象得以充分表达自己的看法、建议，像滚雪球一样随着访谈的进行，访谈者可以更加深入地了解评价对象，甚至是不为人知的一面。即兴访谈，即被访谈者没有做出相应的准备就接受访谈，这种访谈往往能够了解到受访谈者心理最直接的看法。聚焦访谈，访谈人员将评价相关的问题做成访谈提纲，在访谈过程中，访谈人员主要关注这些问题，不鼓励受访者“跑题”的谈话，这种访谈具有很强烈的问题针对性。

第二节　同行评议法

美国国会技术评估办公室高级专家达里尔·楚宾（Daryl E. Chubin）在他的《无同行的科学——同行评议和美国的科学政策》一书中给出同行评议的定义：“同行评议是用于评价科学工作的一种组织方法，这种方法常常被科学界用来判断工作程序的正确性，确认结果的可靠性以及对有限资源的分配，诸如杂志版面、研究资助经费、公认性和特殊荣誉。”同行评议可严格定义为：由从事该领域或接近该领域的专家来评定一项工作的学术水平或重要性的一种机制。

自 1950 年美国国家科学基金会成立并建立同行评议系统以来，同行评议理论与方法不断完善。在 1994 年美国对各联邦机构的绩效评估中，美国国家科学基金会是最受信赖的。美国国家科学基金会前主任尼尔·兰纳说：“美国国家科学基金会作为公共基金的责任管理者的信誉，归功于完善的同行评议程序。”而美国知名学者洛斯特·罗伊在《利用同行评议取舍——对科学选择理论的贡献》一文中断言：“正如赢得诺贝尔奖的科学家的成就表明，同行评议系统是美国科学家成功的源泉。”2001 年，在纪念诺贝尔奖颁奖 100 周年大会上，时任美国国家科学基金会主任考威尔宣称：“截至 2000 年，美国国家科学基金会共资助了 78 位美国籍诺贝尔奖获得者，对优秀科学家不遗余力的资助，使美国国家科学基金会成为美国科学的强大驱动器。”

中国是在 1982 年从美国引进的同行评议法，1986 年随着国家自然科学基金委员会的成立，根据我国国情和文化传统建立了同行评议系统并逐渐完善。30

多年来，在基金分配、人才培养等方面进行了卓有成效的工作，同行评议法也对国内科技管理部门和高等院校的科研管理和人才培养产生了较大的影响。需要说明的是，尽管同行评议在理论上和实践中确实存在一些问题，但科学政策的研究认为，同行评议有明显的固有不足，虽然荒谬的偏见和腐败是很少见的，但人们并不能完全杜绝人为的失误（吴述尧，2014），这是在科技政策研究中特别要注意的问题。

一、同行评议概述

同行评议是由从事该领域或接近该领域的专家来评定一项工作的学术水平或重要性的一种机制。目前，世界各国的基金会或拨款机构普遍采用同行评议法决定资助哪些课题（即评审），评估研究课题的进展（即检查），以及评价课题的研究结果（即绩效），这些工作同样是科技政策研究的范畴。同行评议法的基本方式包括通信评议、评审组评审和实地调查。通信评议通常是每份申请选 3～5 位评议人，他们都是该领域或接近该领域的专家，选择的首要标准是在该专业领域具有权威性。评审组评审一般按大学科组建，其成员或选举或推荐产生，有一定的任期，他们是申请项目资助与否的核心决策机构。实地调查多为重大项目或投资金额高的研究课题，调查组由专家和管理人员混合组成。

同行评议系统包括专家库、评议准则、评议人守则、反馈机制、申诉程序和监督机制等。一个理想的同行评议系统应满足下述要求：不太紧缺的资源、无私的决策群体、宽广的专家选择范围、单一的学科和单一的价值准则。国内外科技政策领域的专家针对同行评议可靠性进行的研究认为，在人类任何决策系统都可能存在不足的情况下，同行评议自然是基础科学研究领域中唯一切实可行的评估办法。

同行评议在 20 世纪 60～70 年代曾经起到很好的作用，但在竞争性经费申请的环境下，随着科学技术发展速度和规模的扩大及学科交叉融合等复杂因素，同行评议也面临诸如关系网引发的利益冲突、分学科管理造成的学科壁垒，除此以外，还有匿名评审造成的难以杜绝的剽窃行为等因素。

我国学者赵红州曾经指出同行评议助长学术界权威主义、破坏着科学民主气氛的问题，牛津大学马尔维教授也指出了同行评议经常被滥用和误用的问题。尽管如此，在美国，由国会组织的评审团经过两次全面的调查研究，认为同行评议法是评审研究申请和找出发展科学良机的重要机制，目前尚没有其他方法可以取代。类似地，英国研究理事会的顾问委员会针对社会上的批评，组织调查组对英国研究理事会的同行评议进行了一次全面调查研究，结论如出一辙，即同行评议是评价基础研究质量的唯一可行和有效的决策方法，并得到了绝大多数学术团体的支持（吴述尧，2014）。

二、同行评议系统

可靠的同行评议系统是世界各国科学基金会或资助拨款机构的根本保证，也是确保科技决策科学性与有效性的根本保证。规模庞大且具权威性的专家库是同行评议系统的基础。例如，美国国家科学基金会专家库包含 30 多万名科学家，几乎涵盖所有学科。德国科学基金会（DFG）的同行评议专业委员会委员是由全国 200 多个学术组织提名，通过 8 万多名科学家无记名投票直接选举产生的，这种遴选机制比较有效地保证了同行评议专家的科学性、公正性和权威性，因此在德国尚未出现过否定同行评议的现象。在中国，随着新学科的迅速发展和青年科技人才的快速涌现，扩充和更新专家库也是中国国家自然科学基金委员会的重要工作，目前该委员会的专家库数量已接近 10 万。在从事科技政策研究和科技评估的一些专门机构，各学科专家库规模也在迅速扩大，如中国科学院管理创新与评估研究中心的活跃专家库规模已达 8000 多人，有效地支持了国家及中国科学院层面的宏观科技决策及科技政策研究。

评审准则主要包括申请条件、申请人所在部门或单位的承诺、评议人的选择、评审组成员构成与调整、利益相关者及回避制度等。加拿大自然科学与工程研究理事会出版的同行评议手册中，有对评审准则的详尽表述，如同行评议程序、不同议题的同行评议如何进行及相应准则的采用、同行专家遴选规则等。在美国环境保护署，同行评议手册自 2000 年出版以来，经四次修订，到 2015 年已发布第四版，使同行评议准则更为规范、更为具体、更具实操特点。

在发达国家，专家评审是学术界较高的一项荣誉，同行专家认为参与评审工作付出时间和精力是值得的。所以，一般通讯评议不给报酬，评审组会议也只报销参与专家的旅费。除此以外，还对评审工作有比较高的要求，例如美国国家科学基金会要求专家对每一份申请的评议时间不少于8小时，如果有必要的话，还需要核对数据和参考文献。在评审组会议中，美国国立卫生研究院会向评审专家下发人手一份的评审人守则，并在评议会场张贴评审守则，以警示评审专家要科学、客观、诚信。尽管政策研究者和评审的组织者制定了专门的管理办法和利益相关者回避措施，但被评对象、评审专家与管理者之间的利益冲突始终存在，这也是目前科技政策研究中非常值得探讨的热点问题。

反馈和申诉机制是改善同行评议系统、提高同行评议透明度的重要途径。对被评审方而言，反馈可以促进其工作；对同行专家而言，也是他们的价值体现。在此基础上，更广泛地向学术团体通报同行评议的实施过程，包括提供有关同行评议、战略、管理和资助决策的信息，有助于避免因匿名评审造成暗箱操作的不良影响。需要注意的是，同行评议法属于共识决策，在同行专家评议中，虽然荒谬的偏见和腐败行为比较少见，但并不能完全杜绝人为失误，如曾引起巨大争议的“透明计算”获得国家自然科学奖一等奖事件。在这种情况下，为挽救失误，设立严格的专门程序接受申诉，与相关学会或第三方组织联合起来进行复议，不仅有助于提高同行评议的透明度，也有助于改善评议结果的公信力（吴述尧，2014）。

三、同行评议过程

简单归纳起来，同行评议过程基本上可以分为可行性分析、筹划准备、具体实施和完成评议四个阶段。

在可行性分析阶段，首先是通过与项目委托方充分沟通，明确成果预期。这就需要对机构的决策需求进行界定：该项评估是否涉及科学知识，是科学知识影响力（influential scientific information，ISI）判断，即项目委托方认为该科学知识确实会对公共政策或企业部门决策产生显著的、实质性的影响；还是具有高度影响力的科学评估（highly influential scientific assessment，HISA），即对于有着多种投入、海量数据、复杂模型、多重假设的科技知识体系的评估或者是基于已有信息对不确定性问题进行最专业的判断，而且该问题有着巨大的潜在的经济社会效益，抑或这是一项新颖的、有争议的乃至涉及跨部门利益的开创性工作（Science and Technology Policy Council，2015）。如果不涉及上述科学知识，显然同行评议是没有必要的。在明确该项政策研究为涉及科学知识的决策之后，项目承担方应向决策方提交供参考的判断依据以备审议通过。需要指出的是，并不是所有涉及科学知识的决策都需要同行评议，对于没有必要进行同行评议的情况，应果断放弃，归档说明（如已经过同行评议充分论证的事项或已被科学研究所充分证实的情况），如需进行同行评议，则进入筹划准备阶段。

在筹划准备阶段，首先论证该事项需要同行评议的必要性及可行性，并经委托方审议通过。除此以外，相应的准备工作还包括确定参与项目的核心人员、建立相关档案及数据库、形成相关费用及支出预算，以及媒体及公众参与的考虑等。需要说明的是，费用及支出预算在很大程度上取决于评议方法和决策问题的复杂程度，组织者对此要有充分考虑并确保有足够的资源开展此项工作，切忌虎头蛇尾。其次是选择评议方法，在选择评议方法时，一方面要考虑适当的专家组构成，由内部专家构成，还是外部专家构成，还是兼而有之？如中国科学院研究所“一三五”国际专家诊断评估的专家组就全部由外部专家构成，而“十二五”规划验收评估则采用内部专家和外部专家相结合的专家组结构；另一方面要考虑由谁来组织，是项目承担方，还是委托第三方；除此以外，还需要就评议方法给出说明，需要函评还是会评，需要组织一次会议还是多次会议，如何取舍等，这些问题应在提交委托方的简报中充分说明。最后是起草实施方案。除上述两部分内容外，实施方案中一般还包括项目起止时间、关键节点、专家来源及选择标准、评估规范及相关量表等。在与委托方沟通后，组织者即可开始联系同行专家，并准备相关文字材料。这些文字材料一般包括情况说明、评估指导手册、评价量表及说明等。

同行评议的成功与否在很大程度上取决于提供给同行专家的审议材料的质量。组织者越是精心组织材料，项目介绍和评价量表越贴合实际，专家领域与评价要求越接近，越能取得好的评议结果。在具体实施阶段，提供给专家的材料一般包括专家（组）责任与义务、情况说明、议题相关材料、数据支撑或其他参考资料、成果说明等。形成评议报告可以有两种方式：一种方式是由专家组组长综合小组集体讨论或书面沟通意见，以专家组的名义提交评议报告；另一种方式是组织者从通讯评议专家那里收取反馈意见，经汇总整理后形成评议报告。

在完成评议阶段，首先要做的是总结专家观点，并结合决策需求和专家的观点，形成参考意见。一般来说，专家观点可分为正式评估意见，如填写量表及文字评论等，也包括非正式意见，如专家会议发言及邮件沟通中的观点等，这就需要认真梳理，确保正式意见准确无误，如有疑问，应及时和专家沟通、确认；而非正式意见应加以甄别，对于有重要参考价值的内容应以备注或说明的形式附在评估报告后，提交管理评估并形成最终决策（图 3-1）。

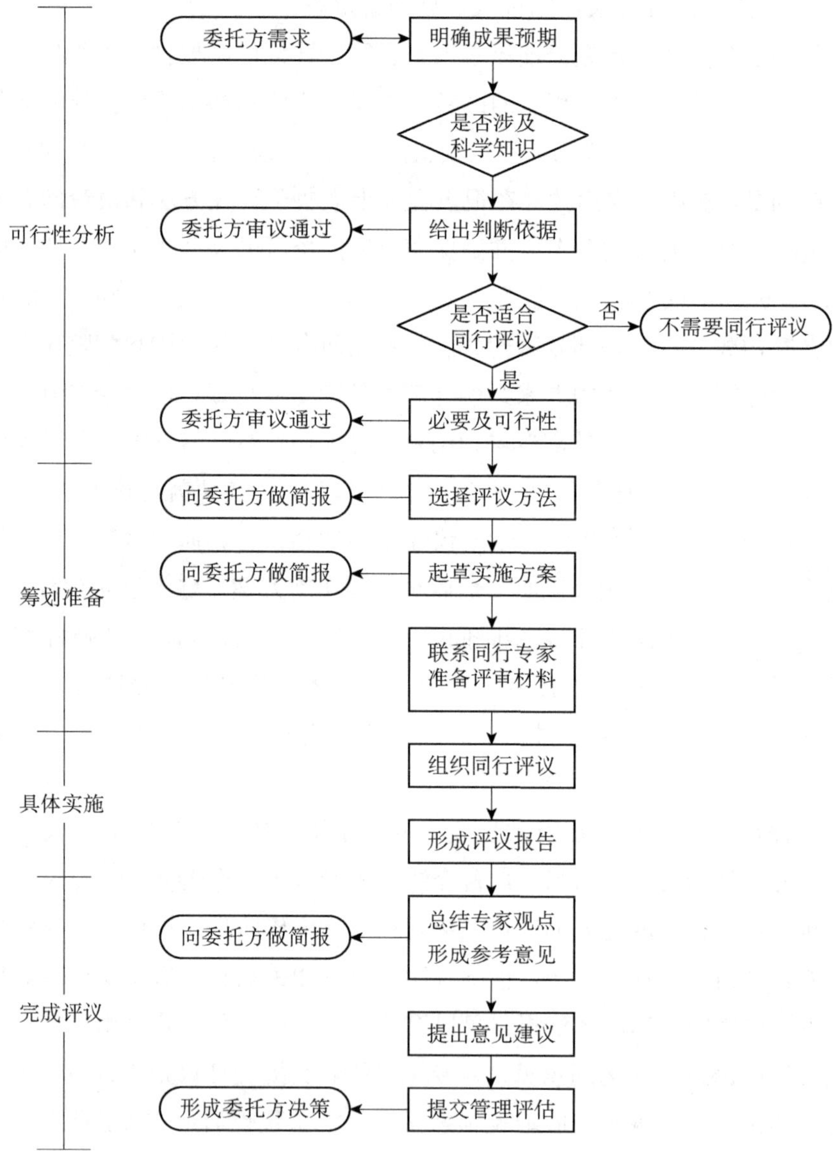

图 3-1 同行评议路线图

四、注意事项

由于同行评议本身是一种主观的定性评估，因而不可避免有其系统缺陷，如马太效应、权威效应、剽窃泄密等。因此，在同行评议过程中要特别注意以下五个方面。

第一要选择适当的实施形式。同行评议主要有通信评议、专家会议和调查评议三种方式。其中，通信评议是指把相关资料寄送给评议专家，由专家独立做出判断并将书面评议意见反馈给组织者。通信评议有成本低、开支少、保密性好的特点，能够较好地避免人情干扰，而且专家能够有较充裕的时间进行考虑，不受从众心理和权威主义的干扰，能够更真实、充分地表达意见。但通信评议没有和其他专家及被评议者的互动，因此对书面材料没有涉及或专家不了解的问题可能难以做出合理判断，除此以外，通信评议往往需要的时间较长，也难以保证评议结果的回收率，不利于及时决策。专家会议是指组织者事先把相关材料寄送给专家，并邀请专家按指定时间和地点参加会议，通过讨论交流形成集体意见。专家在会议现场可以充分地交流和讨论，听取被评议对象的答辩和申诉，有利于迅速、高效地形成较为科学和民主的决策。但专家出席会议的费用往往较高，专家彼此见面也会削弱结果的保密性，如果是较小的学科领域，还会遇到因权威影响民主决策的情况。除此以外，由于受到时空条件的限制，有的专家可能无法在指定时间地点出席，从而影响了专家组的代表性和权威性。调查评议更适用于评审专家对评价内容不太了解、相关文字材料缺乏或涉及保密要求的情况。调查评议可以实地调查、现场评议、有客观性强的特点，但同样需要花费较多的时间和费用，成本较高。

第二要选择适当的同行专家。按字面理解，同行就是从事相同领域研究的专家。一方面随着科学发展的深入和细化，科学研究领域划分越来越细，真正的同行似乎越来越少；另一方面，随着学科领域的相互渗透和研究前沿的相互交叉，科学研究常常需要多学科的知识，要找出具有与决策需求同知识结构的同行专家是很难的事情。以学科为例，按照《中华人民共和国学科分类与代码国家标准（GB/T 13745—2009）》，在 62 个一级学科中，如中国科学院在 42 个一级学科所属的 238 个二级学科和 562 个三级学科上有研究团队布局，即便中国科学院管理创新与评估研究中心的活跃专家库已达到 8000 多人的规模，也难以做到每个三级学科都有足够数量的同行专家可供选择。因此，在评价实践中可以选择“大同行”，即研究领域与决策问题相近的专家，以及“小同行”，即与决策问题专业领域相同或相近的专家相结合的方法，尤其是涉及多学科前沿问题，真正对其有较深了解和研究的专家很少的话，则应该将各个学科的专家尽量包括进来。在专家遴选中还应注意选择活跃在第一线从事研究工作的一流专家，因为他们能对同专业的研究机构、人员和成果的科研实力、学术水平、科学价值、技术难度等做出客观、准确的判断。除此以外，专家遴选还应注意不同区域、不同机构、不同学术观点的兼顾，对于涉及产业化和研究预算的评估，还应该请经济专家、财务专家及管理人员等参加。为确保同行评议的公正性及决策的科学性，应注意回避与决策问题有利益关系的专家，并定期轮换、注意保密。

第三要形成规范的约束机制。同行评议应本着“公开、公平、公正”和“依靠专家、发扬民主、实事求是、公正合理”的原则，对组织者和同行专家都要形成严格规范的约束机制，这是同行评议能够发挥科学民主决策功能的重要保证。例如，对于组织者，特别要求其不能利用组织便利谋取不正当利益，不能干预评议活动或向同行专家施加倾向性影响，不能聘请有问题的专家，不得擅自泄露相关资料，不得隐瞒歪曲或不如实反映专家意见等；对于评审专家，要建立和严格实施回避制度，要允许被评议方提出应回避的专家或应优先考虑的专家名单，要建立评审意见全文反馈制度和允许被评议方申诉，要对专家的评审记录进行追踪评估，对于结果异常的情况应当引起足够重视。

第四要有明确的评价标准。为避免专家评议时的主观性和随意性，应当明确决策问题的评价标准，为此可以拟定条款对评价标准作出说明，也可以给出明确的指标体系请专家进行量化打分（刘鲁宁，2007）。例如，在我国国家科技进步奖创新团队奖励评价指标体系中，在影响力、创新水平、团队建设和发展能力四个维度下，共设置了 12 项评价指标，每项指标都有严格的指标定义、评价方法及专家评判标准，以标志性成果为例（表 3-1）。

表 3-1 创新团队奖励评价参考指标体系

评价指标	内容
指标定义	在考察期内，创新团队成员为通讯作者（项目主持人或课题负责人）的标志性成果入选由国际（国内）权威学术团体或学术期刊编委会定期组织评选并向社会公布，在国际（国内）科学技术领域有重大影响，为国内外学术界广泛认同的重大科学发现或重要研究进展，或被专家组认定为与上述水平相当的研究成果

续表

评价指标	内容
评价方法	采用第三方数据定量计分和专家组定性评分相结合的方法，定量数据和专家评分各占50%
定量数据 （最高50分*）	对于团队上报的不超过5项标志性成果以如下规则计算：入选美国《科学》杂志“年度科学进展”、中国科学院和中国工程院两院院士评选的“年度世界十大科技进展”计10分；入选美国《研究与发展》杂志R&D 100奖励、美国物理学会或欧洲物理学会等国际著名一级学会**年度十大进展计8分；入选中国科学院和中国工程院两院院士评选的“年度中国十大科技进展”、国家科技部基础司评选的“中国科学十大进展”计6分；入选《科技日报》评选的“国内国际十大科技新闻”计6分，入选中国科学技术协会学术会刊《科技导报》评选的“中国重大科学、技术与工程进展”计6分。 其他未列入上述名录的有关第三方评选结果和国防安全类有重要社会影响的标志性成果产出可比照上述标准，由同行专家组确定分值标准。每项成果以最高分计算一次，不累计
专家评分 （最高50分）	对于团队上报的不超过5项标志性成果，每项成果均由专家从国际领先（9～10分）、国际先进（7～8分）、国内领先（5～6分）、国内先进（3～4分）和国内一般（0～2分）五个层次给出评分结果后累计成5项成果最终得分

*代表同一项成果只能以最高分计算一次；**代表按照ISI数据库22个学科领域划分

第五要合理利用评价结果。同行评议作为科学共同体民主决策的结果，其结果应该得到充分的尊重。但由于同行评议的固有缺陷，对同行评议的结果应审慎对待，并在机制上尽量进行完善。如对于科学前沿相关问题的同行评议，应考虑作为领域权威的同行专家，容易被固有的研究范式所影响，思维难免具有一定的局限性，这就有可能使一些创新性很强的研究项目、研究成果的科学价值被低估甚至被否定。另外要注意，很多同行评议注重考察前期成果和研究积累，这很容易形成马太效应，造成对跨学科前沿问题和新生研究力量的忽略。

应用实例

中国科学院研究所国际专家诊断评估①

在同行评议中，调查评议是指组织相关领域专家进行实地调查或现场评议，通过研读材料、听取报告、交流访谈及演示参观等方式，充分发挥专家的专业知识和经验，对被评价对象的过去、现状、发展变化过程进行综合分析与研究，客观分析

① 资料来源：中国科学院发展规划局，中国科学院管理创新与评估研究中心. 中国科学院研究所“一三五”专家诊断评估报告汇编（2012～2014）.

现状、判断发展规律，找出问题与不足，并对未来发展趋势给出意见和建议。

与通讯评议或专家会议等方式相比，尽管调查评议需要花费较多的时间和费用，但因为这种方法能够通过实地调查、现场交流等方式更加深入细致地了解被评价对象的实际情况，有助于做出更为科学准确的评价，所以比较适用于较大规模的科研机构战略规划、诊断评估、大型科技项目可行性研究等。

以中国科学院为例。按照中国科学院对研究所的管理职责，中国科学院构建了重大产出导向的研究所评价体系，包括两个环节、一个基础，即每个研究所五年一次进行专家诊断评估，并开展年度关键指标监测。其中，研究所专家诊断评估主要是邀请熟悉研究所主要研究领域的国内外专家，围绕研究所“一三五”规划进行诊断。其中，“一”代表定位，即研究所使命和未来五到十年的核心竞争力；“三”代表研究所重点发展领域方向，即有望在未来五到十年取得重大突破性成果的领域方向，数量一般不超过三个；“五”代表研究所要重点培育的领域方向，即体现研究所特色并有望成为未来竞争优势的方向，其数量一般不超过五个。

在调查评议中，专家要对研究所定位、优势和不足进行诊断；判断研究所选择的重点领域方向和重点培育的领域方向的意义，研究质量或技术价值，人员设备等是否满足需要；研究所在人才培养、队伍建设方面的工作等。同时，通过分析研究所重点领域方向和重点培育方向的情况，判断研究所的定位及其在国内外的地位和核心竞争力，帮助研究所提升不可替代性、避免同质化，为未来不断做出重大创新贡献奠定基础。

一、评估内容

中国科学院研究所是具有科技创新自主权与管理自主权的国家科研创新机构，也是面向全国开放的公共研究平台，其主要职责主要包括三个方面，即科技活动、人才培养及科技传播，基于上述职责，中国科学院对研究所的专家诊断评估从七个方面开展。

第一是发展水平，通过此次专家组诊断评估判断研究所在国内外所处地位和发展水平；第二是结合研究所自身目标定位，判断研究所战略布局和重要领域方向选择的情况；第三是判断研究所人才培养、队伍建设的情况；第四是判断研究所的管理、保障措施和管理有效性等；第五是预测研究所未来五到十年有可能取得的重大突破；第六是分析研究所的优势、不足和为未来发展提出建议；第七是针对研究所选择的重点发展领域方向和重点培育方向，判断其研究质量与技术价值，研究工作的意义，以及人才、资源、技术平台情况等。

作为现场调查评议，本次评估的“诊断”意义还体现在，专家在参加现场评估时与研究所领导及科研人员的广泛交流，以及对他们的工作提出意见和建议。在现场评估结束时，专家组还与中国科学院领导及研究所领导班子对评估情况和诊断意见进行充分交流。这种自由发挥的评估内容，是对本次评估“规定动作”很好的补充。

二、前期准备

评估活动的前期准备工作主要包括确定邀请专家、准备相关资料及设计评估量表三项工作内容。

（一）确定邀请专家

参加本次诊断评估的研究所涉及的学科领域不同、科研活动各有特点，因此专家遴选范围较广，来源包括中国科学院外籍院士，海外评审专家，外籍特聘研究员，中国科学院学部、院士局、国际合作局推荐的专家等。

专家推荐首先是根据研究所学科特点，由本学科或本领域有影响力的战略科学家为研究所推选专家组。这样有利于遴选适合评价研究所工作的专家，特别是国际专家，也有利于得到专家的支持，参加研究所评估工作。在与战略科学家充分沟通后，先以中国科学院名义正式邀请其作为研究所“一三五”诊断评估战略科学家，说明相关任务等，然后协助战略科学家推选并邀请专家组成员，将专家相关信息建档整理，经中国科学院发展规划局审核通过后，由中国科学院聘任。

在时间安排上，战略专家一般在现场评估前 6 个月确定邀请，现场评估前 3 个月确定并邀请专家组成员。在现场评估前 1 个月，这些专家将会收到中国科学院提供的评估背景材料和被评研究所状态报告，了解被评价研究所的情况。组织方同时也提醒专家要保证评估意见的独立性、客观性、公正性，在相关数据、资料和研究结果公开发表之前不使用、不透露收到的材料和诊断评估过程中获得的任何有关研究成果、商业秘密和其他相关信息、数据等。

（二）准备相关资料

相关资料主要包括两个部分：评估指南和研究所状态报告。为便于专家组开展工作，所有相关资料都准备有中英文两个版本。

评估指南主要是便于专家了解本次评估的背景、目的、专家责任及评估内容，主要包括：中国科学院发展战略、使命定位等情况简介；本次专家诊断评估目的；评估对象、评估时间、主要程序和评估要点；专家组任务；保密与利益冲突、评估费用等其他相关内容。

为使专家更好地熟悉被评研究所的使命定位、科技布局、发展现状及关键指标等情况，本次评估还专门为各研究所专家组准备研究所状态报告，内容包括：研究所使命定位、研究工作特色与优势；科技布局及带头人情况，即“重大突破”和“重点培育方向”布局目标、意义、带头人及团队情况、主要进展和成果等；研究所整体发展状态，如队伍建设、资源、条件平台、体制机制等情况，在国内外有重要影响的人员和成果情况，与国内外重要机构或企业实质性合作情况等；除此以外，还有由中国科学院评估研究中心提供的定量指标监测数据。

（三）设计评估量表

考虑到诊断评估涉及的研究所比较多，而且研究所的规模都比较大，为便于后续总结分析，本次评估为专家组设计有“评议参考要点”，以供形成评议报告时参考，评议要点分为研究所整体和领域方向两部分内容（表 3-2）。

表 3-2　中国科学院研究所诊断评议参考要点

一、研究所整体情况

1. 研究所国内外地位和核心竞争力情况判断

（专家组可根据研究所情况对表 A 和表 B 均做出判断，也可仅对一个表做出判断）

表 A　国际地位判断

国际地位	专家判断（打√）	参照标准
处本领域国际领导地位，研究水平质量国际一流，处在国际第一梯队		近五年在本领域有国际公认的重大突破或重大成果
		有国际公认的原创研究工作
		国际同行认同度很高
		有国际公认的领军人才

续表

国际地位	专家判断（打√）	参照标准
紧跟国际前沿，在国际上有一定影响和地位，研究水平和质量接近国际一流，但与国际第一梯队有差距		在某些领域方向做出重要工作，有高水平产出
		国际同行认同度较高
		在某些领域方向有国际认同的高水平人才
处在国际较好水平		在某些领域方向有特色工作
处在国际一般水平		

表B　国内地位判断

国内地位	专家判断（打√）	参照标准
处在国内领导地位，或研究质量处在国内最高水平		研究质量在国内处在最高水平
		近五年来有满足国家需求的重大突破或重大成果；或有公认的高水平研究工作
		研究所主要领域有国内最好的领军人才
在国内有地位影响和特色，但与国内领导地位有差距		在某些领域方向有满足国家需求的重要工作；或某些领域方向在国内处在最高水平
		成果在国内获得认同
		有国内公认的一流人才队伍
国内一般水平		

2. 对研究所定位及发展战略的评议

（结合研究所近五年发展态势和状态，判断研究所定位、发展理念、发展战略的考虑是否合适，研究所确定的重点发展领域和重点培育方向是否支撑研究所定位，与其他机构或大学相比是否有优势和特点，是否有需要加强或新发展或调整的方向等）

3. 对研究所人才培养的评议

（为实现研究所战略规划，人才队伍结构是否合理，队伍水平是否满足要求，哪些方面需要改进，有哪些改进的建议）

4. 对研究所研究生教育情况的评议

（研究所教育定位、发展理念及发展战略如何，研究生培养与管理方法是否得当，培养体系是否有特色，如专业设置、课程开设、学业标准制定等，是否体现科教融合的特色，培养与管理方法是否得当，研究生是否表现了很好的创新活力，培养的研究生在国内外同领域的认可度，有哪些相关改进的建议）

5. 对研究所管理的评议

（为实现研究所战略规划，研究所经费总量和结构是否合理，研究所技术装备平台是否满足需求，研究所体制机制是否合理，合作交流是否有效开展，研究所管理方面哪些需要改进，有哪些改进的建议）

6. 未来5～10年内研究所可预期的重大产出列举

项目名称	主要科学家	简要推荐理由

7. 其他意见和建议

二、重点领域方向和重点培育的领域方向情况

（专家分领域给出意见，并可根据本领域方向特点，选择判断的内容）

领域方向名称：____________

1. 该领域方向研究水平

（包括根据重要成果产出的影响，承担项目与任务情况及人才情况等判断）

表C 国际地位判断

地位	判断情况（划√）
处在本方向国际领导地位（在国际第一梯队）	
紧跟国际前沿，在国际上有影响和地位（与第一梯队有差距）	
进步很快，有特色	
一般	

表D 国内地位判断

地位	判断情况（划√）	备注
处在国内最高水平		
在国内有特色和竞争力		
一般		

2. 研究工作意义

（研究工作是否反映了对相关学科领域研究工作进展及需求情况的广泛理解，是否有价值，前景如何；包括理论、方法和实验等是否合适；与其他大学或研究机构相关工作相比是否有优势和特点等）

3. 满足需要的情况

（包括是否与用户建立了适合的沟通方式，研究结果是否可能解决应用的问题，是否明显提升了用户生产力，与其他技术相比竞争力如何，等等）

4. 人才队伍和技术支撑情况

（包括带头人水平、团队结构、科研设备、数据方法等支撑情况）

5. 领域内几项重点工作的情况

（根据领域内主要研究人员的报告，判断本领域研究重点选择、研究计划安排是否合理，是否有效协同；判断研究工作质量、已取得的成果及未来发展的潜力，对分报告涉及相关工作有哪些意见和建议）

6. 大科学装置的建设、运行与开放情况（大装置研究所的相关领域适用）

（大科学装置的建设是否有显著的自主创新；大科学装置的运行管理是否有配套完整的组织体系、规章制度、技术规范等管理体系，并且运作高效；大科学装置的开放情况如何；哪些地方还需要改进；有哪些改进的建议）

7. 其他意见和建议

三、现场组织

现场评估一般需要 2～3 天的时间。主要活动内容包括预备会、专家组闭门会、所领导报告、各重点领域方向报告、参观考察、座谈交流及评估意见反馈等环节。

预备会参加人员包括专家组、院领导、院机关人员及研究所领导等。会议的主要议题是向专家组介绍中国科学院的基本情况及本次诊断评估的意义与要点，使专家组基本了解中国科学院的研究所评估体系，明确此次评估任务，并对专家组提出的一些问题进行解释。

专家组闭门会是专门针对此次国际专家诊断评估设置的重要环节，全程只有专家组成员参与。由于本次评估的专家组成员大多来自不同的国家，专家组组长也是在预备会上才选派的，这就需要给专家组独立自主的空间和时间，一方面相互认识、熟悉，另一方面建立专家组内部的分工和沟通机制。除此以外，还可就若干基本判断（如国际领导地位、紧跟国际前沿等）给出标准和依据。

所领导报告主要是向专家组介绍研究所整体情况、领域方向布局、资源匹配及主要成果。

各重点领域方向报告是本次评估最关键的环节，由相关负责人分别报告现有进展及未来预期等。为便于专家组分析判断，每个报告都安排有讨论和提问环节，而且问答内容都有专人记录，以利于后续分析。

为便于专家组更加深入、细致地了解研究所的领域方向布局情况，很多研究所还安排有对大型仪器设备使用维护情况、重点研究室发展情况、科技成果转移转化及试验基地等的参观考察环节。

而座谈交流环节则是本次评估的“规定动作”。该规定动作分为两个步骤，即先由专家组成员与研究所的研究员、青年科技人员及研究生进行座谈，听取他们对研究所发展战略、学科布局、绩效管理等问题的意见和建议。为确保参加者能够在座谈交流环节畅所欲言，该环节除专家组成员和参与座谈者外，只有院评估中心工作人员在现场匿名记录，中国科学院、研究所管理层均不参与。然后是专家组与研究所领导的座谈交流，以便于专家组更加深入地了解研究所的发展态势及存在的问题，并相应地提出意见和建议。

最后是由专家组、院所两级管理人员及评估组织者参与初步评估意见现场反馈环节。由专家组报告初步评估结果并征求院所两级管理人员的意见，以便在此基础上进一步修改、完善，最终形成评估报告。

四、评估结果

2012～2014 年，中国科学院邀请 370 名国内外专家对研究所进行专家诊断评估。在这些专家中，国际专家占 78%，来自 18 个国家，其中美国最多，共有 142 人，占国际专家总数的 38%；具有各国院士或同等称号的专家占 24%，担任过各种行政职务的专家占 64%；有 115 位专家担任国际期刊的主编或副主编；121 位专家是国际学术组织的主席或副主席。本次评估共涉及 37 个研究所，共有 224 个重点研究领域方向参加了评估，799 位科学家做了报告，其中研究员 738 人，副研究员 44 人，助理研究员 17 人。

从专家组给出的评估结果看，评估专家普遍认可中国科学院研究所战略规划的管理理念与方法，对绝大多数研究所的发展规划给予了积极的肯定，对部分研究所发展规划中的一些内容提出了改进建议。评估专家普遍认为中国科学院研究所具有独特性和综合优势，并从不同角度对研究所的定位和优势进行了评议，以帮助研究所进一步明确其核心竞争力。例如，如何围绕大装置平台建设发挥优势；如何促进学科的均衡和协同发展；如何选择和吸引最优秀的科学家；如何基于研究所核心知识基础，加强与其他领域方向的协同与合作，解决国家重大需求问题；如何发挥区域特色和有效利用当地资源，开展科学研究和满足地方需求等。

专家组在评估报告中对参评领域方向的国际、国内地位和水平做出了判断。从评估报告看，不同专家组在判断时采用了不同的方式，例如，有的专家组填写了评议表，还有的专家则采用语言描述，如从本领域研究工作的特点出发，对整个领域方向进行判断、对领域中突出工作进行判断或对相关团队及科学家进行判断。统计结果表明，有 31%的领域方向、重要工作或科学家团队达到了国际领先和国际水平。

专家组在对研究所定位及领域方向给出判断意见的同时，也对研究所实现发展目标在管理方面需要注意的问题，给出了意见和建议，例如，就研究所整体管理而言，应当制定发展路线图，明确未来发展阶段目标和时间节点；发挥咨询委员会作用，完善治理结构；扩大科研人员参与度，加强学术民主；加强联合合作，优化科研活动组织。在人才队伍方面，需要完善岗位聘用制度，吸引优秀人才；建立青年人才指导体系，促进人才培养；提供有竞争力的薪酬和后勤保障，减轻科研人员压力。在绩效管理与评价激励方面，应当建立合理的激励淘汰机制，促进人才流动；更加关注研究质量，建立正确的评价价值导向。在资源配置方面，应保持稳定和竞争的适度平衡，促进机构的可持续发展；探索基础研究和应用研究之间的平衡，保持研究的卓越。在国际合作方面，应进一步扩大国际合作与交流，吸引海外人才，提升研究所国际化水平。在研究生教育方面，应加强与大学的合作，招聘优秀学生，加强学生培养的指导，提高培养质量，为研究生提供国际交流的机会，拓展其国际化视野。

总体看来，本次国际专家诊断评估效果明显。第一是国际专家对卓越研究质量的关注，他们在现场评估中关注的问题及评估报告的意见值得研究所及科研人员深入思考。第二是通过评估建立了多渠道沟通和反馈机制，专家与院所领导、科研人员进行充分沟通、深入讨论，使评估意见更加贴近实际，让很多意见落到了实处。第三是促进了研究所对发展规划的再认识，推动了发展规划的实施。第四是提供了国际展示平台，促进了国际交流。这次国际专家诊断评估同时也为研究所提供了一个全面展现和宣传的机会，推动研究所迈向国际前沿，拓展了国际合作渠道。第五是专家的科学素质和敬业精神促进了科学文化建设。国际专家除了具有深厚的学术造诣，还具有与其学术水平相匹配的科学素质和敬业精神。而这些正是当前中国科学文化建设中亟待改进的地方。在各研究所的评估中，国际专家认真负责的态度和热爱科学、求真务实的精神给科研人员和研究生都留下了深刻的印象，带动了研究所科学文化建设和科学精神的培养。

五、几点思考

在评估过程中，各研究所对国际专家诊断评估仍有不同的看法，问题的焦点主要集中在三个方面。一是质疑评估能否发挥作用，有的研究所认为研究所存在的问题自身已经认识得很清楚，不需要开展国际评估，有的研究所对评估工作重视不够，应付了事。二是为什么采用国际专家评估？有的研究所认为国际专家对国情、院情不熟悉，给出的评议意见不一定合乎实际情况，也有的认为研究水平与国际相比仍有差距，或研究侧重于满足国家需求，没有必要采用国际专家评估。三是评估结果如何使用？如果评估结果不与资源挂钩，对参评所和科学家没有激励的作用，专家提出的意见应该如何吸收和落实，也没有具体的要求。但实际评估下来的结果很好地回答了上述疑问。

（一）国际专家诊断评估的意义与作用

国际专家诊断评估是否有用，能发挥多大作用一直存有争议。从基于重大产出导向的研究所评价体系来看，中国科学院“重大突破目标完成情况验收”只是对最终结果的评价，而要保证最终产出，还需要对战略规划的实施过程予以把控。国际专家诊断评估是推动战略规划实施、进行过程把控的重要手段，发挥着“期中考试”的作用。一方面，能够激励、督促研究所认真总结和凝练战略规划中设定的发展目标，检验研究所阶段性进展情况；另一方面，起到诊断咨询作用。通过国际专家的视野和经验，诊断研究所存在的问题，提出相应的改进建议，促进研究所更好地发展，顺利实现战略目标。

从评估实际效果来看，国际专家诊断评估还为研究所内部交流提供了契机，为研究所迈向国际舞台提供了平台。一些研究人员表示，这次评估是研究所第一次如此全面系统的交流，对全所的研究工作有了全面、深入的认识，为以后的交流和合作奠定了基础。例如，有研究所的领导表示，本次评估是该所走向国际的里程碑事件。国内外专家也对中国科学院发展战略和本次评估给予了积极评价，有专家认为以前只是课题组或研究室层面合作，通过这次评估第一次系统、真实、全面地了解了中国科学院和被评研究所。

（二）国际专家诊断评估的方法论思考

与国内专家相比，采用国际专家开展诊断评估，其优势主要表现在：一是国际专家的学术水平高、视野宽。不可否认，随着我国科技水平的提升，涌现了一批具有国际影响的科技人才。但同样不可否认，在各领域最顶尖的科学家仍然有限。邀请同领域世界最顶尖的科学家进行评估，利用他们的学术水平和视野，能更好地发挥诊断评估的作用。二是国际专家具有与其学术水平相匹配的科学素质和敬业精神，这是“国内专家文化”尚不具备的条件。在各研究所的评估中，组织者能深切地感受到国际专家认真负责的态度和热爱科学、求真务实的精神。例如，在某研究所的评估过程中，专家组凌晨两点还在汇总意见；为更深入地了解相关问题，在既定安排之外还对前任所长、新入所职工等进行座谈，这样的例子不胜枚举。三是国际专家利益冲突相对较少，更加公正、敢言。尽管很多国际专家与研究所也有一些联系，但总体看来，国际专家，特别是非华裔专家，利益冲突较少，加之其独立的精神，敢于客观公正，甚至尖锐地指出问题，这对于发挥好专家诊断评估的作用至关重要。

毋庸讳言，国际专家诊断评估也有一些不足。比如，对中国国情和中国科学院的情况了解不够，对国家需求把握不足，对很多问题的理解可能不太符合实际情况。有鉴于此，组织方在专家组构成的考量中，一方面尽可能邀请国际专家，特别是非华裔专家参与评估，充分利用他们的学术水平和国际视野；另一方面，还要有对国情和院情较为熟悉的专家，起到穿针引线的作用。

（三）关于评估报告的反馈与结果使用

在评估过程中，专家利用各种时间提问、讨论与交流，比较客观地提出问题，甚至有些问题非常尖锐。但在评估报告中，总体上还是更多地从积极的角度来撰写。从国际经验看，这也是通常的做法，如马普的研究所评估报告。一方面，是对研究所的鼓励和支持，有利于对外宣传；另一方面，被评人员也很容易从报告用词中看到自身的问题，实际上仍然起到了相应的作用。此外，评估报告是专家组最后讨论达成的共识，一些激烈的批评并不一定完全获得专家组的认可。

在中国科学院，国际专家诊断评估已经建立了四个环节的反馈机制，包括“现场与所领导班子反馈”“现场与院领导反馈”“专家组提供评估报告反馈到院”“评估中心整理评估意见概述和各局相关建议，反馈院领导和院相关部门”。但要切实发挥专家诊断评估结果的作用，还需要督促研究所进一步落实专家所提的意见和建议，给出整改方案，并要和专家组沟通反馈，形成一整套评估结果应用的反馈机制。

在实际工作中，有的研究所已经做出有益的尝试。例如，有研究所在收到评估报告后，先后两次召开全所职工大会，通报评估意见，并就专家意见进行讨论，凝练共识，就人才队伍建设、设立国际顾问委员会等问题讨论整改措施。

第四章 履历分析法

科技人才是科技政策研究的重要内容。尽管作为个体的科技人员千差万别，但科技政策应最大限度地符合科技人员个体的实际情况，通过从科技人员个体入手，在归纳分析的基础上提升到整体层面，这是科技政策研究的一个基本点，也是科技政策研究中履历分析法的出发点。

近年来，随着网络信息技术及数据挖掘技术的发展，科技人员的具体信息可以较为便利地获取，以科技人员的履历信息作为数据来源，借助相应描述统计分析法，以此为基础来分析科技人才的职业发展轨迹、职业特征、流动模式及科技人员个人和组织的评价等问题，履历分析法得到越来越广泛的应用（周建中和肖小溪，2011）。

第一节　履历分析法概述

履历是科技人才职业生涯的历史写照，记录了他们的成长历程，包括教育、学术、职位变迁、科研产出、基金资助及荣誉情况等，是申请职位或获取其他资源最好的“敲门砖”，信息量极为丰富。缘于上述多重功用，特别是作为个人宣传推广的媒介，科研人员一般都具有强烈的动机提供及时、准确、方便获取的个人职业履历（田瑞强等，2013）。

美国佐治亚理工学院于1996年设立的研究价值描绘（research value mapping，RVM）项目开创了履历分析的先河。该项目研究内容包括：基于大学的科学技术中心的创新管理和绩效研究；研究影响评价；科学合作的动力；科技人力资本的评价；技术转移研究；政府实验室的结构和绩效；信息技术基础设施评价；等等。该项目的主要研究目标之一就是提出新的科技政策研究方法或技术，履历分析就是在这个背景下提出并得到实际应用的。

履历分析意味着科技评价从产量范式向能力范式的转移。传统的科研评价基于经济学概念，在该范式下科技知识的价值取决于市场判断，当市场不能准确判断科技知识的价值时，科技知识被作为公共产品（即科学基本知识）进行评价。

科学基本知识的价值与测度最终体现在科研产出转化为市场商品的数量，因此传统的科技评价一直聚焦在有形的、易测度的产出实体方面，如出版物和专利等。Bozeman（2005）及其团队将履历分析引入科研评价，代表了传统的“产量范式”向“能力范式”的转变。也就是，科技评价的能力范式应聚焦于科技人力资本，科技政策、科研基金或科研项目的评价应由它是否提高了科研机构或个人的科研产出能力来衡量。从科技事业的长远发展来看，基于履历的科研评价较传统的经济学概念下的评价适合于更广泛的科学价值的评估（田瑞强等，2013）。

目前，很多国家都在科技政策研究中积极尝试引入履历分析法，如西班牙关于科学家流动情况的研究、美国关于不同资助模式对科学家学术生涯影响的研究、法国对科研人员职业变迁的研究，以及我国对高层次科技人才特征的研究等。

第二节　履历分析法的应用

履历分析法在科技政策研究中不断发展和传播，已在国家层面、科学共同体层面和科技人员个体层面得到较为普遍的应用。

一、国家层面

首先，在国家层面的科技政策研究中，科技人员的地理位置变迁是热点问题之一。这是因为，高水平的科技人员被认为是国家创新体系中引导经济社会发展的必要因素，许多国家为此研究和制定政策措施，试图吸引和留住高水平的科技人员，这也使科技人员的迁徙在一定程度上反映出国家和地区之间知识、技术和人才的竞争。

Jonkers 和 Tijssen（2008）通过履历分析工具探讨了科技人才流动与国际合作之间的关系。他们认为，人才流失和人才引进现象是一个时期发展中国家为促进经济发展而有计划开展的人才吸引政策的结果。就人才回归率而言，1996 年韩国和中国台湾的留美博士研究生，到 2001 年仅有 21%和 40%仍在美国工作，但在印度和中国大陆这一比例分别高达 86%和 96%；而就在国外学有所成后回国工作的中国科研人员而言，对生命科学领域植物分子学方向学者的案例研究表明，从迁徙历史、出版物产出和国际合作情况看他们的科学产出和研究绩效，相对于国内科研人员，这些归国人员有较好的科学产出和研究绩效，并且由于和以前留学国家导师之间的良好关系，他们能够显著地提升国际合作水平。

Woolley 和 Turpin（2009）使用履历分析法考察科学家流动和分布知识网络之间的关系。他们选择 250 个在澳大利亚工作、年龄超过 50 岁的研究人员作为研究对象，通过电子邮件向这些人收集简历并得到 80 份反馈，其中，58%来自大学、34%来自政府部门、8%来自商业部门。他们将研究样本分为四组：海外研究生和海外博士后组（20%）、海外研究生和澳大利亚博士后组（10%）、澳大利亚研究生和海外博士后组（15%）、澳大利亚研究生和澳大利亚博士后组（55%）。通过四组间的对比研究，可以分析不同背景研究人员的早期职业背景对其将来的学术合作研究的影响。Lepori 和 Probst（2009）则使用履历分析法来描绘瑞士通信科学研究领域科研人员的国际迁移。尽管该研究只有 67 份科研人员的样本，但研究结果表明，依靠因特网信息检索替代有针对性地索要简历从方法上讲是可行的，但这需要对不同来源的数据进行整合，尤其是需要开发科学合理的数据编码技术。尽管如此，上述两个研究表明，履历分析法对于整合职业、研究背景和国际间的地理移动等信息来理解研究领域结构和动态变化是非常有用的。

二、科学共同体层面

在科学共同体层面，科技人员职业发展特征与规律一直是科技人才政策研究中的热点问题。Dietz 等（2000）使用履历分析法来研究科学家和工程师的职业发展情况。他们认为，科学家和工程师的职业生涯和其他职业的发展有很多共通之处，如激励因素与其他的职业区别不大，包括收入、成就认知和需求及对感兴趣工作的渴望等。但科学家在改变工作时要考虑的一个重要因素就是新工作能否更好地体现自己的知识价值，而其他职业人员改变工作时更多考虑的则是社会价值和个人利益等。在该项研究中，个人履历被看成是纵向数据库与 SCI 数据库的结合使用。他们选取生物技术和与微电子相关的学科领域的科学家作为研究对象，通电子邮件索取其完整的个人履历，并结合网络搜索进行补充，基于这些履历信息，他们分析了基于大学科学研究中心的科学家如何向工业界流动，以及他们之间在产出上的差异及合作模式等。

在美国，传统的自由申请项目的竞争支持模式仍然是主流，但美国国家科学基金会稳定支持的多学科中心模式并不少见，这两种模式对科学家产出或在促进学术与产业界合作方面是否存在显著差别？Gaughan 和 Bozemen（2002）通过履历分析考察了两种不同的科学资助模式。通过履历分析，他们检验了稳定支持的多学科中心模式如何影响研究者的出版物产出情况，以及他们和产业界的合作。分析数据是 1041 份已获得博士学位且目前不在博士后岗位工作的科学家或工程师的简历，研究对象是在多学科中心工作组工作的科学家，研究领域限定在与工业界联系紧密的生物技术、生物化学、生物工程和微电子领域。他们将样本分为获得过项目资助和从来没有获得过项目资助两个对照组。结果发现，是否获得项目资助在早期的职业特征方面并无显著差别，而且在论文产出方面也没有明显差异；但稳定支持的多学科中心模式往往能够得到工业界更多的项目资助，这与美国国家科学基金会的政策目标是一致的。

在后续研究中，Gaughan 和 Ponomariov（2008）进一步探讨了项目资助对多学科中心所属科学家群体特征的影响。她们将样本分为研究组和控制组：研究组是曾获得过多学科中心项目支持的专家，控制组是没有获得过资助的专家。比较内容是出版物、项目资助、其他产出及合作模式等。分析结果显示，多学科中心所属研究人员在获得资助方面时间较晚，但有更高的合作水平。

三、科研人员个体层面

在科研人员个体层面，履历能够可靠地记录正规教育、博士后培训，以及在不同研究和学术机构之间的流动等科研人员的职业发展轨迹。Corley 等（2003）通过履历分析比较了男性和女性科学家之间职业发展的差异。她们的主要研究对象是在美国大学学科交叉中心工作的人员，研究数据来源于美国国家科学基金会和能源部支持的大学学科交叉科学中心，限定在生物技术、生物化学、生物工程和微电子四个研究领域的研究人员，共有 1061 个样本，包括 136 名女性科学家的履历，上述所有科学家都获得了博士学位，也包括博士后研究人员。针对在科研产出率和事业成功实证文献中关于女性科学家在论文发表、终身职位和晋升等方面的滞后问题，一般认为合理的解释是：研究课题不足、无效或过时；女性一直受到歧视和获得较少资源，因而机会比男性少；男性和女性对生活和事业的选择不同；以及对成功和科研产出率概念的误解。该研究统计的履历数据显示，男性确实更有可能获得副教授和教授职称，而且能更快成为教授；从经费支持看，男性获得的科研经费几乎是女性的两倍，相应地，科研成果产出方面，男性发表的论文平均为 68 篇，而女性只有 38 篇。那么，是不是性别因素导致的上述差异？通过履历分析法研究发现，在成为博士之后，男性和女性晋升为教授的概率相当，因此该研究认为，更多的原因应归结于职业生涯中断对女性的影响比男性更为严重，未来的科技政策也不应仅仅局限在如何有利于科学，即让女性科学家有更多的产出，而应考虑有利于女性科学家的政策，即如何使科学更好地适合女性。

Dietz 和 Bozeman（2005）基于在美国大学研究中心工作的科学家与工程师，利用履历分析工具检验了工业、学术和政府部门，以及他们与出版物和专利产出的关系。他们假设大学中的科学家，由于工作变化提供了新的社会网络和科技人才资本通道，将会有更高的产出率。该研究的样本是来自美国专家和贸易办公室的 1200 名科学家和工程师的简历数据。分析结果表明，在物理和数学领域的科学家和工程师比其他领域有更高的产出率；除了极个别案例，学术生涯早期发表的论文对后期的影响不大；博士后研究经历与科学家和工程师职业产出负相关。

Sandstrom（2009）结合履历分析和文献计量学方法开展研究，其研究对象是医学领域获得过瑞典研究基金会资助的 326 名科学家。在该项研究的履历数据库中有 80 个变量，其中有 26 个控制变量。该研究将数据分为四组，组 1 和组 2 有着相同的年龄和论文发表数据，但在流动性上有显著区别：组 1 中的科学家总是在寻找新的位置与机会，被称为移动组；组 2 为非移动组；组 3 的科学家有数量较多且质量较高的论文，被称为优秀组；组 4 的科学家有更多的专利，与企业界联系较多，被称为企业组。该研究还通过 ISI 数据库采集了这些科学家在 1998～

2004 年发表的 7907 篇文章及篇均引用率和相关期刊的引用率等基础数据。分析结果表明，男性科学家更倾向于尽可能产出更多的论文，但是只有部分引用率较高，多数引用率为 0；女性科学家在产出论文方面更加谨慎，但论文质量较高。就流动性而言，这些科学家在职业生涯中平均有两次机构间的移动。如果把科学家的移动分为高流动性、中流动性、低流动性三类的话，高流动性科学家在其研究领域的引用率要高于其他两组，且其他两组之间没有显著差异。

第三节　数据来源与分析步骤

从已有研究看，使用履历分析法开展科技政策研究，其数据来源主要是通过网络采集或者是向研究对象发送电子邮件来索取，研究过程一般分为以下步骤。

一是采集科研人员的个人履历信息，如向科研人员发送电子邮件、实地访谈或网络搜索。采集到的履历信息一般包括：个人资料（姓名、性别、籍贯及何时获得市民身份等）；教育背景（大学以来教育经历、获得学位时间及学位类型、学位授予机构及所属研究领域等）；工作经历（应包括所有工作经历，如从哪年开始到哪年结束，以及所属机构名称、职称或职务、研究方向等）；出版物信息（特定时间段内的正式出版物，包括出版年份、作者数量、作者顺序、期刊名称等）；奖励与资助（特定时间段内所有的资助和奖励，包括资助起止年度、经费来源、总资助额度，以及获奖年度、奖项名称、授奖机构、奖金额度等）。

需要特别注意的是，在科技政策研究中，个人履历信息往往包括大量的期刊和论文，而且许多涉及多名作者，甚至还有不同语言类型及相应专业缩写，这样采集和编辑个人履历提供的所有信息就需要大量的财力和人力。所以，在实际研究中要注意严格限定数据的采集，比较可取的方法就是以相对较高的筛选水平来放弃大量的数据或对数据进行分类，如简化著作权顺序等。

二是对个人履历信息进行编码并构建数据库。如前所述，个人履历信息一般都包含个人资料、教育背景、工作经历、出版物信息，以及资助与奖励五类信息，每一类中又包含更丰富的二级信息数据，如何构建一个完整的可以用于分析的履历数据库是开展履历分析的基础。这就需要针对不同的研究主题，对履历信息中的变量进行选择。在有些国家，科研人员的个人履历管理比较规范，有着较为完备的数据库，这为相关研究奠定了很好的基础，如 D'Onofrio（2009）提到的阿根廷科学、技术和产品创新部创建的研究人员的公共电子数据库，目前包括 114 万名科研人员的个人履历信息，不仅科技部可以使用，其他大学、机构、研究中心和联邦政府的研发部门为评价其研究人员、教师和学生都可以使用。

不论采用何种标准，对个人简历进行编码都是耗时、费力的任务，而且不可避免地存在错误。这就需要开发适当的个人简历数据库编码方案。在实际工作中，可以选取部分简历来先期确定需要编码的变量，如在不同行业领域的职称名称、发表的多篇论文、获得的各种奖励等。

从本质上讲，履历分析法是一种质性研究，文本资料编码不一致——不同编码者或同一编码者在不同测试中的结果会存在差异，这就需要进行编码人员的信度测试，以确保编码者在内容分析、文本理解、主题提取、编码及解释中与编码本一致。

假定有 A 和 B 两个编码员，则编码信度（R）的计算方法为

$$R=\frac{2S}{N_{\mathrm{A}}+N_{\mathrm{B}}} \tag{4.1}$$

其中，S 为一致的编码数，N_{A} 和 N_{B} 分别为两个编码员所完成的编码数。

编码信度与个人简历的复杂程度、编码方案的复杂性、编码人员的知识技能相关。一般认为，虽然编码者间的编码信度的“阈值”还未被广泛接受，但低于 0.85 的编码信度都应该被认为是有问题的，低于 0.60 的编码信度是断然不能接受的（菲利普·夏皮拉等，2015）。对于编码员信度低的情况，一种情况是两两测算，找出最终分歧最大者，重新解释培训；而如果是对于特定问题的编码信度比较低，则需要完善和修订编码本。

三是设定变量，区分对照组和控制组。履历分析通常有一个研究假设，为了验证该假设，往往需要将采集到的数据分为两组，这两个组在一些变量上加以控制，如性别、年龄、教育水平，而操作一些自变量，如项目经费资助、奖励、科研产出等来观察这两个组之间是否具有显著性的差异。

四是进行统计分析。主要包括对各组数据的描述统计，如平均数、标准差、方差等，如有必要还可以进行显著性检验，如两个组在一些变量上有没有显著差异等。通过统计检验往往可以验证研究者最初提到的假设是否成立。除此以外，很多研究还将文献计量学方法及履历分析法结合起来应用，也取得了比较

好的效果。例如，Corley 等（2003）采用比例风险模型探讨了美国科学家在获得博士学位之后，性别和科研经费获取时间是否会影响晋升教授所需时间。该研究提出了三个理论上相关的协变量，即性别、获得首笔经费支持的时间及论文年发表率，并通过 β 指数法进行了直观的优势比较分析。显然，如果不考虑其他协变量因素的影响，在成为博士之后，每增加 1 年的时间，获得教授职位的概率就会增加 24%；获得经费支持的学者更有可能获得教授职位，对于未获得经费支持者，每增加 1 年的时间，晋升的概率就下降 5%；每年多发表 1 篇论文，晋升的概率就增加 10%；需要特别强调的是，性别因素的影响并不具有显著性（表 4-1）。

表 4-1　科研经费、论文发表率和性别对成为教授所需时间的影响

	β	显著性	优势比
获得博士学位之后的时间年限	0.21	0.0001	1.24
时间的平方	−0.003	0.001	0.99
获得科研经费的时间年限	−0.05	0.0001	0.95
论文发表率	0.1	0.0001	1.10
男性	0.1	0.710	1.11

资料来源：菲利普·夏皮拉和斯蒂芬·库尔曼（2015）

第四节　方法局限及未来发展

近年来，履历分析法作为科技政策研究的重要手段得到越来越普遍的应用，但也存在一些不容忽视的方法论问题，如个人简历的可获得性问题、简历内容的真实性问题及编码的准确性问题等。

首先是科学家和工程师的个人简历依然存在获得性壁垒。在很多研究中，研究者通常都是向目标群体发送电子邮件，要求科学家提供个人简历，这种做法的反馈率不高，一般在 30%～40%。近年来，随着因特网技术的发展，科学家越来越注重自身宣传，个人简历也能够从网上获得。

其次是个人简历的内容缺失及真实性问题。在很多情况下，即使获得了科学家的个人简历，也存在信息错误及内容不完整的问题。例如，一些高产的科学家往往只提供近年来在高影响因子期刊发表的论文；也有科学家的简历太过简单，

并未列出短期的职位变化、资助数额不大或非著名机构的资助项目等；除此之外，还有在简历中混淆奖励及奖学金的情况等。

最后是编码的准确性问题。在有上千个样本的履历分析中，很多个人简历都包含丰富的变量信息，如在对德国莱布尼茨奖获奖者的履历分析中（李强等，2015），有的资深科学家有十几个国家的院士头衔，获得过近百项重要国际奖励，再加上数百篇出版物数据，履历分析变量数据长达千余条，这个劳动量显然很大。当一项研究需要处理大量类似履历信息时，编写筛选履历数据、分析和判断变量类型的编码本，以及对编码人员进行相应的培训也需要做大量的工作。

从国内研究现状看，一方面是我国尚缺乏系统使用科研人员简历数据来分析其特征与发展状况等方面的研究，这与我国目前的数据可获得性壁垒有关。但随着信息技术的发展和科研人员管理的逐渐规范化，履历分析法在我国科技政策研究中有着较为广泛的应用前景。例如，对于教育部的“长江学者奖励计划”、中国科学院“百人计划”及中共中央组织部“千人计划”等科技人才政策计划，诸如“他们的成长经历对我国培养后备科研人员有何启示？对我国科技水平提升影响情况如何？他们回国后的科研效率和水平与在国外时相比如何？”等问题的考察，履历分析不失为较为可行的方法和路径。

另一方面是关于稳定支持模式和课题竞争模式的探讨。在计划经济体制下，我国科技体制较为僵化，不利于激发科研人员的积极性，随着科技体制的改革，国家采用课题竞争申请的资源配置方式，科研人员收入与其绩效挂钩，极大地激发了科研人员的积极性，直接结果是科技产出大幅增加，尤其是发表论文数量位居世界前列。但是这种竞争择优同时也催生了科技界的浮躁心理，导致科学家利用更多的时间忙于争取经费而无暇开展研究工作，这也直接导致了高质量论文和引用次数偏少的问题。为此，很多科学家都提出对部分科学家稳定支持的设想，让科学家能够静下心来做真正有价值的创新工作。那么，这种设想是否可行，这些稳定支持的科学家和需要竞争申请项目的科学家在职业发展、个体特征及科技产出方面有何差异，也是科技政策研究中非常值得关注的问题（周建中和肖小溪，2011）。

不难预料，在现实需求的推动下，随着大数据技术的发展和履历分析法的不断完善，其在科技政策研究中也会得到越来越广泛的应用。

应用实例

博士后经历对科研人员职业发展影响评价①

博士后制度是世界各国加强科学研究和科技创新、培养高水平研究人才、满足经济发展对人才需要的重要举措。博士后制度起源于欧美，在一些具备条件的高等学校和科研机构里建立某学科的博士后科研流动站，挑选刚刚获得博士学位的优秀年轻人员进站，在两年的期限内从事研究工作，是一种通过特殊的管理方式来培养和造就高级专业人才的制度（周元敏和许宏武，2006）。我国于 20 世纪 80 年代中期引入博士后制度，至今已有近 30 年的历史，博士后制度在较短的时间内从创建到迅速成熟，取得了快速的发展，不仅在站博士后人数增长迅速，相关的政策制度建设也在日趋完善，成为我国培养青年科技人才的一项有力举措（姚锐，2011）。

在科技政策研究中，博士后经历是学者关注的热点问题之一。Ganghan 和 Robin（2004）在一项以法国和美国科研人员为对象的国际比较研究中，采用生存分析（survival analyses）法来预测获得博士学位之后三年内获得永久学术职位的情况。结果发现，在法国，博士后经历会延缓或阻止其职业生涯的发展，但是在美国则没有影响，他们认为这意味着法国和美国有两种不同的科技人力资源管理模式。在美国，博士学位被看作是知识转移过程的一个基本元素，早期的移动并不影响其进入永久学术生涯。在法国，较少有激励举措鼓励流动，反而会阻止获得永久的工作。他们在研究中也发现研究人员毕业的学术机构声望是获得永久学术职位的一个重要影响因素。Gaughan（2009）随后对 76 名美国国立卫生研究院的科技人员的履历分析发现，博士后经历对于科研人员职业成长并没有显著影响。Youtie 等（2013）以美国和欧洲的纳米科技和人类基因学两个领域的科研人员为研究对象，构建早期和中期职业发展模型开展研究，结果发现对美国科研人员而言，宽广的学术教育、快速获取博士学位及独立的博士后研究经历都与科研人员的科学认知有关，而对欧洲的科研人员而言，这些因素则并不显著。中国学者田瑞强等（2013）以基本科学指标数据库（ESI）高被引作者库中的 233 名华

① 本部分材料引用自：徐芳，周建中，刘文斌，等. 2016. 博后经历对科研人员成长影响的定量研究. 科研管理，07：117-125.

人科学家为研究对象，通过基于比例风险模型的分析方法探讨了成长过程中各因子的具体影响效果，结果发现，在职业生涯的初级阶段获得博士学位的国别对科技人员的职业成长具有显著影响，而具有博士后经历则降低了助教和教授阶段的生存风险，从而减缓了成长速度。

从已有研究看，博士后经历对科研人员职业发展的影响存在显著的国别差异，对于欧洲（如法国等）国家，科研人员的博士后经历并不利于其后续职业生涯的发展，而在美国影响并不显著。那么，对于中国科研人员而言，博士后经历对其后续的职业生涯发展又有什么样的影响？不同学科领域科研人员的博士后经历对其后续的职业生涯发展是否存在差异？该研究选取纯自然科学领域中的免疫学和偏社会科学的管理科学与工程的科研人员为对象，基于生存分析中的比例风险回归模型进行了履历分析。

一、数据采集与编码

该研究以中国国内在职的科研人员为研究对象，分别选取免疫学和管理科学与工程两个学科为案例采集样本，学科选取考虑的是免疫学是纯自然科学研究，而管理科学与工程则是自然与社会交叉的学科，两个学科各具特点，比较具有典型代表性。个人简历数据主要是国内高等院校与科研机构网站上的个人履历信息，采集方式是首先进入高等院校相关院系和科研机构的网站，对其简历的学科领域方向进行确认。例如，属于免疫学或管理科学与工程，则纳入采集范围，且样本采集主要以 985 高校、211 高校及国立科研机构中的科研人员为主。

该研究共采集了 213 位科研人员的个人简历信息，其中免疫学 108 人，管理科学与工程 105 人。采集到的样本信息共分为六大类：个人资料，包括姓名、民族、出生年月等；工作经历，包括单位、研究领域、职称、职务及历次工作单位的流动情况；教育背景，包括本科教育、硕士教育、博士教育、博士后经历及访问学者各自的学校、专业及时间期限等；荣誉奖励，包括获得的各种人才称号及各种奖励信息等；科研项目，指承担过的各类科研项目；学术任职，包括国内外的各种学术任职与兼职情况。

上述信息采集后统一录入 Excel 表形成原始数据库，随后对数据进行编码，以便于后期使用 SPSS 软件进行统计分析（表 4-2）。

表 4-2 样本基本情况

指标	分类	免疫学		管理科学与工程	
		人数/人	占比/%	人数/人	占比/%
性别	男性	71	65.74	81	77.14
	女性	37	34.26	24	22.86
单位	高等院校	61	56.48	99	94.29
	科研机构	29	26.85	6	5.71
博士后经历	有	62	57.41	58	55.24
	无	41	37.96	47	44.76
职称	助理教授	5	4.63	3	2.86
	副教授	7	6.48	1	0.94
	教授	48	44.44	74	70.48
行政职务	有	29	26.85	28	26.67
	无	59	54.63	77	73.33
流动频次	无	51	47.22	60	57.14
	1 次	19	17.59	27	25.71
	2 次	9	8.33	14	13.33
	3 次及以上	15	13.89	4	3.81

注：因采集到的科研人员简历数据存在缺失，有些分类相加总和不到 100%

二、引入生存分析法

生存分析是对事物某一状态从开始到结束（另一事件发生），即该状态持续时间的描述与解释。分析时首先根据已知数据计算出生存函数（survival function）或风险函数（hazard function），并将该函数作为因变量，通过建立回归模型，用自变量对因变量进行解释。生存分析法最早应用于生物统计学，研究者根据试验或调查得到的数据对生物或人的生存时间进行分析和推断，研究生存时间和结局与众多影响因素间关系及其程度大小。在社会学的某些研究中，虽然与生存无关，但是可以理解为某种广义上的生存概念，而生存分析的优点在于可以处理由研究中随访资料常因失访等原因造成某些数据观察不完全的情况，如对下岗工人再就业的时间分析、顾客购买商品的时间间隔分析等，因而在社会学研究中也有广泛的应用。

生存分析首先需要对若干基本概念进行界定：

（1）事件：指研究中规定的生存研究的终点，是在研究开始之前就已经制定好。根据研究性质的不同，事件可以是患者死亡、疾病复发、仪器故障，也可以是下岗工人再就业等。

（2）生存时间：指从某一起点到事件发生所经过的时间。可以指医学中的存活，也可以是机器出故障前的正常运行时间或者下岗工人再就业前的待业时间等。

（3）删失：指由于所关心的事件没有被观测到或者无法观测到，以至于生存时间无法记录的情况。

（4）生存函数：又称累积生存率，表达式为 $S(t) = P(T > t)$，其中 T 为生存时间。生存函数指的是生存时间大于时间点 t 的概率。$t = 0$ 时 $S(t) = 1$，随着 t 的增加 $S(t)$递减，$1-S(t)$为累积分布函数，表示生存时间 T 不超过 t 的概率。

生存分析的一个主要特点是可以处理删失数据，在科研人员的个人履历数据中，样本中同一事件的发生并不同时，例如，研究样本中科技人员获得博士学位的时间不可能都相同，职业发展的时间各有差异，有的样本在研究截止时还没观测到事件，如获得教授职位等，因而不可避免地存在删失数据。另外，生存分析中的生存函数能够反映研究事件在每一时点的生存率，从而揭示其他传统统计方法无法得到的动态特征，适合于研究动态事件发生过程的规律及事件发生的影响因素。

该研究关注的是科研人员的博士后经历对其职业生涯发展的影响。一般来说，我国科研人员成长有几个重要阶段：博士毕业取得学位，开展博士后工作或在大学或科研机构竞聘工作岗位，一般我国博士毕业去单位工作会被聘为助理教授（讲师）或助理研究员。此后的职业发展生涯有两个重要的时间阶段：晋升副教授和晋升教授。相应地，起始事件界定为：获得博士学位时间；终点事件界定为晋升副教授和晋升教授的时间阶段。研究截止时仍未出现终点事件的数据为删失数据。

若定义是否进入某一职业阶段为生存状态变量，有两个水平：0 为进入某一职业阶段；1 为未能进入某一职业阶段。生存时间为研究对象自取得博士学位至进入某一特定职业阶段所历经的时间。该研究用卡普兰-梅耶（Kaplan-Meier）方法比较有博士后经历和没有博士后经历两组科研人员在不同职业阶段的生存风险函数。若生存风险概率高，也就意味着生存率低或存活期短，因而也就意味着可以更快地进入到下一职业阶段，因此该研究中的生存风险和传统医学统计中使用的生存风险含义正好相反；另外，如果考虑科研人员职业发展过程的其他影响因素，还可以用比例风险回归方法分析性别、博士后经历、博士毕业国别、单位性质及流动频次等因素对科研人员职业发展的影响。

在免疫学科个人简历样本中，有57%的科研人员有博士后经历，38%的科研人员没有博士后经历；在管理科学与工程学科中，该比例分别为55%和45%，对免疫学科和管理科学与工程学科分别进行副教授阶段生存分析并作图（图 4-1）。

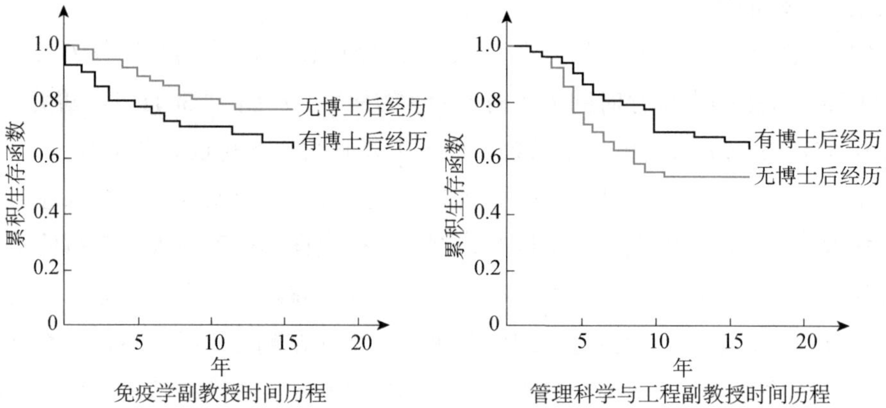

图 4-1 副教授阶段生存函数比较

从图 4-1 可以看出，对于免疫学科，在副教授阶段，处于上方的曲线为无博士后经历的，表明生存风险低、存活率高，意味着在职业生涯中较慢晋升到副教授阶段；下方曲线为有博士后经历的，表明生存风险高、存活率低，意味着可以较快在职业生涯中晋升到副教授阶段；而管理科学与工程学科的情况正好相反，在副教授阶段，处于上方的曲线为有博士后经历的，表明生存风险低存活率高，意味着在职业生涯中较慢晋升到副教授阶段；下方的曲线为没有博士后经历的，表明生存风险高存活率低，意味着可以较快在职业生涯中晋升到副教授阶段①。

进一步考察免疫学科和管理科学与工程学科教授阶段生存函数（图 4-2）。在教授阶段，处于上方的曲线均为有博士后经历的，表明生存风险低、存活率高，意味着在职业生涯中较慢晋升到教授阶段；下方的曲线为无博士后经历的，表明

① 副教授阶段免疫学样本生存函数卡方分布 Log Rank 检验 p=0.101，Breslow 检验 p=0.087；管理科学与工程样本卡方分布 Log Rank 检验 p=0.103，Breslow 检验 p=0.062，均接近显著水平（p=0.05）。

生存风险高存活率低，意味着可以较快在职业生涯中晋升到教授阶段①。

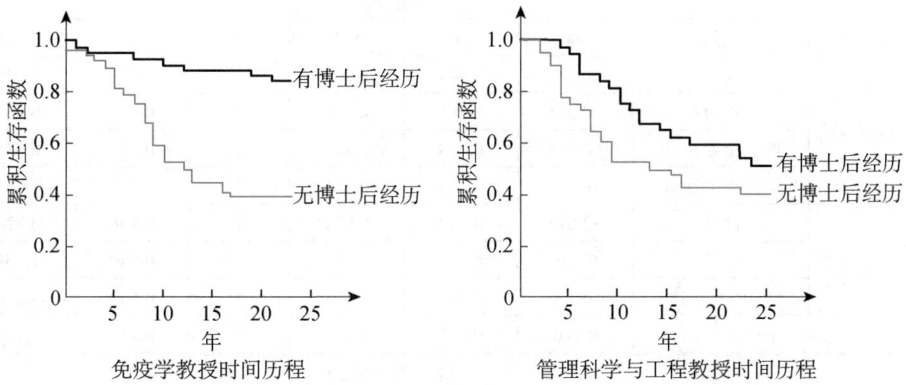

图 4-2　教授阶段生存函数比较

三、比例风险回归

通过比例风险回归可以进一步确定哪些因素对我国科研人员的成长具有影响及影响程度如何，这是通过建立生存时间随风险因素变化的回归模型确定对生存时间具有影响的预后因素，根据风险因素在模型中的影响对生存率进行预测。

在回归模型中，因变量为风险率 $h(t)$:

$$h(t) = h_0(t)e^{(B_1x_1+B_2x_2+\cdots+B_kx_k)} \tag{4.2}$$

式中，h_0 是基准的生存分布的风险函数，B 是回归系数，x 是预后变量（影响因素）。回归模型通过在风险函数与研究因子之间建立类似广义线性模型的关联，从而考察研究因子对风险函数的影响作用。比例回归模型通过将部分似然度最大化来实现对因子向量 X 的系数向量 B 的估计。参考 Gaughan（2009）关于美国国立卫生研究院资助对科研人员职业生涯影响的研究，可建立考虑博士毕业后第一份工作单位性质、获博士学位国别、工作流动频次及性别的人才成长生存函数：

$$\ln h(t) = B_0 + B_1x_1 + B_2x_2 + B_3x_3 + B_4x_4 \tag{4.3}$$

式中，B_1 为工作机构因子，B_2 为博士毕业国别因子，B_3 为工作流动频次因子，B_4 为性别因子。表 4-3 给出了具体回归结果。

---

① 教授阶段免疫学样本生存函数卡方分布中 Log Rank 和 Breslow 检验均为非常显著水平（$p < 0.01$）；管理科学与工程样本卡方分布 Log Rank 检验 p=0.126，Breslow 检验 p =0.048，均接近显著水平（p = 0.05）。

表 4-3　比例风险模型回归结果

学科	免疫学						
成长阶段	变量	***B***	**SE**	**Wald**	**df**	***p***	**Exp(*B*)**
副教授阶段	性别	0.809	0.448	3.262	1	0.071	2.245
	单位	−0.571	0.261	4.802	1	0.028	0.565
	博士毕业国别	−0.833	0.473	3.107	1	0.078	0.435
	单位流动次数	0.052	0.154	0.116	1	0.734	1.054
教授阶段	性别	−0.075	0.412	0.033	1	0.856	0.928
	单位	0.308	0.157	3.878	1	0.049	1.361
	博士毕业国别	−0.135	0.307	0.193	1	0.660	0.874
	单位流动次数	0.140	0.096	2.149	1	0.143	1.151
学科	管理科学与工程						
成长阶段	变量	***B***	**SE**	**Wald**	**df**	***p***	**Exp(*B*)**
副教授阶段	性别	0.017	0.347	0.002	1	0.962	1.017
	单位	0.261	0.274	0.912	1	0.339	1.299
	博士毕业国别	−0.041	0.129	0.100	1	0.751	0.960
	单位流动次数	0.243	0.157	2.406	1	0.121	1.275
教授阶段	性别	−0.460	0.489	0.887	1	0.346	0.631
	单位	0.494	0.264	3.488	1	0.062	1.638
	博士毕业国别	−0.202	0.147	1.879	1	0.170	0.817
	单位流动次数	0.277	0.152	3.341	1	0.068	1.319

从表 4-3 可以看出，对免疫学而言，在晋升副教授阶段，“性别”“单位”“博士毕业国别”三个因子对生存风险具有显著影响。“性别”因子的回归系数估计值为 0.809，显著性水平为 0.071，表明性别可以提高在副教授阶段的风险率；“单位”因子回归系数估计值为−0.571，显著性水平为 0.028，表明单位可以降低在副教授阶段的风险率；“博士毕业国别”因子的回归系数估计值为−0.833，显著性水平为 0.078，表明博士毕业国别可以降低副教授阶段的风险率。总的来说，“性别”因子对副教授阶段的生存风险具有增加作用，“单位”及“博士毕业国别”因子对副教授阶段的生存风险具有降低作用，其他因素对于副教授阶段的生存分析的影响并不具备显著性①。

在晋升教授阶段，“单位”因子对生存风险具有显著影响。“单位”因子的回归系数估计值为 0.308，显著性水平为 0.049，表明单位可以增加在教授阶段的风险率。总的来说，单位对教授阶段的生存风险具有增加作用，其他因子对于教授

① 均以显著性水平 0.05 作为参考标准，下同。

阶段的生存分析的影响不具显著性。

对于管理科学与工程而言，在晋升副教授阶段，“性别”“单位”“博士毕业学校”及“单位流动次数”因子的影响不显著；在晋升教授阶段，“单位”与“单位流动次数”两个因子对生存风险具有显著影响：“单位”因子的回归系数估计值为 0.494，显著性水平为 0.062，表明单位可以增加在教授阶段的风险率；“单位流动次数”因子的回归系数估计值为 0.277，显著性水平为 0.068，表明流动次数可以增加在教授阶段的风险率，其他因素对于教授阶段的生存分析的影响不具显著性。

四、结论与启示

由此看来，博士后经历对于不同学科领域科研人员的发展的影响可能存在差异，即有可能不利于科研人员获得职称上的晋升，延缓其职业生涯的发展，尽管这仍然需要基于更大的样本和对更多学科的分析，而且这种影响背后的机理也有待于更深入的探讨。

比例风险回归表明，工作单位的性质对科研人员的职业发展有显著的影响，其原因可能与科研机构的性质有关，即科研机构更专注研究工作本身，而在高等院校除了研究任务外还需承担一定的教学任务。值得注意的是，在自然科学的免疫学科，国外获取的博士学位还是一个比较重要的影响因素，能够在职业生涯中起到有利的作用促进其快速发展；而在管理科学与工程领域，流动频次也是一个重要因素，一般而言，能力较强的科研人员有更多的流动机会，因而能够在职业生涯中获得较快的发展。

总的来说，履历分析为科技人才政策研究提供了新的方法和思路，未来的研究可以进一步探讨，诸如博士后经历对科研人员绩效的影响、不同学科领域科研人员产出差异等问题，从而为我国科技人才政策的完善提供更好的决策支撑。

第五章
社会网络法

一些科学社会学家认识到，知识的创造和扩散是在科学的社会网络中发生的，为迎接现代知识创新系统的挑战，科研组织内部科研人员之间，以及不同组织之间的相互合作和交流变得越来越重要，社会网络在科学研究和技术发展过程中扮演重要的角色。

从创新知识系统的角度来看，创新需要科学、设计、工程等不同来源知识的综合。研究者个体和组织很难拥有整个创新过程中需要的所有知识。而从创新过程来看，在研究活动开始时科研人员可能并不清楚地了解研究所需要的知识和技能。创造知识最有效率的方式就是让研究者自己发现需要什么、发现合作者、建立相互联系和共享资源。近年来，一些经济学家也越来越强调科学共同体内部的科研人员相互合作、交流的重要性，并将这种社会网络视为知识溢出和技术转移、扩散的一种机制（Freeman，1991）。

现在很多科技评价者对科学社会网络的形成、发展及如何影响研究者的行为产生兴趣。因此，应用社会网络法来分析科学家、技术专家或者创新者的影响范围和重要性、知识溢出的路径，揭示和改进科研各方面的合作关系（Ruegg & Feller，2003），以及从研究项目中发现人力资本发展地图。在欧洲和美国，社会网络分析正在成为一种科学研究评价的新方法来改进国家的科学和科研组织管理，例如，欧洲框架计划研究动态、绩效评估（Cunningham，2005），美国能源部科技政策设计评估等（Valdez，2005）。

简而言之，社会网络法具有一些明显的优势：首先，通过社会网络分析能够揭示研究机构和其科研人员在科学研究某领域的地位和角色，如某项研究发现过程中的关键科学家；其次，社会网络分析能够评价科研机构对国家和社会人力资本发展、对科学共同体内部，以及产业界知识溢出的贡献；最后，社会网络分析注重考察创新和经济影响产生的过程，可以通过了解研究网络结构显示一个组织内部的层次，管理运作效率和知识扩散途径，研究合作的动态，网络对新成员的开放程度等；除此以外，社会网络分析还可以让决策者了解如何评估、鉴别和鼓励一个有效社会创新网络的形成。

但应该指出，社会网络分析也存在局限性，如政府资助机构的管理者和评价者对该方法不够了解和熟悉、方法本身难以提供支撑价值判断的定量结果等。

第一节　社会网络法概述

简单地说，社会网络法是对社会关系结构及其属性进行分析的理论方法，它主要考察不同社会单位，如个体、群体或组织所构成的关系结构及其属性。通过社会网络分析可以把个体间关系、微观的网络与大规模社会系统的宏观结构结合起来，以揭示行动者之间的信息和资源传输渠道，判断他们的行动机会及其结果，为人才流动、科学社会网络结构及创新系统伙伴关系的分析提供依据。

一、构成要素

社会网络可以简单地视为行动者之间连接而成的关系结构，它往往由若干组行动者及限定他们的关系组成。从社会学的角度看，社会网络反映着行动者之间的社会关系，如交际网、讨论网、学术网、创新网、权力网等。从分析的角度看，社会网络通常划分为个体网络和整体网络两大类。

个体网络又称为自我中心网络，是指在网络中心有一个核心的行动者，这种情况常见于分析社会支持网络、研究者影响力分析及学科领域前沿分析等；整体网络又称为社会中心网络，是指网络中不存在明显的以某特定个体为核心的结构，常用于分析对封闭的群体或组织结构特征，如科学研究的合作交流及创新网络的结构分析等（林聚任，2009）。

通常情况下，构成社会网络的要素包括行动者、关系和群体。行动者指社会网络中的一切个体或社会实体，每个行动者在网络中的位置被称为“点”或者“节点”。关系是行动者之间联系的总称。按照关系的性质可分为亲属关系、合作关系、交换关系、引用关系、被引用关系、上下级关系等；若按照涉及行动者数量的多少，又可分为双方关系、三方关系及多方关系等；按照关系得到的行动者的集合称为群体，群体有大小之分，群内和群体间的关系也有复杂和简单之分，在复杂的社会网络关系中，常常可以根据关系性质和结构特征区分出不同的子群。

二、方法原理

Wellman（1983）指出，社会网络分析作为研究社会结构的基本方法，有其独特的方法论基础。

第一，网络成员直接或间接地通过关系联系在一起。虽然社会网络联系并非是完全自愿的，但这些联系是工作和生活所必需的。社会资源通过行动者之间直接或间接的关系在更大范围内流动，并组成较大的群体。

第二，关系经常是不对称的相互作用。物质资源、信息资源等通过关系和网络流动，但这种流动在数量和类型上通常是不对称的，在内容和强度上也有所不同。

第三，网络关系具有传递性、交叉性和有限性。一般来说，传递性的存在，使得更多的行动者会相互影响形成网络，并有相互交叉，但由于每个行动者可保持的关系数量和强度都是有限的，因而社会网络存在一定的界限。

第四，不对称关系和复杂网络使稀缺资源的分配不平等。由于关系的不对称性和社会网络的有限性，考虑到行动者在社会网络中结构位置的差异和获取资源方式的不同，群体中资源的流动是不均衡和不平等的。

第五，合作与竞争是社会网络的基本特征。在具有不对称关系的社会网络中，行动者之间必须合作才能获得共同的资源，形成基于不同关系、或大或小的联盟或派别之间的竞争。

总的来说，社会网络分析通过形式化数学概念的应用和独特的方法论体系，把个体间关系、微观网络和大规模社会系统的宏观结构结合起来，从而对社会角色层次结构、组织或群体层次的结构给出解释。

三、分析视角

社会网络分析法可以从关系取向或位置取向两个分析视角展开（张存刚等，2004）。关系取向关注行动者之间的社会性粘着关系，通过社会联结的密度、强度、对称性、规模等说明特定的行为和过程（石永贵，2009）。从关系视角看，那些强关系、密集且相对孤立的社会网络可以促进集体认同和亚文化的形成。位置取向则关注存在于行动者之间的且在结构上处于相等地位的社会关系的模式化，它讨论的是两个或两个以上的行动者和第三方之间的关系所折射出来的社会结构（石飞和庄海燕，2010）。

（一）关系取向视角分析要点

在关系取向视角的分析中，考察的重点是行动者之间的关系或通过关系流动的信息、资源等，分析要点包括以下方面。

（1）规模和集中度：在特定社会网络中，特定行动者与其他行动者有着或多或少、或强或弱的关系，规模即这种关系的数量测度。若将研究焦点集中在某特定行动者，则通过对关系规模的考察可以评估网络的集中性，即在特定行动者身上凝聚的关系的数量。一般说来，特定行动者凝聚的关系数量越多，其在网络中就越重要。但关系数量的多少并不是行动者重要性的唯一指标，有时行动者在网络中所处的位置比集中性更为重要，尤其是当行动者位于网络边缘时，数量多少就远不如桥梁性位置重要——当特定行动者的存在构成了沟通两个或两个以上网络、行动者与网络之间关系时，一旦这个位置上的节点缺失，两个网络或行动者与网络之间的关系就将不复存在（张存刚等，2004）。

（2）强度：在社会网络中，关系强度的测度指标包括关系的时间量，如频度和持续时间、情感紧密性、熟识和相互信任程度及互惠服务等。显然，如果花在关系上的时间越多、情感越紧密、相互间的信任和沟通越多，行动者之间的关系就越强，反之则越弱。

（3）密度：是社会网络中联系本身稠密程度的测度指标，其定义为社会网络中一组行动者之间关系的实际数量和其最大可能数量之间的比率。实际关系的数量越接近于网络中的所有可能关系的总量，则社会网络的整体密度就越大，反之则越小。

（4）内容：指社会网络中各行为者之间联系的特定性质或类型。内容可以是任何将行动者联系起来的东西，因此其表现形式多种多样，如交换关系、亲属关系、信息交流关系、感情关系、权力关系等都可以成为具体的内容。

（5）对称与非对称关系：在非对称关系中，相关行动者的关系在规模、强度、密度和内容方面存在差异，而在对称关系中，行动者的关系在这些方面的表现相同。例如，在文献计量学研究中，被引是非对称关系，而共著关系是对称的。

（6）直接与间接关系：直接关系指行动者之间有直接的联系，而间接关系必须通过第三者才能建立联系。一般说来，直接关系通常是强关系，而间接关系由于有中间人存在，关系强度受中间人数量影响很大，经历中间人越多关系会越弱。

（二）位置取向视角分析要点

在位置取向视角的分析中，学者更关注的是网络中位置的结构性特征，即以结构上的相似性为基点，以关系的相似性为基本特征揭示社会现象，分析要点包括以下方面：

（1）位置：指在结构上处于相同地位的一组行动者或节点，是剥离行动者后剩下的结构性特征。在结构特征分析中，哪个行动者处在这个位置上并不重要，重要的是这个位置在网络本身中的处境。

（2）角色：是在结构上处于相同地位的行动者在面对其他行动者时表现出来的相对固定的行为模式。换言之，社会角色相同的行动者往往会在社会网络结构中处于相同的位置。

（3）结构等效：指两组或两组以上的行动者与第三个行动者具有相同的关系。需要注意的是，在同一社会网络中，等效点必须与同一个点保持相同的关系。

第二节　研究设计与资料收集

作为社会学研究方法，社会网络法有着与其他方法类似的研究程序，即先形成研究的问题或假设，确定研究方案，然后收集资料、分析数据、得出结果，最后考察研究结果是否和最初的研究假设相吻合，并总结成果、分析不足或提出展望（图 5-1）。

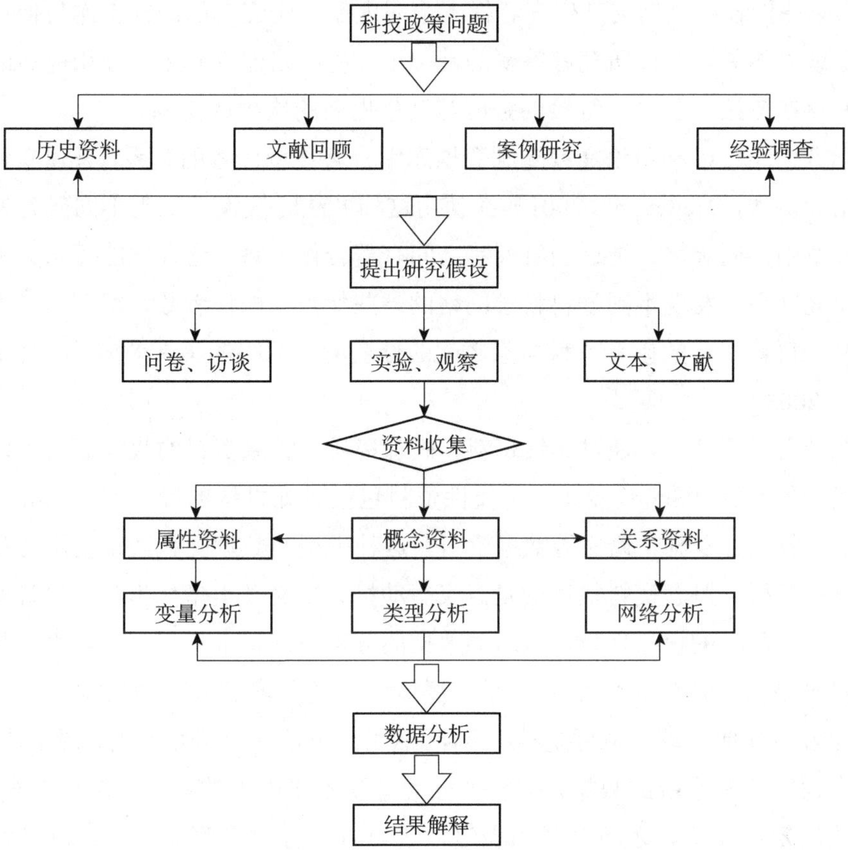

图 5-1　社会学研究的基本步骤

在进行社会网络分析之前，首先需要从很多方面收集关于研究者、地点和事件之间的关系型数据，以期分析和说明行动者之间的关系属性和结构。常用的方法有访谈、发放问卷、直接观察和第三方数据库等。Ruegg 和 Feller（2003）将建立科学研究社会网络归纳为三个主要途径。

最直接的方法是让在某一科研组织或领域内的研究者列出他们经常进行合作研究、共享研究信息的一些研究者，同时列出一些他们认为在其研究领域内最有影响力的研究者及其工作，然后再重新调查这些被列出的研究者，如此反复。从这些调查中获得的数据，可产生一个科学研究活动合作交流的社会网络。该网络可以揭示知识溢出的路径，显示研究者影响的领域，以及不同研究工作的重要性等。它还揭示了研究者之间正式的和非正式的合作关系，以及一个领域对其他领域的影响。

另一种与之相类似的方法是相互提名分析。首先对某个研究领域的研究者进行抽样，评价者可以询问某研究者样本空间内哪个研究者的研究工作与他自己的最相似或者相关。在该研究者答复的基础上，将网络建立起来。互相提名的研究者之间存在链接，且每个链接的强度与互相提名的次数成比例。

学者们还可以利用论文或专利数据库中合著文章作者的关系，来建立科学社会网络。例如，Newman（2001）在使用这种方法时假设：如果不同研究者在同一篇文章中共同署名，则这些研究者之间有着合作关系。这种方法可以分析大的科学研究网络，发现不同学科科学网络的一些特点，如作者数、每个作者平均发表论文、每篇文章的作者、科学家之间的分散度、网络的集聚效应等（Ruegg & Feller，2003）。

在社会学研究中，通过属性资料、概念资料和关系资料的收集通常可以获得三种类型的数据（Scott，2000）。属性资料包括研究机构的投入产出指标，个人的年龄、收入、专利、论文等数据资料。这种类型的数据资料通常使用变量分析方法进行分析。概念资料描述的是意义、动机、定义及类型化本身，尽管概念资料处于社会科学的核心地位，但这类数据的分析方法目前还仅限于类型分析。关系资料则是关于接触、联络、关联、群体依附及集聚等方面的数据，这类数据把行动者与其他行动者联系起来，因而不能简单地还原为单个行动者的属性。关系作为行动者系统的数据，把多个行动者联系成更大的系统，在网络分析中，关系被认为是行动者之间关联的表达，既可以进行定量测算，也可以进行网络结构的定性测度。

例如，在科学研究中，合著作者和某科研计划、项目的共同参与研究人员数据可以反映研究人员之间的合作关系；研究者所属研究机构或大学、行业领域、区域或国家的数据可以反映研究组织间的合作关系；论文和专利引用信息可以反映知识流动过程；大量共同出现的词语可以反映某种概念、理论、方法、工艺的出现和发展（表 5-1）。

表 5-1 社会网络分析的关系数据及其评价内容

评价内容	关系数据
研究者	合著作者、研究计划或项目共同参与人员
研究地点	机构、国家、区域、行业领域
研究动态	跨部门联系、研究中心及外围联系
知识流动	引用、共词

第三节 数据处理与结果展示

在科学社会学研究中，数据资料往往是用某种数据矩阵的形式来保存的，无论数据矩阵采取什么具体形式，其逻辑结构总是一个包含很多行和列的图表。在变量分析中，属性数据可以在个案—变量矩阵中加以组织。例如，国际著名科技奖项可用矩阵中的行来表示，列代表的是用来测量各奖项属性的变量，包括设立时间、管理机构、评奖方式及评奖周期等（表 5-2）。

表 5-2 部分著名国际科技奖项概况

奖励名称	设立时间	管理机构	评奖周期	奖励人数	奖金额度
科普利奖	1731 年	英国皇家学会	每年	1 人	1000 英镑
诺贝尔奖	1901 年	诺贝尔基金会	每年	1～3 人/项	约 100 万美元
米拉尔奖	1967 年	英国皇家学会	每年	1～5 人	2000 英镑
沃尔夫奖	1976 年	沃尔夫基金会	每年	1～3 人/项	10 万美元
克拉福德奖	1980 年	瑞典皇家科学院	每年	1～4 人/项	50 万美元
德雷珀奖	1989 年	美国工程院	每年	1～5 人	50 万美元
鲍尔科学成就奖	1990 年	富兰克林学会	每年	1 人	25 万美元
丹·大卫奖	2002 年	丹·大卫基金会	每年	1～3 人	100 万美元
邵逸夫奖	2002 年	邵逸夫基金会	每年	1～4 人/项	100 万美元
芬兰千年技术奖	2002 年	芬兰千年技术奖基金会	每 2 年	1 人	100 万欧元
卡夫利纳米科学奖	2008 年	挪威科学与文学院	每 2 年	1 人	100 万美元

但这种个案—变量矩阵并不能用来分析和处理关系数据。这就需要从个案—隶属关系矩阵的角度来考察。若以科学家为行动者，表 5-2 中的国际科技奖项为隶属项，用 1 表示曾获奖，用 0 表示未获奖，科学家之间的关系就可以在这种个案—隶属矩阵中定量表述，其实际意义是，某位科学家在是否获得某奖项上与其他科学家有相同的属性（表 5-3）。

表 5-3 部分著名国际科技奖项概况

科学家	科普利奖	诺贝尔奖	米拉尔奖	沃尔夫奖	克拉福德奖	德雷珀奖	邵逸夫奖
A	1	1	0	1	1	0	0
B	1	0	1	1	0	1	0
C	1	1	0	1	0	0	1

续表

科学家	科普利奖	诺贝尔奖	米拉尔奖	沃尔夫奖	克拉福德奖	德雷珀奖	邵逸夫奖
D	0	1	0	0	1	1	0
E	0	0	0	0	0	0	1

一般来说，表 5-3 所示的是社会网络数据的一般形式，这也是社会网络研究所获得的初始数据或编码数据的基本形式，其中各行表示行动者，各列表示行动者的隶属项。因为在这类矩阵中行和列表达的是不同的数据集合，这类矩阵又称为 2-模矩阵，在图论中又被称为发生阵（约翰·斯科特，2007）。

从 2-模矩阵可以推导出 2 个 1-模矩阵，即个案—个案方阵和隶属—隶属方阵，在图论中这种方阵被称为邻接阵。在个案—个案方阵中，行和列都代表个案，每个具体的矩阵格数值展示了一对特定行动者之间是否共同隶属于同一个事项而关联在一起，因此，该矩阵展示了行动者之间实际存在的关系。显然，据表 5-3 可以得出科学家获得相同奖项的情况（表 5-4）。

表 5-4　科学家获相同奖项情况（个案—个案方阵）

	A	B	C	D	E
A	1	2	3	2	0
B	2	1	2	1	0
C	3	2	1	1	1
D	2	1	1	1	0
E	0	0	1	0	1

从表 5-4 可以更直观地看出，科学家们之间存在的关系，例如，在所有奖项中，科学家 A 和科学家 C 曾共同获得过三个奖项。若用图展示，可以如图 5-2（a）或图 5-2（b）所示，其数学表述为此种关系的多重度，即构成关系的独立接触者数目。

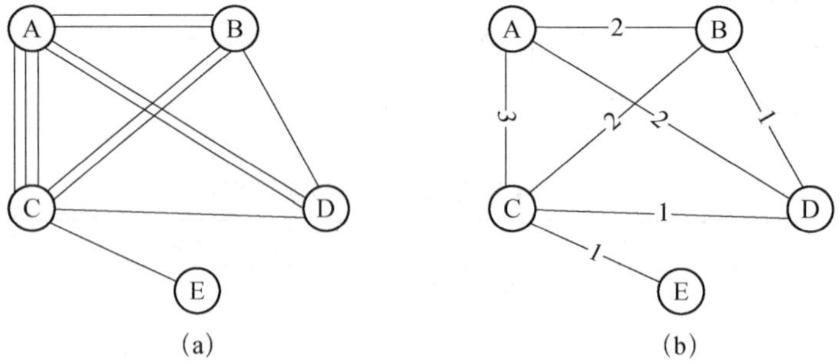

图 5-2　获相同奖项情况图示

在隶属—隶属方阵中，行和列都代表隶属项，每个具体的矩阵格值展示了一对特定的隶属项之间是否由于拥有共同的行动者而关联在一起。这种隶属—隶属方阵通常用以阐明仅从个案—个案方阵所不能明显看出的社会结构的重要方面。如从表 5-5 可以看出，既获得过科普利奖又获得过沃尔夫奖的科学家有 3 位，如果把每个奖项的获奖者都看成是一个组织的话，这种较高的获奖者重叠度表明，这两个奖项在学科领域和评选方式上可能更为相似①。

表 5-5　部分著名国际科技奖项概况

	科普利奖	诺贝尔奖	米拉尔奖	沃尔夫奖	克拉福德奖	德雷珀奖	邵逸夫奖
科普利奖	1	2	1	3	1	1	1
诺贝尔奖	2	1	0	2	2	1	1
米拉尔奖	1	0	1	1	0	0	0
沃尔夫奖	3	2	1	1	1	1	1
克拉福德奖	1	2	0	1	1	1	0
德雷珀奖	1	1	0	1	1	1	0
邵逸夫奖	1	1	0	1	0	0	1

在上述示例中，个案和隶属之间的区别只是社会网络分析中的一种约定性数据组建框架，即把个案置于发生阵的行位置上，而隶属项放在列位置。在研究中，我们可以根据实际需求进行选择。

一、邻域和密度

在图论中，一般称由一条线连着的两个点是邻接的，这也是社会网络分析中对两个行动者之间直接关联的数学表述。与某个特定的点邻接的那些点称为该点的领域，领域中的总点数称为度数。显然，一个点的度数就是对其领域规模大小的测度。在二值方阵中，一个点的度数用该点所在的行或列的总和来表示，所以在图中，所有点的度数总和是图中线段数量，亦即关系总和的 2 倍。

完备图指的是一个所有点之间都相邻的图，每个点都与所有其他点直接关联。但这种完备性即使在较小的网络中也极其少见。为此，引入密度的概念用以描述图中各个点之间关联的紧密程度，以便测度图在多大程度上具有这种完备性。显然，各个点之间关联越多，图的密度就越大。

① 该示例只是为了说明隶属项的实际含义，并不反映这两个奖项之间的实际关系。

图的密度决定于图的内含度和图中各点的度数总和。其中，内含度指的是图中所有关联部分包含的总点数，换言之，图的内含度等于其总点数与孤立点数之差。为便于不同点数的图的横向比较，可定义内含度为关联点数与总点数之比，如对于有 4 个孤立点的 20 点图而言，其内含度为 0.8，由于孤立点没有任何关联，对图的密度没有贡献，所以图的内含度越高，其密度就可能越大。

若定义图的密度 D 为图中实际拥有的连线数与最多可能连线数之比，若图中有 n 个点，图中实际有 k 条线，可有无向图和有向图的密度计算公式：

$$D=\frac{2k}{n(n-1)}\quad;\quad\overrightarrow{D}=\frac{k}{n(n-1)}\tag{5.1}$$

结合二值矩阵进行图示，能够更直观地反映图的密度与内含度、度数总和及连线数之间的关系（表 5-6）。

表 5-6　图的密度与内含度和度数和的关系

无向图	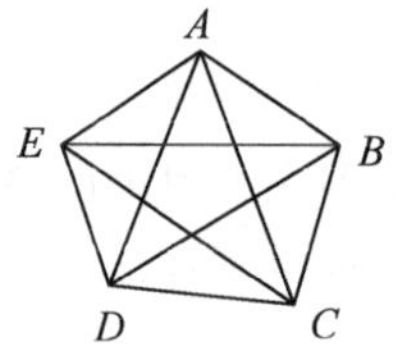	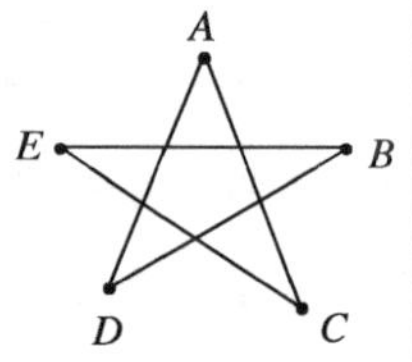	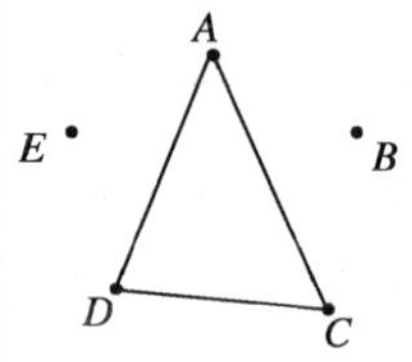	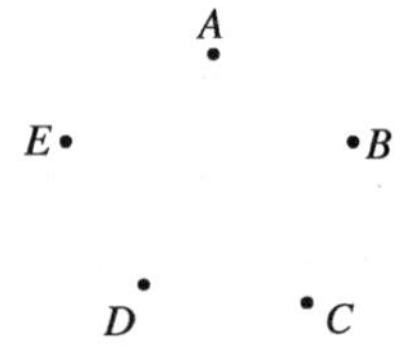
二值矩阵	$\begin{array}{cccccc} & A & B & C & D & E \\ A & 0 & 1 & 1 & 1 & 1 \\ B & 1 & 0 & 1 & 1 & 1 \\ C & 1 & 1 & 0 & 1 & 1 \\ D & 1 & 1 & 1 & 0 & 1 \\ E & 1 & 1 & 1 & 1 & 0 \end{array}$	$\begin{array}{cccccc} & A & B & C & D & E \\ A & 0 & 0 & 1 & 1 & 0 \\ B & 0 & 0 & 0 & 1 & 1 \\ C & 1 & 0 & 0 & 0 & 1 \\ D & 1 & 1 & 0 & 0 & 0 \\ E & 0 & 1 & 1 & 0 & 0 \end{array}$	$\begin{array}{cccccc} & A & B & C & D & E \\ A & 0 & 0 & 1 & 1 & 0 \\ B & 0 & 0 & 0 & 0 & 0 \\ C & 1 & 0 & 0 & 1 & 0 \\ D & 1 & 0 & 1 & 0 & 0 \\ E & 0 & 0 & 0 & 0 & 0 \end{array}$	$\begin{array}{cccccc} & A & B & C & D & E \\ A & 0 & 0 & 0 & 0 & 0 \\ B & 0 & 0 & 0 & 0 & 0 \\ C & 0 & 0 & 0 & 0 & 0 \\ D & 0 & 0 & 0 & 0 & 0 \\ E & 0 & 0 & 0 & 0 & 0 \end{array}$
相连点数	5	5	3	0
内含度	1	1	0.6	0
度数总和	20	10	6	0
连线数	10	5	3	0
密度	1	0.5	0.3	0

二、中心度分析

中心度是个人或组织在其社会网络中具有怎样的权力或者说居于怎样中心地位的测度。按照计算方法的不同，中心度可以分为点度中心度、中间中心度和接近中心度三个测度指标：

在社会网络中，如果某特定行动者与其他很多行动者之间存在直接联系，那么该行动者就居于中心地位，表明其在该网络中拥有较大的影响。由此，可以定义社会网络中某点的点度中心度为与该点有直接联系的点的数目。点度中心度又可分为绝对点度中心度和相对点度中心度：前者相当于该点的度数，即与该点有直接联系的点的数量，后者是点的绝对中心度与网络中点的最大可能的度数之比。

中间中心度测度的是行动者对资源控制的程度。在社会网络中，如果特定行动者处于许多其他两点之间的路径上，就可以认为该行动者居于重要地位，因为他具有控制其他两个行动者之间的交往的能力。例如，在合著网络中，作者甲与作者乙合著发表过文献，同时作者乙与作者丙也合著发表过文献，作者甲和作者丙没有合著发表过文献。虽然甲与丙之间没有直接联系，但是可以借助乙产生联系。这样，虽然甲和丙各自的研究领域或许会有差异，但是当他们需要建立一定的合作关系时，乙就有可能发挥重要的作用。

接近中心度考察的是行动者不受他人影响或控制的能力。在社会网络中，如果一个点通过比较短的路径与许多其他点相连，那么该点就具有较高的接近中心度。因此，接近中心度越小的节点，在网络中越处于核心地位（李亮和朱庆华，2008）。

三、子群和派系

李亮和朱庆华（2008）对子群和派系进行了详细的阐述：

子群识别和派系分析对揭示社会网络结构具有重要意义。根据算法的不同，它们在实际应用中有着不同的定义和分析方法。

一般认为，小团体是一个群体中的子群体，其成员彼此间的平均喜爱程度超过对其子群体外（大群体之内）的其他成员的平均喜爱程度。因此，当社会网络中某些行动者之间的关系特别紧密，以至于形成一个次级团体时，这样的团体在社会网络分析中成为凝聚子群，而关于某一个网络中存在着多少这样的子群的分析称为派系分析。

进一步考察凝聚子群的密度，它是用以测度在大的网络中，小团体现象是否严重的指标。凝聚子群的密度等于子群密度与整个网络密度之比。显然，该值越接近于1，表明关系越趋向于发生在群体之外，即派系林立的程度越大；该值越接近–1，表明子群体之间的关系越少，关系越趋向于发生在群体之内，即派系林立的程度越小；该值越接近0，表明关系越趋向于随机分布，不能看出派系林立的情形。

凝聚子群分析的目的是研究行动者之间关系的紧密程度。如对合著网络进行凝聚子群分析，可以判断哪些作者之间的关系比较紧密，结合作者单位等其他信息，可以了解到该学科领域的一些研究特点：若某学科合著网络中存在凝聚子群，并且凝聚子群密度较高，说明处于这个凝聚子群内部的这部分学者之间联系紧密，在信息分享和科研合作方面交往频繁，而处于子群外部的成员则不能得到足够的信息和科研合作机会。从科技政策的角度看，这种情况如果发展过度的话，将会不利于该学科的发展。

四、辅助软件的使用

经过几十年的发展，社会网络分析已经成为较为普遍和成熟的研究方法，并在科技政策研究的诸多领域得到越来越多的应用。由于社会网络分析往往需要进行大量运算，所以这些分析都使用了软件包。近年来，UCINET、NetDraw、NetMiner和Pajek等多种可视化辅助软件的出现，极大地提高了社会网络分析的直观效果（王陆，2009）。

就目前情况看，应用较为普遍的有NetMiner、Pajek和UCINET等三种软件，其中，Pajek是可以免费使用的自由软件；NetMiner虽然是商业软件，但其测试版基本可以免费使用；UCINET则是一款纯商业软件，但任何版本的UCINET软件都可以免费使用一个月。在上述三种软件中，UCINET有较好的交互性，能够与多种软件进行数据交换，使用也较为普遍，而NetMiner虽然应用并不普遍，但其各项功能都不错，尤其是在可视化技术方面的功能很强，其操作界面也比较直观清晰，具有较高的友好性。

对以上软件应用感兴趣的读者可以参考相关专业书籍，本书在此不再赘述。

应用实例

评价理论研究网络及其可视化[①]

评价理论又称评价方法或评价模型，它以评价中的具体问题为研究对象，研究内容贯穿从方案设计、组织实施到结果应用的整个过程，目的在于通过组合、强化和应用系列评价技术来形成用以指导实践的诊断结果或应对策略。发展至今，评价者拥有日益多样化的理论工具来应对评价需求，在探讨各方向上典型研究者及其主要贡献的同时，如何通过科学合理的理论分类形成较为系统的社会科学研究理论框架已成为评价研究领域的重要研究课题。

豪斯（House，1978）是较早开展评价理论分类研究的学者。他认为可以根据主要受众、预期结果、共同认知、分析方法和核心议题五个维度的特征，将评价理论分为八类模型并举例说明。威廉姆斯（Williams，1989）根据研究者理论模型的相似性，按照定量与定性、责任导向与政策导向、客户是否参与、结果应用与决策支持四个维度，将 14 位研究者在“理论地图”上聚类为应用型、灵活型及正式型三类。

Alkin（2004）认为，评价理论的发展是根植于责任归属与控制和社会学研究之上的树状结构，分为方法、应用和价值判断三个主干。方法是社会学研究的延伸，是评价理论体系的“知识构建”；应用侧重评价服务于决策，重点在于评价信息将如何被使用及哪些人将使用这些信息；价值判断的侧重点是系统地帮助其他人做出价值判断。按照上述分类，Alkin 将杰出学者分为若干分枝，形成评价理论的树状结构。Donaldson（2012）则认为，评价理论始终围绕着应用需求发展，按照理论研究目的及侧重点变迁，可以像描绘江河流域一样，刻画评价理论的发展，在其流域模型中，评价理论以社会进步为终极目标，沿评价应用主干发展出社会公平、知识生产等理论主流或支流。

评价理论分类研究的意义在于深入了解评价的社会功能及其发展脉络，把握评价理论发展趋势以更好地指导实践。但从现有研究看，很多分类缺乏明确边界，正如唐纳森在 2012 年美国评估学会年会上指出的，这些分类方法（categorization）

① 资料来源：李强，王小梅，韩涛. 2014. 基于知识图谱的评价理论树拓展研究. 科研管理，35（05）：128-137.

不够精确，尤其是缺乏文献计量学支撑。

一、杰出学者数据集的构建

利用引文分析方法构建学科知识图谱的第一步是选择相关作者，建立一个具有代表性的作者组合非常关键。目前应用较多的是通过文献被引用次数的高低来选择作者，即通过检索引文数据库确定某个引用频次为阈值，选择在阈值之上的文献作者。

本书认为，评价理论研究的杰出学者应当是在本领域取得原创性、突破性和重要实际贡献的学者，结合中国科学院创新能力指数定量监测体系及赫伯格等（Heberger et al.，2010）的研究，杰出学者备选数据集应当包括本领域高引学者及以下学者：首先是重要学术组织任职，包括美国评价学会、欧洲评价学会、加拿大评价学会和澳大利亚评价学会历任主席、副主席、秘书长；其次是重要奖励获得者，主要是美国评价学会（AEA）年会的评估理论奖、政府评估奖、评估实践奖、评估新人奖和杰出评估奖获得者；最后是重要刊物主编、副主编，这些重要期刊包括AEA会刊、加拿大评价学会（CES）会刊、赫伯格等研究者遴选的领域重要期刊，以及将评价（evaluation、assessment、measurement）作为关键词，根据SSCI数据库检索到的16种英文期刊。

根据以上规则，得到备选杰出学者139人，进一步考察其产出情况。评价研究领域研究者的产出一般有三类，即论文、专著及研究报告，考虑到专著及研究报告的发表与引用情况缺乏必要的数据库支持，且其中的主要观点往往会通过学术论文的形式发表，本书将杰出作者产出限定为期刊论文。以评价领域文献收录较全的美国维拉诺瓦大学图书馆（https://library.villanova.edu）为检索数据库，以作者姓名为关键词进行检索，共获得这些作者在评价领域的相关文献1929篇，发表在284种期刊上。

因SSCI数据库只有1996年后的引文数据而且期刊收录不全，本书以题名为关键词，通过SSCI、施普林格数据库（www.springerlink.com）、赛吉（Sage）期刊全文数据库（http://online.sagepub.com）及微软学术搜索（http://academic.research.microsoft.com）跨库检索，共获得1929篇文献，从微软学术搜索中得到1234篇文献的引用信息。考虑到这些期刊论文发表时间跨度较大，按照发表论文数或发表论文累计被引频次不低于备选杰出学者平均水平的标准，共遴选出杰出学者 50 名。

二、基于共被引关系的分析

用共被引分析（co-citation analysis）研究学科进展及理论演化开始于 20 世纪 70 年代。1973 年，苏联信息科学家伊琳娜·马莎科娃（Irina Marshakova）和美国科学计量学家亨利·斯莫（Henry Small）分别提出了把文献的共引分析作为计量文献之间关系的一种新的方法，当两篇文献共同出现在第三篇文献的参考文献目录中时，这两篇文献就成为共被引的关系。

若将埃格赫（Leo Egghe）关于文献共引分析的准则（Egghe & Rousseau，1990）拓展至作者，则有：如果一共引相关群的每一作者至少与某一给定作者被共引一次，那么这些作者就构成了一个共引作者群体；如果一共引作者群的每一作者与该群体中的每一其他作者（至少一次）被共引，那么这些作者就构成了一个共引作者群体。

基于上述准则，便可以通过共引关系模拟科学专业知识结构，描述科学领域内重要概念或思想之间的关系。也就是说，当两名作者同时被第三位作者引用时，就称这两名作者存在共被引关系，经常一起被引用的作者，表示他们在研究主题的概念、理论或方法上是相关的，而且共被引次数越多，他们之间的关系就越密切。

为使基于共被引数据构建的学科社会网络具有更高的可靠性和准确性，首先需尽可能获得较为完备的共被引数据，但由于数据可获得性的限制，本书以微软学术搜索为数据来源获得原始共被引频次（表 5-7）。

表 5-7 评价理论研究杰出学者论文发表及累积被引频次数据

学者	ID	论文数/篇	被引频次/次	学者	ID	论文数/篇	被引频次/次
Carol H. Weiss	1	28	482	Debra J. Rog	7	17	31
Chris L. S. Coryn	2	34	16	Donald T. Campbell	8	27	3392
Daniel L. Stufflebeam	3	50	186	Donna M. Mertens	9	22	93
George A. Marcoulides	4	17	26	Egon G. Guba	10	22	191
David M. Fetterman	5	20	159	Eleanor Chelimsky	11	33	130
David S. Cordray	6	22	881	Elliot W. Eisner	12	18	243

续表

学者	ID	论文数/篇	被引频次/次	学者	ID	论文数/篇	被引频次/次
Ernest R. House	13	58	895	Melvin M. Mark	32	40	277
Hallie S. Preskill	14	34	272	Michael Morris	33	28	225
Howard E. Freeman	15	18	1351	Michael Quinn Patton	34	88	1003
Huey-Tsyh Chen	16	22	254	Michael Scriven	35	62	420
J. Bradley Cousins	17	40	445	Nick L. Smith	36	91	96
James R. Sanders	18	20	44	Paul R. Brandon	37	27	45
Jean A. King	19	29	288	Peter H. Rossi	38	20	1786
Jennifer C. Greene	20	49	792	Ralph W. Tyler	39	39	116
Jody L. Fitzpatrick	21	25	21	Robert E. Stake	40	31	362
Jonathan A. Morell	22	19	34	Robert F. Boruch	41	37	361
Joseph S. Wholey	23	21	55	Ross F. Conner	42	25	43
Karen E. Kirkhart	24	26	49	Sharon F. Rallis	43	12	161
Laura C. Leviton	25	45	228	Thomas A. Schwandt	44	39	147
Laura S. Hamilton	26	17	166	Thomas D. Cook	45	20	420
Richard J. Light	27	24	129	W. James Popham	46	116	283
Lee J. Cronbach	28	13	634	William B. Michael	47	22	19
Leonard Bickman	29	52	458	William M. K. Trochim	48	36	578
Leslie J. Cooksy	30	18	40	William R. Shadish	49	37	316
Marvin C. Alkin	31	34	109	Yvonna S. Lincoln	50	28	218

注：论文数、被引频次为全作者累计统计数据，时间截至 2013 年 6 月 30 日。

构建杰出学者的共被引矩阵，使用 Pajak 软件按卡方度量计数标准，采用组内连接方法进行系统聚类，可将 50 名杰出学者聚为 6 类（图 5-3）①。

三、基于共著关系的分析

一般认为，经常共同发表论文的作者，在研究主题的概念、理论或方法上是基本一致的。由此引入可视化网络分析软件 Pajek，采用 Kamada-Kawai 布局对学者间的共著关系进行可视化（图 5-3），图中连线代表共著关系，连线粗细与合著论文篇数成正比（连线长短未赋含义）。

① 部分学者在图 5-3 中不可见。

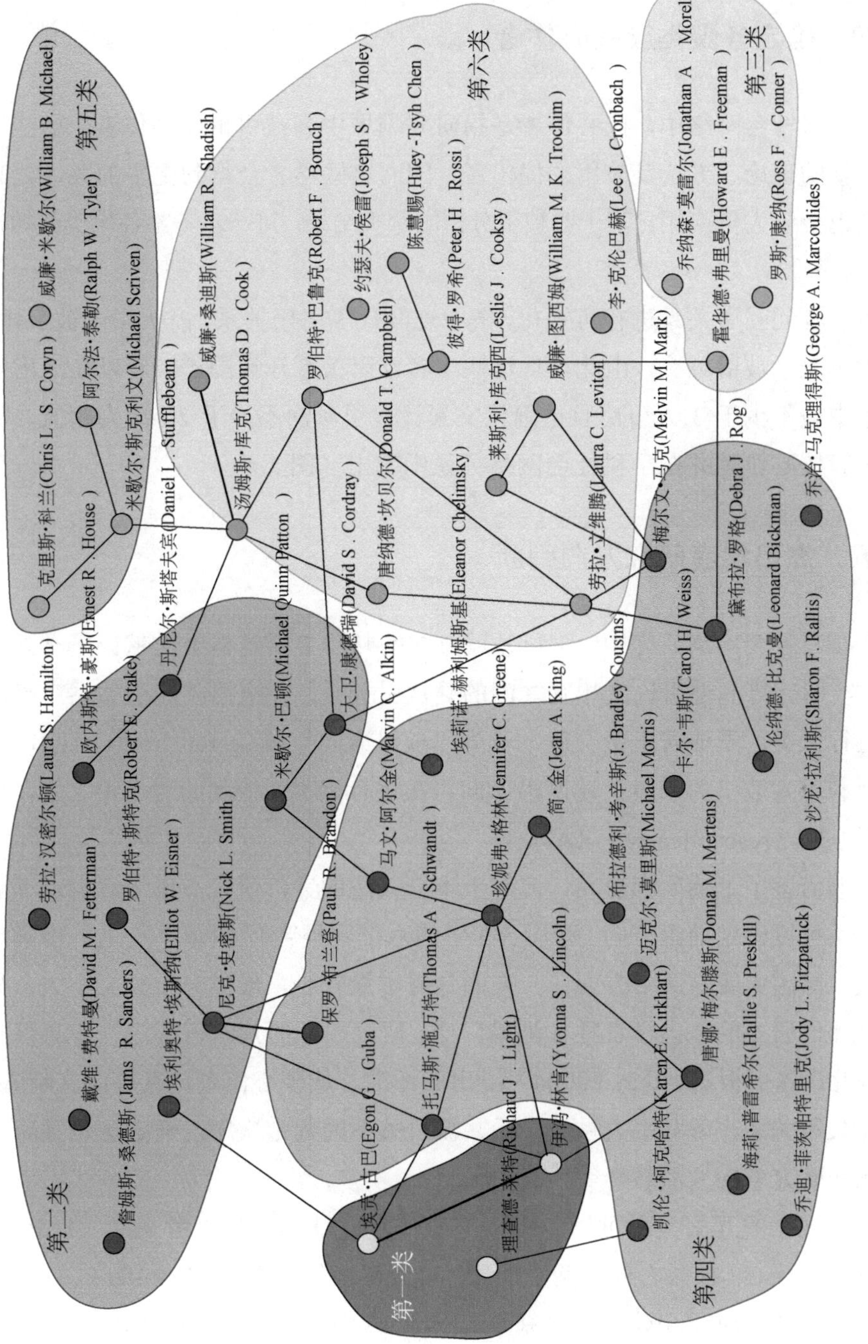

图 5-3　共被引聚类簇与共著关系可视化（Kamada-Kawai 布局）

四、确定各聚类簇核心作者

在学科社会网络中，核心作者是指研究领域中高被引论文的作者，这些作者往往是新的理论、方法及应用的提出者，因而这些学者会得到更多的关注，其核心论文也会被大量应用。基于共被引分析的聚类结果，进一步考察各聚类簇的核心作者。

对学者间互引关系进行可视化，图中连线代表引用关系，箭头指向被引作者，箭头大小表示被引频次，由此可得这些学者互引关系知识图谱。若以在杰出学者数据集中被不少于 3 人引用且单篇论文累计被引频次不少于 20 次为阈值，可得各聚类簇核心作者并在学科社会网络关系中圈出（图 5-4）。

五、杰出学者研究方向判断

在学科社会网络研究中，学科领域方向的判断主要是基于文献计量学共被引的方法，即计算高被引论文相互之间的共被引关系，并根据共被引关系对高被引论文进行聚类，形成若干论文簇，称为“前沿方向”（research front，RF），在此基础上利用共被引关系对上述前沿方向再次进行聚类，得到的若干论文簇，称为“研究领域”（research area，RA）。

本书借鉴了上述研究思路，但对于本书关注的评价研究杰出学者群，基于共被引关系可以确定前沿方向（即图 5-3 中的六个聚类簇），但却不能进一步确定研究领域，原因主要是两个方面：一方面是样本量较少，聚类分析意义不大；另一方面是评价研究的杰出学者往往涉猎广泛，研究领域的判断需要进一步凝练和概括。为此，本书根据 Alkin（2004）给出的标准，从核心作者及其核心文献入手，按照先共著关系，后互引关系，最后共被引关系的判定次序，确定这些学者的研究领域和研究方向（潘教峰等，2013）。

从可视化的互引关系可以看出，核心作者群基本上是以考辛斯（J. Bradley Cousins）为核心。核心之外有两个层级：第一层级包括格林（Jennifer C. Greene）、斯克利文（Michael Scriven）、比克曼（Leonard Bickman）、罗希（Peter H. Rossi）和坎贝尔（Donald T. Campbell）五名学者，第二层级包括豪斯（Ernest R. House）、赫利姆斯基（Eleanor Chelimsky）和陈慧赐（Huey-Tsyh Chen）三名学者。

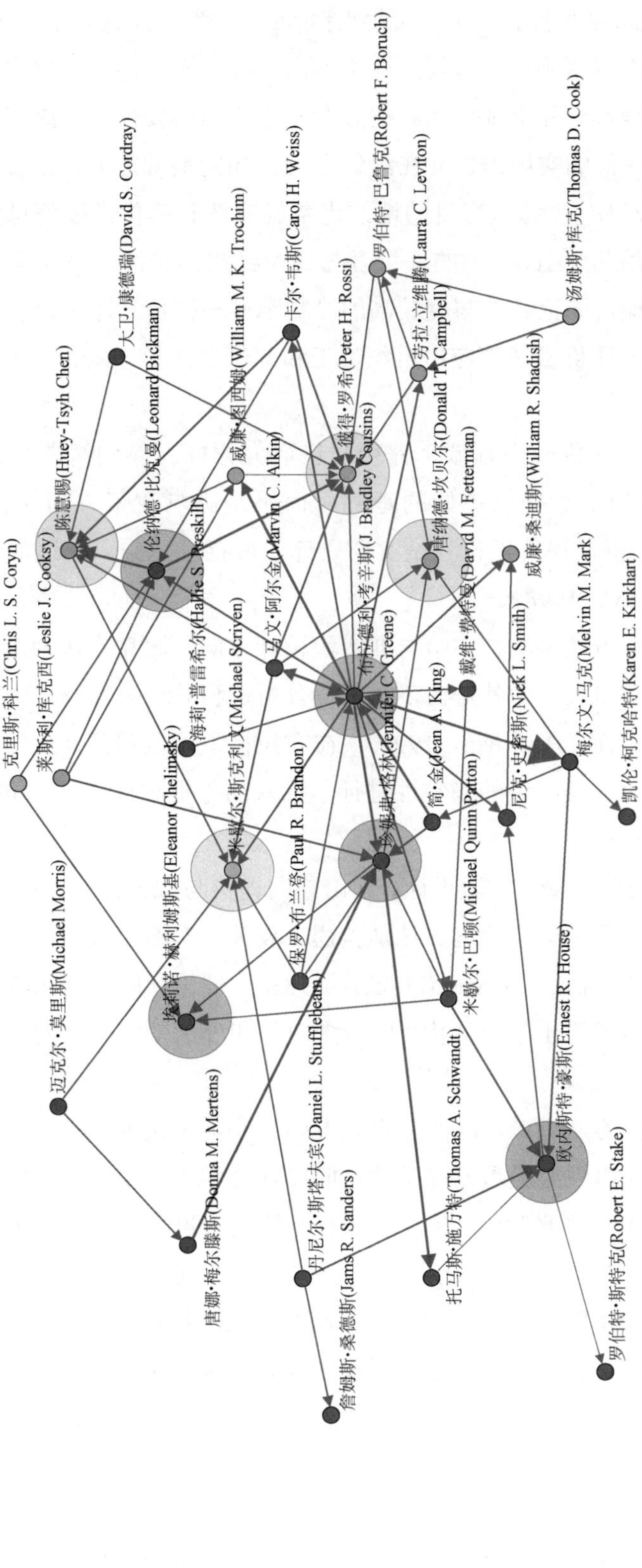

图 5-4 核心作者与互引关系可视化（Kamada-Kawai 布局）

从研究内容看，这九名学者可以归纳到评价应用、评价方法和价值判断三个领域。

考辛斯：评价应用领域，参与式评价方向。考辛斯认为，参与式评价强调评价的结构化及持续性，并重视使用者实际参与评价的必要性，以提高评价结果的可用性。参与式评价的实施需建立在组织学习架构的基础之上，让被评价项目人员参与到评价活动中，“通过有目的地改进实施方案和提供详细信息做到对被评价项目的完全理解”，因此这里的评价者与评价结果的使用者间是具明确合作关系的伙伴。相应地，无论是参与度较高的“实际参与评价”还是控制水平较高的“变革参与评价”，评价责任都应由组织员工和评价者共担（Robinson & Cousins，2004）。

赫利姆斯基：评价应用领域，评价政策研究方向。赫利姆斯基认为，评价的真正意义在于为决策提供更好的基础，而不是影响政策方向（Chelimsky，1983）。从本质上讲，评价理论只是实证研究的概括性总结，普适的评价理论并不存在（Chelimsky，1998）。

比克曼：评价方法领域，实验与准实验设计方向。比克曼认为，基于理论的评价模型构建至关重要，尤其是在多重价值分析、利益相关者群体确定及跟踪项目产出与影响等方面（Bickman，1996）。在布拉格堡示范项目评价案例中，通过系列准实验设计对关键结论的稳健性进行了深入的分析与探讨（Lambert et al.，2001）。

罗希：评价方法领域，实验设计、理论导向评价与综合评价方向。罗希认为，评价应当系统地应用社会学研究方法从构思、设计、实施等角度使其符合项目要求，即选择适用的评估法（Chen & Rossi，1983）。理论导向则意味着通过制订一整套详细的方案将其用于指导评价，以减少内部和外部效度之间的差异（Chen & Rossi，1989）。

坎贝尔：评价方法领域，准实验设计方向。坎贝尔认为，对于自然科学研究中的实验方法，随机性是最重要的条件，但在社会学研究中，很多情况下把随机挑选一部分人群作为研究对象不实际、不符合道德标准或根本不可能时，这就需要用准实验设计来解决实地调查研究中的诸多问题（Campbell，1957）。准实验设计包括一些干预措施和解决方案并对它们的效果进行对比，作为真实实验的替代方法，准实验设计方法有助于尽量减少可能妨碍因果推论的因素（Campbell，1991）。

陈慧赐：评价方法领域，理论导向的评价方向。陈慧赐认为，尽管实验和准实验设计作为主导研究方案有其优越性，但其应用必须以社会干预方面的理论发展作为补充条件，缺乏对理论关注的后果是评价研究成果往往会对评价活动得出片面的甚至错误的结论。因此，实验和准实验设计必须与先验知识和理论结合在一起使用才能为评价制订出良好的解决方案和执行策略，而且在这个基础上开展的评价活动将更有效，更可能达到预期效果（Chen，1989）。

格林：评价方法与价值判断领域，价值导向方向。格林认为，在教育评价，尤其是科学、技术、工程及数学领域的教育项目评价中，利益相关者参与度与评价有效性密切相关（Greene，1988）。这就需要预设评价的价值导向，从目的性、互补性、制衡性、扩充性、拓展性五个方面入手，围绕研究方法、调查对象、实施步骤等问题构建概念模型，进行综合评价（Hall et al.，2012）。

斯克利文：价值判断领域，价值导向方向。斯克利文认为，评价就是价值判断研究，社会所需要的价值评估正是评价者的任务。评价者在做出价值判断的时候必须履行他们的义务，即首先要制定评判标准，其次再向所有人公布评估内容，最后提供适合的选择方案（Scriven，1986）。斯克利文还主张“无目标评估”，这就需要从综合的多结果评判过程中得出唯一的判断结果，避免利益方观点的干扰和过早出现草率的评估结果（Scriven，1991）。

豪斯：价值判断领域，道德判断方向。豪斯认为，评价是为决策者提供信息以便他们可以合理地分配资源，但现有基于功利主义的评价理论体系存在明显的道德缺陷：无论是“客户至上论”（把客户的利益放在最重要的位置上）、“契约主义”（严格遵守合同规定）、“管理主义”（管理者的位置高于一切）、“方法主义”（相信合适的方法可以解决所有的道德问题）还是“精英论”（在评估过程中只强调当权者的利益）等，其结果是无权势者和穷人的利益无法被体现出来，这就不可能实现评价本身的价值中立（House & Mathison，1984）。这就需要评价向社会公正方向倾斜并力图满足弱势群体的利益和需要，为了做到这一点，评估者需要对收集到的资料进行整理和分析，了解所有利益方（尤其是弱势群体）的处境和需要，并基于社会公正性理念尽可能做到信息平衡（House，1994）。

类似地，按照共著关系、互引关系和共被引关系，结合对作者代表性论著的语义分析，可确定其他学者的研究领域、研究方向和主要观点。

在评价应用领域还有 16 名学者分布在 5 个研究方向上，其中在参与式评价和应用导向评价两个方向上的学者较多（表 5-8）。

表 5-8 评价应用领域学者及其研究方向

研究方向	学者名	主要观点
参与式评价	King	评价是系统调查过程，它为被评价项目的特征、活动或成果提供详细信息。为提高评价的适用性，评价者应积极倡导参与式环境，以合作的态度为主要预期用户量身定制评估方法
	Brandon	参与式评价可分为协同评价和非协同评价两类，前者旨在提高评价结果适用性，利益相关者参与度较高；后者注重结果，利益相关者参与不多
	Rallis	在参与式评价中，信度是方法设计和评价实施的关键因素，决定信度的因素既包括利益相关者参与的途径与方法，也包括道德文化因素的影响
	Fitzpatrick	参与式评价的效果因情景、目标、利益相关者参与广度和深度而异，在很多评价中，确定每种方法的优点和价值是首先需要考虑的因素
	Preskill	评价者应关注环境背景，对组织机构及其成员的需要做出回应，向其提供大量评估方面的专业技术知识，提高组织转化学习能力
应用导向评价	Schwandt	评价产生于人类社会对实践活动的修正需求，这就需要提出基于科学基础的解决方案
	Kirkhart	评价理论应用离不开对文化背景的审视，通过建立本地化评估框架、注重本土人才发展以及应用导向，可以提升不同文化背景下评价的有效性
	Patton	如果能确定与评价有直接利益关系和希望得到评价结果的人，评价得到应用的可能性会大大提高。评价者应说服预期用户积极直接参与评价活动，使预期用户达成使用评价结果的承诺
评价有效性	Morell	为使社会项目评价更有效，可通过专业评价工具的开发求得评价方法严谨性和项目人员参与度之间的平衡
	Marcoulides	评价离不开对人类行为的记录，这就需要通过科学的方法设计改善观察性研究的可靠性
	Conner	对健康、教育、法律等领域的实证研究表明，评价者潜在的价值取向对于社会方案决策有着显著影响
	Fetterman	在授权评价中，外来评价者应充当教练或引导者的角色，为用户自评价提供信息和帮助
评价政策	Rog	作为项目评价或政策预评价，探索性评价有成本优势，且有反馈迅速、问题集中、要求明确等特点
	Freeman	为避免过度指标化，社会评价应根据具体情况设置评价目标、构建概念模型、形成价值判断，不应使评价成为指标堆砌
责任管理	Alkin	评价者的责任主要涉及目标、过程和结果三个方面：目标责任负责检查是否制定了适当、合理的目标；过程责任监督实现目标所需的适当、合理方法是否已经被确定并且得到执行；结果责任是指要完成目标
	Mark	综合框架是解决跨部门评价问题的有效途径，通过描述、分类、因果分析和价值探究，综合框架可为评价者提供有效方法和适用模型

评价方法：该领域还有 13 名学者分布在 5 个研究方向上，其中在目标导向法和准实验设计两个方向上的学者较多（表 5-9）。

表 5-9　评价方法领域学者及其研究方向

研究方向	学者名	主要观点
目标导向法	Tyler	评价是指采用最佳方法对被评价者做出最客观的判断，评价目的是对假设进行验证，即比较规划完美的预期结果和验证后的实际结果
	Cronbach	评价者不应把自己的价值观带到评价工作中或做简单的判断，其角色是为“用户”提供信息作为他们自己判断时的参考。为最大限度发挥评价的引导作用，评价者应尽量向决策者提供实用数据
	Popham	目标导向评价的核心在于目标规范和结果考查，这就需要在初步实验的基础上再次选择适合的方法继续检验
	Cook	需要选择适合方法进行特定的评价，并考虑到每个评价活动中的特殊环境因素，不应使用相同方法和理念处理所有评估情况，草率开展实验设计
	Leviton	影响评价方法应用的因素包括与潜在用户需求的相关性、评价者与潜在用户的沟通程度、评价结果对决策的影响、对评价本身的信任以及既往用户口碑
准实验设计	Cordray	通过社会干预准实验方案设计，可以建立能够表征个体水平变化的评价模型
	Shadish	在准实验研究中，可通过倾向性分析平衡两个非等效组观察到的协变量，通过与随机基准实验比较，实现更准确的参数估计
	Trochim	在准实验设计中，基于理论或概念的期望与现实模式的匹配是非等值因变量设计和反向处理设计的逻辑基础，包括程序模式、测度、效用三种匹配模式
	Boruch	评价是系统地运用严格的随机性研究方法对社会学问题进行测度，涉及项目执行情况、相对效果和解决方案的费效比等，利用随机性环境实验可最大限度地避免、杜绝模棱两可的评价结果
元评价法	Cooksy	元评价是对评价活动的后评价，旨在梳理评价过程中的优势与不足以发展评价能力，这就需要从政治文化背景、评价结果的使用与滥用等问题入手构建逻辑模型，通过综合分析框架收集相关活动和成果，形成最终判断
	Weiss	任何评价活动都带有政治含义，评价结果不可能不掺杂外界因素，决策是不断积累的结果，是从许多小的选择逐渐缩小范围最终形成结果的过程
综合评价法	Wholey	由于组织机构的局限，评价信息获取有时需要较高成本，这就需要综合考查项目的可评价性，以现存的和易收集的信息为基础考察项目绩效，在此基础上使用对照法判断结果的有效性
成功案例法	Coryn	成功案例法是高效低成本找出培训辅导等干预措施对业务目标影响程度的方法，通过引入时间序列，该方法还可用于业务目标并不明确的社会服务领域

价值判断：该领域还有 10 名其他学者分布在 5 个研究方向上，其中在利益结构分析、价值导向和道德判断三个方向上的学者较多（表 5-10）。

表 5-10　价值判断领域学者及其研究方向

研究方向	学者名	主要观点
利益结构分析	Guba	评价应把利益各方的问题、要求和担忧结合在一起进行分析，目的是引导多个利益相关方在不同甚至是矛盾的思想中达成价值评判上的一致
	Lincoln	利益结构分析应注重标准的一致性、匹配性、非强制性和可移植性，以明确利益方范围和诉求
	Light	通过引入利益分析模型，探讨利益方之间和利益方内部对不同决策的反应来相应构建可行方案

续表

研究方向	学者名	主要观点
道德判断	Smith	尽管专业化评价是以市场为基础的经济因素发挥主导作用的活动，但在实施过程中仍需充分考虑维护公众权益或改善社会福利的需求
	Morris	评价中的道德问题主要包括知情同意、公正及利益相关者参与三个方面，这就使得评价过程中恪守职业行为一般准则尤为必要
价值导向	Eisner	评价活动需要详细、清楚的方案，需要评价者基于深厚的背景知识做出详细的描述、表达一种期望，决定哪些是最重要的东西
	Stufflebeam	评价的意义在于协助决策者充分利用资源更好地服务于客户，这就需要满足实用性、可行性、适合性和准确性要求的专业标准作为工作指南
	Mertens	知识具有非中性、利益取向和映射社会关系的特征，这就需要以社会进步为目标，用更具包容性的模型来更好地考虑被边缘化群体需求
对手式评价	Sanders	由于评价者往往会产生无意识的偏见，这就需要评价者分别代表拥护或反对两种对立的观点，在需要解决的问题上达成一致，形成无偏见判断
回应式评价	Stake	尽管评价者有提供总结意见的责任，但更可取的方法是提供一个结论框架以便鼓励用户自己去判断

六、几点讨论

该研究引入社会网络方法，通过对共被引、互引及共著关系的分析，构建了当代评价理论研究学者和前沿方向的网络结构，为更好地把握国际评价理论发展趋势，梳理评价理论的发展脉络提供了借鉴。

但在基于文献数据的社会网络分析方法的使用中也需要注意其实际局限性。一方面是学者簇的不完备问题。尽管可以通过规范的方法和特定的指标结构来识别绝大部分学者，但仍然不可避免出现个别疏漏。另一方面是学者论著及其引文数据的缺失，由于学者重名、姓名缩写格式不规范、数据库收录不全等问题的存在，数据搜集不可能穷尽其所有文献及引文数据，如本书虽然采用了跨库联合检索等技术手段，但在拟分析的 1929 篇期刊论文中，只有 1234 篇能够获得引文数据，这就难免会因数据缺失造成结果的偏差。

除此以外，由于数据可获得性限制，本书未能将学者的专著考虑在内，这就需要后续研究探索更好的数据检索方法，结合对杰出学者簇的更新，不断完善和发展社会网络法。

第六章
统计分析法

正如索普在《科学技术研究手册（第三版）》中所言：“科技政策学界已经趋向于认为经济增长和技术发展是其毋庸置疑的目标，并且认为这门学科的目的就是在价值增长和效能提升方面为决策者提供建议，并为管理者提供理论支撑。”（Thorpe，2008）而在中文语境中这种趋势就更为明显——长期以来，我国无论政府还是学界都高度重视科技自身发展及其对经济的推动作用，大量关于科技政策的研究主要集中在“科学—技术—经济”范式中（周华东，2011）。相应地，在经济和商业应用领域中的科技政策研究，在第二次世界大战后的几十年发展中，逐渐演变成为一个相对独立完整的研究领域，其研究主题逐渐形成了以如何促进基础科学探索并增进知识储备，推进研发并加强科学和技术的关联，以及加快技术的市场价值转化为主线的学术研究和政策思考的领域聚焦，而基于统计分析法的定量工具正越来越广泛地为该领域提供方法论支撑。

第一节　比较分析法

比较分析法，是把客观事物加以比较，以达到认识事物本质和规律的目的，并做出正确评价的方法。比较分析法通常是把两个相互联系的指标数据进行比较，从数量上展示和说明研究对象规模的大小、水平的高低、速度的快慢，以及各种关系是否协调。

比较分析法是统计分析中最常用的方法。它是通过有关指标的对比来反映事物数量上的差异和变化的方法，将两个或者多个相互关联的指标放在一起进行比较，从而找出不同指标间存在的差异。有比较才能鉴别，单独看一些指标，只能说明总体的某些数量特征，得不出什么结论性的认识；一经过比较，如与国外、其他单位，历史数据，计划相比，就可以对规模大小、水平高低、速度快慢做出判断和评价。比较分析法主要的比较因素有：本期实际数与历史同期进行比较；本期数据与同类单位先进水平进行比较等。

比较分析法可分为静态比较和动态比较。静态比较是同一时间条件下不同总体指标的比较，如不同部门、不同地区、不同国家的比较，也称为横向比较；动态比较是同一总体条件不同时期指标数值的比较，也称为纵向比较。这两种方法既可单独使用，也可结合使用。进行比较分析时，可以单独使用总量指标或相对指标或平均指标，也可将它们结合起来进行比较。比较的结果可用相对数，如百分数、倍数、系数等，也可用相差的绝对数和相关的百分点（每 1%为一个百分点）来表示，再将对比的指标相减。

一、绝对数与相对数

根据分析的特殊需要，比较分析法又可分为绝对数比较和相对数比较两种方法。绝对数比较是利用绝对数进行对比，从而寻找差异的一种方法。相对数比较是由两个有联系的指标对比计算，用以反映客观现象之间数量联系程度的综合指标，其数值表现为相对数。由于研究目的和对比基础不同，相对数可以分为以下几个方面。

（1）结构相对数。将同一总体内的部分数值与全部数值进行对比求得比重，用以说明事物的性质、结构或质量，如居民食品支出额占消费支出总额比重、产品合格率等。

（2）比例相对数。将同一总体内不同部分的数值进行对比，用以说明总体内各部分的比例关系，如人口性别比例、投资与消费比例等。

（3）比较相对数。将同一时期两个性质相同的指标数值进行对比，用以说明同类现象在不同空间条件下的数量对比关系。例如，不同地区商品价格对比，不同行业、不同企业间某项指标对比等。

（4）强度相对数。将两个性质不同但有一定联系的总量指标进行对比，用以说明现象的强度、密度和普遍程度。如人均 GDP 用“元/人”表示，人口密度用

“人/千米^2”表示，也可用百分数或千分数表示，如人口出生率用“‰”表示。

（5）计划完成度相对数。将某一时期实际完成数与计划数进行对比，用以说明计划完成程度。

（6）动态相对数。将同一现象在不同时期的指标数值进行对比，用以说明发展方向和变化的速度，如发展速度、增长速度等。

二、数据比较的标准

比较分析法的关键是确定比较的标准，比较标准存在以下几种选择。

（1）时间标准。时间标准即选择不同时间的指标数值作为比较标准，最常用的是与上年同期比较，即“同比”，还可以与前一时期比较，此外，还可以与达到历史最好水平的时期或历史上一些关键时期进行比较。

（2）空间标准。空间标准即选择不同空间指标数据进行比较。在实际应用中，可以与相似的空间比较，如本市与某些条件相似的城市比较；也可以与先进空间比较，如我国与发达国家比较；或者是与扩大的空间标准比较，如我市水平与全国平均水平比较等。

（3）经验或理论标准。经验标准是通过对大量历史资料的归纳总结而得到的标准，如衡量生活质量的恩格尔系数。理论标准则是通过已知理论经过推理得到的标准。

（4）计划标准。计划标准即与计划数、定额数、目标数对比。市场经济并不排斥科学合理的计划，因此，计划标准对统计评价仍有一定的意义。

三、适用条件与范围

比较分析法在财务分析、绩效比较等问题中应用的比较多，但应注意，指标数据要有可比性，采用比较分析法才能保证一定的科学性。

在比较分析中，选择合适的比较标准是十分关键的步骤，选择的合适，才能做出客观的评价，选择的不合适，评价可能得出错误的结论。两个完全不具有可比性的对象，摆在一起进行比较分析是徒劳无功的。

在实际应用中，比较分析法经常与分组分析法、时间数列及动态分析法、指数分析法、综合评价分析、预测分析等多种方法结合使用。

第二节 回归分析法

社会经济现象之间的相关关系往往难以用确定的函数关系来描述，它们大多是随机性的，要通过统计观察才能找出其中的规律。回归分析法是在掌握大量观察数据的基础上，利用数理统计方法建立因变量与自变量之间的回归关系函数表达式（称回归方程式）的一种数学方法。

在回归分析中，当研究的因果关系只涉及因变量和一个自变量时，叫做一元回归分析；当研究的因果关系涉及因变量和两个或两个以上自变量时，叫做多元回归分析。此外，在回归分析中，又可依据描述自变量与因变量之间因果关系的函数表达式是线性的还是非线性的，分为线性回归分析和非线性回归分析。回归分析法预测是利用回归分析方法，根据一个或一组自变量的变动情况预测与其有相关关系的某随机变量的未来值。进行回归分析需要建立描述变量间相关关系的回归方程式。根据自变量的个数，可以是一元回归，也可以是多元回归。根据所研究问题的性质，可以是线性回归，也可以是非线性回归（图 6-1）。非线性回归方程一般可以通过数学方法转化为线性回归方程进行处理。

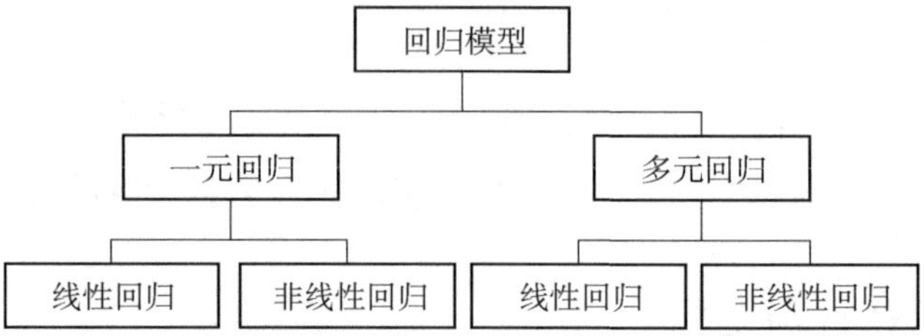

图 6-1 回归分析方法

我们可以把回归分析简单理解为信息的分析与预测。也就是，通过对所掌握数据的数学处理，通过外推扩大已有自变量的取值范围，并承认该回归方程在该扩大的定义域内成立，然后就可以在该定义域上取值并进行“未来预测”。

一、线性回归的数学模型

线性回归分析是基于最小二乘法原理，通过统计假设下的最优线性无偏估计来分析因变量和自变量之间是否存在线性关系的统计学方法。以一元线性回归分析为例：

若已收集到 n 对数据 $(x_i, y_i)(i = 1, 2, \cdots, n)$，这里 x_i 和 y_i 分别为随机变量 x 和 y 的样本组。当讨论 x 和 y 之间是否存在统计意义下的相互关系时，x 和 y 又称为解释变量和被解释变量。于是，可建立如下数学模型：

$$y = \beta_0 + \beta_1 x + \varepsilon \tag{6.1}$$

式中，x 是自变量，y 是因变量，ε 是误差项。在式（6.1）中，被解释变量 y 的变化可由两个部分解释，$y = \beta_0 + \beta_1 x$ 是由解释变量 x 的变化引起的 y 的线性变化的部分，ε 是其他随机因素引起的 y 的变化部分。其中，β_0 和 β_1 都是模型的未知参数，分别称为回归常数和回归系数，ε 是回归模型的随机误差，满足条件：

$$\begin{cases} E(\varepsilon) = 0 \\ \operatorname{var}(\varepsilon) = \sigma^2 \end{cases} \tag{6.2}$$

式（6.2）表明，随机误差 ε 的数学期望 $E(\varepsilon)=0$，随机误差的方差是一个特定的常数。如果对回归模型求数学期望，有：

$$E(y) = \beta_0 + \beta_1 x \tag{6.3}$$

利用最小二乘法可以计算线性方程的未知参数 β_0 和 β_1，由于参数的估计值是根据样本值得到的，所以得到的值只是真实值 β_0 和 β_1 的估计值，记为 $\hat{\beta}_0$ 和 $\hat{\beta}_1$，由此可定义一元线性回归经验公式：

$$\hat{y} = \hat{\beta}_0 + \hat{\beta}_1 x \tag{6.4}$$

在二维平面上，一元线性回归方程表示为一条直线，即当解释变量 x 变化时引起的被解释变量 y 的变化的估计值。

二、回归方程显著性检验

借助回归模型，对若干组数据总是能通过最小二乘法计算出各参数值。但这些参数能不能用于对实际问题的分析，还必须对回归模型进行显著性检验，包括相关系数检验（R）、回归方程系数显著性检验（T）及回归方程线性关系显著性检验（F）等。

相关系数检验又称为拟合优度检验，用于检验回归模型描述实际数据的近似程度，也就是对所得到的回归模型的可信程度进行检验。换言之，就是用来判断用所得到的回归模型去拟合实际数据是否有足够好的近似程度。相关系数是衡量一组测量数据线性相关程度的参量，其定义为

$$R=\frac{\sum_{i=1}^{n}(x_i-\overline{x})(y_i-\overline{y})}{\sqrt{\sum_{i=1}^{n}(x_i-\overline{x})(y_i-\overline{y})\sum_{i=1}^{n}(y_i-\overline{y})^2}} \tag{6.5}$$

在实际研究中，R 的绝对值越接近于 1，x 和 y 之间的线性关系越好；R 的值为正，x 和 y 正相关；R 的值为负，x 和 y 负相关。R 的绝对值接近于 0，则表明测量数据点非常分散或 x 和 y 之间不具备统计学意义上的线性关系。

为判断测量数据是否适宜线性回归，可以给出特定显著性水平，即拒绝线性假设对应概率值（P）时 R 的绝对值。该值称为相关系数的起码值，记为 R_0，该值可通过查阅相关系数显著性检验表获得，也可采用 SPSS 软件自动计算相关系数和对应的显著性水平获得。

回归方程线性关系显著性检验是检验所得到的回归模型的显著意义。其定义为

$$F=\frac{(n-2)\sum_{i=1}^{n}(\hat{y}_i-\overline{y})^2}{\sum_{i=1}^{n}(y_i-\hat{y}_i)^2} \tag{6.6}$$

回归方程系数显著性检验旨在判断解释变量 x 是否为被解释变量 y 的自变量，其定义为

$$T=\frac{\hat{\beta}_1\sqrt{\sum_{i=1}^{n}(x_i-\overline{x})^2}}{\sqrt{\frac{1}{n-2}\sum_{i=1}^{n}(y_i-\hat{y}_i)^2}} \tag{6.7}$$

回归方程系数显著性检验又称为变量的显著性检验，其意义在于判断对被解释变量与解释变量之间的线性关系是否显著成立，即以多大的可能性成立做出推断①。

需要说明的是，在一元线性回归中，F 检验和 T 检验是一致的；而在多元线性回归中，它考察的则是所有解释变量联合起来对被解释变量的影响。

三、适用条件与注意事项

在科技政策研究中，线性回归分析可以用于判断趋势或考察变量间的因果关系。例如，对于科技投入、科技产出等特定数据，虽然我们可以用肉眼观察数据

① 在多元线性回归中，T 检验为决定某个解释变量是否保留在模型中提供重要的参考依据。

点在坐标系的位置，大体画出趋势线，但更恰当的方法是利用线性回归计算出趋势线的位置和斜率，并就未来趋势做出预测。

回归分析可以准确地计量各个因素之间的相关程度与拟合程度的好坏。但在纷繁复杂的现实社会中，一个变量仅受单个因素影响的情况极少，所以一元回归分析法适用于确实存在一个对被解释变量影响作用明显高于其他因素的情况，而多元回归分析法比较适用于被解释变量受多因素综合影响时使用。需要说明的是，在多因素模型分析中，只要模型和数据相同，回归结果就是唯一的，但在图表中，数据之间关系的解释往往因人而异，不同分析者画出的拟合曲线很可能也不一样。

除此以外，在回归分析中，选用何种解释变量和该解释变量采用何种表达式只是一种推测，这影响了因子的多样性和某些因子的不可测性，使得回归分析在某些情况下受到限制。因此，在研究工作中要特别注意分析现象间本质、内在的联系，确保被解释变量是解释变量（线性）变化的结果。

例如，对于我国的经济发展，有相当多的学者认为，我国整体上还是一个投资拉动的经济，经济增长的绝大部分可以归因于非常高速的资本积累。但固化在资本中的技术会不会带来规模收益递增？图 6-2 给出的是 1991～2011 年，我国各省（自治区、直辖市）的劳均资本与要素投入产出弹性之间的散点图。

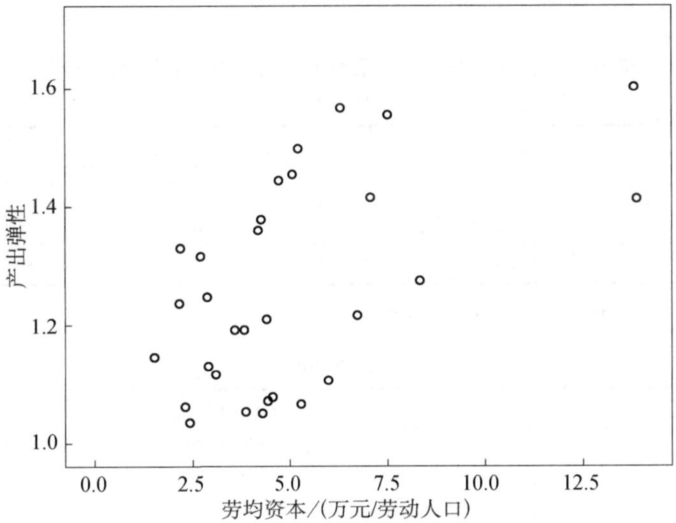

图 6-2　我国各省（自治区、直辖市）要素投入产出弹性与劳均资本散点图（1991～2011 年）

资料来源：李强. 2014. 我国省级技术进步增长效应测算研究与发展管理，26（6）：9-21

那么，能否根据图中的数据，对劳均资本与产出弹性之间的关系进行一元线性回归分析呢？首先要对数据进行相关系数检验（表 6-1）。

表 6-1　模型摘要

模型	R	R^2	Adjusted R Square	Std. Error of the Estimate	Change Statistics				
					R Square Change	F Change	df1	df2	Sig. F Change
1	0.543[a]	0.295	0.270	0.148446	0.295	11.714	1	28	0.002

a. Predictors: (Constant)，劳均资本

从表 6-1 可以看出，以产出弹性为被解释变量，劳均资本为解释变量的话，相关系数为 0.543，显著性为 0.002，也就是说，根据现有数据，我们能有 99.8%的把握认为，“劳均资本”能够解释 54.3%的“产出弹性”变化。这也同时说明，还有 45.7%的“产出弹性”变化是该回归模型所不能解释的。

进一步进行（F）检验和（T）检验（表 6-2）。从表 6-2 可以看出，回归模型线性关系和系数显著性水平均为 0.002，表明回归方程和回归系数的线性关系显著。也就是，根据现有数据，可以有 99.8%的把握认为，劳均资本每增加 1 万元/劳动人口，能带来我国资本和劳动等生产要素 3.2%的规模收益递增（即产出弹性增加）。

表 6-2　回归方程线性关系显著性检验及系数显著性检验

ANOVA[b]

模型		Sum of Squares	df	Mean Square	F	Sig.
1	Regression	0.258	1	0.258	11.714	0.002[a]
	Residual	0.617	28	0.022		
	Total	0.875	29			

a. Predictors: (Constant), 劳均资本; b. Dependent Variable: 产出弹性

Coefficients[a]

Model		Unstandardized Coefficients		Standardized Coefficients	T	Sig.
		B	Std. Error	Beta		
1	(Constant)	1.101	0.054		20.425	0.000
	劳均资本	0.032	0.009	0.543	3.423	0.002

a. Dependent Variable: 产出弹性

以上介绍和示例仅是回归分析法最简单、最普通的应用。除线性回归外，还有曲线估计、非线性回归、权重估计等回归分析方法广泛应用于社会生活的各个领域，而且回归分析也越来越多地与层次分析、人工神经网络分析等评价方法结合使用，以更好地认识和分析科技政策问题。

第三节 因子分析法

在科技政策研究中，人们往往倾向于尽可能多地收集数据信息，希望对问题有更全面、更综合的认识。但由于理论发展的不足和技术方法的局限，在实际处理和分析中，有些数据信息无法发挥作用，反而会成为分析和解决问题的障碍。例如，在评价公共科研机构科研状况中，会搜集诸如投入科研活动的人数、立项课题数、项目经费、经费支出、结项课题数、发表论文数、出版专著数、获得奖励数等多项指标；而在一项关于科研机构绩效评价的研究中，准则层指标可以包括科技论文、科技奖励、科技成果、社会贡献及开发经营五个方面，细项指标有二十多项（赵红专等，2006）。虽然收集这些数据需要投入很多精力，它们也能够较为全面、精确地描述问题，但在实际分析时，这些变量未必能真正发挥预期作用，反而会带来一些问题。

首先是数据处理规模的问题。由于收集的数据较多，如果这些数据都参与建模，无疑会增加分析过程的工作量。其次是变量间的相关性问题。例如，科研状况评价中的立项课题数与项目经费、经费支出等之间会存在较高的相关性。最后科研机构绩效评价中的科技成果和科技奖励之间也存在较高的相关性。这种变量的高度重叠和高度相关会给统计方法应用造成困扰，例如，在多元线性回归分析中，众多解释变量之间存在较强的相关性，可能会使回归方程参数不准确甚至模型不可用。

为解决上述问题，比较好的办法就是减少变量个数，但还不能使信息量有太多损失。因子分析法就是研究如何将众多的变量用为数不多的几个公共因子表示，并保证信息损失最小和公共因子间不具有显著相关性的多元分析方法。

公共因子通常有四个方面的特点：第一，因子个数远远少于原有变量数。原有变量综合成少数几个公共因子后，公共因子可以替代原有变量参与数据建模，这将大大减少分析过程的计算量；第二，公共因子能够反映原有变量的绝大部分信息。公共因子并不是原有变量的简单取舍，而是原有变量重组后的结果，因此不会造成原有变量信息的大量丢失，并能代表原有变量的绝大部分信息；第三，公共因子间的线性关系并不显著，这样能有效地解决变量多重共线性等回归分析中面临的问题；第四，公共因子具有命名解释性，从而有助于对因子分析结果的解释评价，对公共因子的进一步应用有重要意义。例如，在对科研机构绩效的因子分析中，如果能够得到两个公共因子，其中一个公共因子是对人才、经费等变量的综合，而另一个公共因子是对发布论文、获得专利、获奖成果等变量的综合，那么该因子分析就较为理想，因为这两个公共因子均有命名可解释性，其中一个反映科研投入方面的情况，可命名为科研投入因子；另一个反映科研产出方面的情况，可命名为科研产出因子。

一、因子分析法的数学模型

以评价总体作为观测系统，假设有 n 个观测单位，k 个指标，首先对变量进行标准化，即均值为 0，标准差为 1，假设 n 个变量可以由 k 个因子 F_k 表示为线性组合，即

$$\begin{Bmatrix} x_1 = a_{11}f_1 + a_{12}f_2 + \cdots + a_{1k}f_k + \varepsilon_1 \\ x_2 = a_{21}f_1 + a_{22}f_2 + \cdots + a_{2k}f_k + \varepsilon_2 \\ \cdots\cdots \\ x_n = a_{n1}f_1 + a_{n2}f_2 + \cdots + a_{nk}f_k + \varepsilon_n \end{Bmatrix} \tag{6.8}$$

式（6.8）为因子分析的数学模型，如果利用矩阵形式则表示为 $X=\boldsymbol{A}F+\varepsilon$，其中，$X$ 为可观测的 n 维变量向量，它的每一个分量表示一个指标或变量；F 为因子向量，每个分量表示一个因子，由于 F 出现在每个原始变量的线性表达式中，所以又称为公共因子，矩阵 $\boldsymbol{A}$ 为因子载荷矩阵，其元素 a_{ij} 为因子载荷，ε 是均值为 0 的特殊因子，表示原始变量中不能由公共因子解释的部分。

因子分析法的基本思想是通过对变量相关系数矩阵的内部结构进行分析，从中找出少数几个能够控制原始变量的公共因子，利用公共因子再现变量之间的相关关系，达到简化变量、降低变量维数，以期尽可能包含更多的原始变量信息并对原始变量进行再解释。

二、因子分析法的基本步骤

简言之，因子分析法的基本思想是将观测变量分类，相关性较高的分在同一类中，而不同类变量之间的相关性较低。经过这样的处理，每一类变量实际上就代表了一个基本结构，即公共因子，从而达到用最少个数的不可测公共因子的线性函数与特殊因子之和来描述原来的观测变量。因子分析主要包括以下步骤。

（1）为使因子分析能够均等地对待每一个原始变量，消除变量在数量级及量纲上差异可能带来的影响，需要首先对数据进行标准化处理，经标准化后，数据将服从以 0 为均值、1 为标准差的标准正态分布，即

$$X_i^* = \frac{X_i - E(X_i)}{\sqrt{D(X)}} \quad i = 1, \cdots n \tag{6.9}$$

（2）求出标准化数据的相关矩阵。

（3）对相关矩阵进行检验。可采用巴特利特球形检验（Bartlett Test of Sphericity）或 KMO（Kaiser-Meyer-Oklin Measure of Smapling Adequacy）等检验方法：其中巴特利特球形检验假设相关矩阵是单位矩阵，如果不能拒绝该假设的话，就表明数据不适合用于因子分析。一般说来，显著水平值越小（$p<0.05$），表明原始变量之间越可能存在有意义的关系，如果显著性水平很大（如 $p>0.10$），则表明数据可能不宜进行因子分析；KMO 检验是计算取样适当性量数，KMO 值越大，表明变量间的共同因素越多，越适合进行因素分析。在通常情况下，KMO 值达到 0.9 以上为非常好，0.8～0.9 为好，0.7～0.8 为一般，0.6～0.7 为差，0.5～0.6 为很差。如果 KMO 测度值低于 0.5，则表明样本偏小，需要扩大样本。

（4）抽取因子。将原有变量综合成少数几个公共因子是因子分析的核心内容。因子抽取的方法有主成分分析法、最小二乘法、主轴因子法、最大似然估计法及主轴法等。其中最常用的是主成分分析法与主轴法，且以主成分分析法最为普遍。主成分分析就是用多个变量组成一个多维空间，然后在空间内投射直线以解释最大的方差，所得的直线就是共同因子，该直线最能代表各个变量的性质，而在此直线上的数值所构成的一个变量就是第一个共同因子，称第一因子（f_1），但是在空间内还有剩余的方差，所以需要投射第二条直线来解释方差。这时，还要依据第二条准则，即投射的第二条直线与第一条直线不相关，即成正交关系，第二条直线上的数值所构成的变量称为第二因子（f_2），以此类推可以求出更多因子。原

则上，因子数目与原始变量数目相同，但抽取主要因子后，如果剩余方差很小，就可以放弃其余的因子，以达到简化数据的目的。需要说明的是，确定因子数目并没有精确的定量方法，在实际分析中，常用特征根（eigenvalue）准则和碎石图检验（scree test）两种方法。特征根准则就是选取特征根大于或等于 1 的主成分作为初始因子，放弃特征根小于 1 的主成分，确保每个保留下来的因子至少应该能解释一个变量的方差，以达到精简数据的目的；碎石检验是根据因子被提取的顺序绘出特征根随因子个数变化的散点图，根据图的形状来判断因子的个数。散点曲线的特点是由高到低，先陡后平，最后几乎成一条直线。曲线开始变平的前一个点被认为是提取的最大因子数。后面的散点类似于山脚下的碎石，可舍弃而不会丢失很多信息。

（5）因子旋转。若所得的 m 个因子的实际意义不是很明显，就需要将因子进行旋转变换，使因子的载荷系数更接近于 1 或者更接近于 0，通过这种方法得到的因子对变量的命名和解释将更加容易，也更容易获得较为明显的实际含义。正交旋转（orthogonal rotations）要求各个因子在旋转时都要保持不相关，这样每个变量的共同性（commonality）是不变的。在正交旋转法中，常用于社会科学研究的方式是 Varimax 旋转，该方法是让因子矩阵中每一列的 α 值尽可能变成 1 或 0，以突出每个因子的性质，从而帮助找出多个因子，以澄清概念的内容；Quartimax 旋转则让每个变量在某个因子上的负荷尽可能等于 1，而在其他因子上则尽可能等于 0，以增强第一因子的解释力，即找出一个解释性最强的因子。斜交旋转（oblique rotarion）则允许因子之间有某种程度上的相关，较适用于大数据集的因子分析。

（6）计算因子得分。利用因子表示原始变量，需要知道因子和变量之间的线性关系，这就需要采用回归法、巴特利特球形检验等方法计算因子得分，为进一步分析奠定基础。

（7）深入分析。以各因子的方差贡献率为权，由各因子的线性组合得到综合评价指标函数（图 6-3）。

三、求载荷矩阵与因子得分

在式（6.10）中，矩阵 $\boldsymbol{A}$ 为因子载荷矩阵，其元素 a_{ij} 为因子载荷，是第 i 个

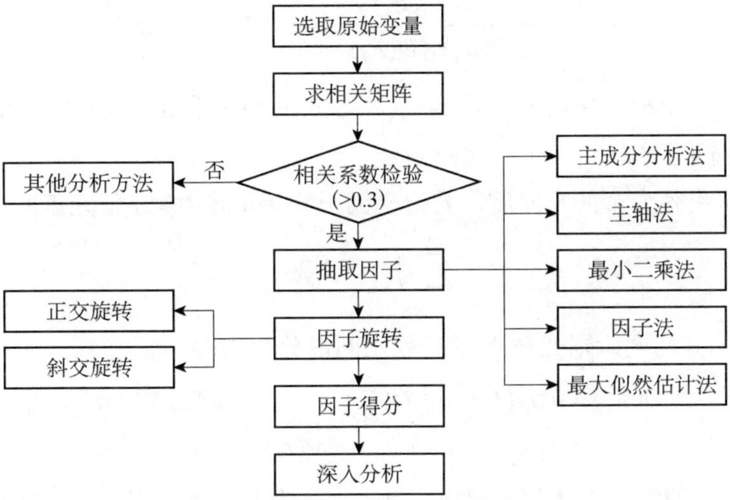

图 6-3　因子分析法的基本步骤

变量在第 j 个因子上的负荷。如果把 X_i 看成 n 维空间中的一个点，则 a_{ij} 表示它在坐标轴 F_j 上的投影。

求解因子载荷矩阵的方法有很多，以主成分分析法为例。首先需要计算原始数据的协方差阵 $\boldsymbol{\Sigma}$，协方差阵 $\boldsymbol{\Sigma}$ 的特征根为 $\lambda_1 \geqslant \cdots \geqslant \lambda_n \geqslant 0$，相应的单位特征向量为 $T_1, T_2, \cdots, T_n$，然后利用 $\boldsymbol{\Sigma}$ 的特征根和特征向量计算因子载荷矩阵：

$$\boldsymbol{A} = (\sqrt{\lambda_1}T, \sqrt{\lambda_2}T_2, \cdots, \sqrt{\lambda_n}T_n) \tag{6.10}$$

显然，因子分析旨在与减少变量数，因此因子数 k 应小于原始变量数 n，所以在实际应用中，仅提取前 k 个特征根和对应的特征向量，构成包含 k 个因子的因子载荷矩阵。

$$\boldsymbol{A} = (\sqrt{\lambda_1}T_1, \sqrt{\lambda_2}T_2, \cdots, \sqrt{\lambda_k}T_k) \quad k < n \tag{6.10a}$$

进一步考察因子载荷矩阵的统计意义。对于因子模型：

$$X_i = a_{i1}F_1 + a_{i2}F_2 + \cdots + a_{ij}F_j + \cdots + a_{ik}F_k + \varepsilon_i \quad i = 1, 2, \cdots, n; j = 1, 2, \cdots, k \tag{6.8a}$$

可有 X_i 与 F_j 的协方差为

$$\begin{aligned} \mathrm{Cov}(X_i, F_j) &= \mathrm{Cov}(\sum_{l=1}^{k} a_{il}, F_k + \varepsilon_i, F_j) = \mathrm{Cov}(\sum_{l=1}^{k} a_{il}, F_k) + \mathrm{Cov}(\varepsilon_i, F_j) \\ &= a_{ij} \end{aligned} \tag{6.11}$$

对 X_i 做标准化处理，则 X_i 的标准差为 1，且 F_j 的标准差为 1，有

$$r_{X_i,F_j}=\frac{\mathrm{Cov}(X_i,F_j)}{\sqrt{D(X_i)}\sqrt{D(F_j)}}=\mathrm{Cov}(X_i,F_j)=a_{ij} \tag{6.12}$$

显然，对于标准化后的 X_i，a_{ij} 是 X_i 与 F_j 的相关系数，反映出变量 X_i 对于因子 F_j 的相对重要性。

进一步考察变量的共同度。若定义因子载荷矩阵中第 i 行元素的平方和：

$$h_i^2=\sum_{j=1}^{k}a_{ij}^2 \quad i=1,2,\cdots,n \tag{6.13}$$

为变量 X_i 的共同度，则变量 X_i 的方差由两部分构成：

$$\begin{aligned}D(X_i)&=a_{i1}^2D(F_1)+a_{i2}^2D(F_2)+\cdots+a_{ik}^2D(F_k)+D(\varepsilon_i)\\&=a_{i1}^2+a_{i2}^2+\cdots+a_{ik}^2+\mathrm{var}(\varepsilon_i)=h_i^2+\sigma_i^2\end{aligned} \tag{6.14}$$

显然，X_i 的方差由两部分组成，第一部分为变量 X_i 的共同度，描述的是全部因子在变量 X_i 总方差所占的部分，反映的是变量 X_i 总方差中能够被公共因子所解释的部分；第二部分为特殊因子 ε_i 在变量 X_i 总方差中所占的部分，亦即变量 X_i 总方差中未被公共因子所解释的部分。由此可以看出，变量的共同度越高，表明该因子分析模型越能分析和解释变量的特征。

继续考察因子的相对重要性。若定义因子载荷矩阵中第 j 列元素的平方和：

$$g_j^2=\sum_{j=1}^{n}a_{ij}^2 \quad j=1,2,\cdots,k \tag{6.15}$$

为公共因子 F_j 对 X 的贡献，即 g_j^2 表示公共因子 F_j 对各变量方差的总贡献，用以衡量因子的相对重要性。由式（6.10a）给出的因子载荷矩阵可知，A 中第 j 列元素的平方和为

$$\lambda_j=(\sqrt{\lambda_j}T_j)'(\sqrt{\lambda_j}T_j)=\lambda_jT_j'T_j=\sum_{i=1}^{n}a_{ij}^2=g_j^2 \tag{6.16}$$

式（6.16）表明，第 j 个公共因子的方差贡献就是样本协方差矩阵的第 j 大的特征根。由此，可以有两种确定要提取的因子个数的方法：或者是仅提取方差贡献 $\lambda_j\geqslant1$ 的因子，或者是寻找一个使因子的累积方差贡献率达到较大百分比的数值。

因子分析的重要目标之一就是对公共因子进行命名并解释所提取的抽象因子的实际含义，但有时根据特征根和特征向量求得的因子载荷矩阵却难以看出公共因子的含义。尤其是当某个公共因子对多个变量都有较明显的影响时，或者是

某变量在多个公共因子上都有较大载荷，或者多个变量在某公共因子上有较大载荷。这就需要通过因子旋转，使每个变量仅在一个公共因子上载荷较大，而在其余公共因子上的载荷较小。通过这样的变换，每个公共因子都会在部分变量上载荷增大，而在其余变量上载荷减小，以加强公共因子和其载荷较大的变量间的联系，从而对变量的变动做出更为合理的阐释。

以正交旋转中的最大方差法为例。对因子做正交旋转就是对载荷矩阵进行正交变换，使得旋转后的因子载荷矩阵有更鲜明的实际意义，即旋转后因子载荷矩阵的每列元素的方差和达到最大，从而使同一列上的载荷尽可能地向 1 或 0 靠近，以达到两极分化的目的。

因子得分是各个公共因子在每个样本上的具体数值。若不考虑特殊因子的影响，当 $n=k$ 且 A 可逆时，可根据每个样本的指标值 X 计算出其在公共因子 F 上的相应取值，$F=A^{-1}X$，即该样本在公共因子 F 上的因子得分。由于在实际应用中 $k<n$，所以只能对因子得分进行估计。

四、与主成分分析法的异同

因子分析法和主成分分析法的基本原理上是一致的，都是基于多变量相关系数矩阵的降维分析方法，以确保在较少信息缺失的前提下，用少数几个不相关的综合变量来概括有较强相关性的多个变量的信息，使评价结果更好地解释问题。

从评价结果看，两种方法产生的新变量——因子和主成分并不是原始变量筛选后的剩余变量，而是综合所有变量信息后的新变量。其中，主成分分析得到的新变量是原始变量的线性组合；因子分析得到的新变量是公共因子和特殊因子，公共因子反映的是所有原始变量的共同特征，特殊因子反映的是各原始变量单独的特征。所以，主成分分析法的关注点是变量在主成分中的信息贡献，而因子分析法的关注点是则因子的可解释性。

从实际应用看，因子分析法是主成分分析法的推广和发展。因子分析法通过获取原始变量中可测量的、具有一定相关性的统计指标形成公共因子，从而将具有错综复杂关系的变量综合为数量较少的公共因子，再根据公共因子将变量分类，以更好地解释变量值变动的主因。而且在利用 SPSS 等统计软件进行分析时，因子分析法基本涵盖了主成分分析的主要过程。所以，本书未设立章节对主成分分析法进行专门介绍，有兴趣的读者可以自行参阅相关文献。

第四节　聚类分析法

简单地讲，“类”就是具有相似性的元素构成的集合。分类问题在科技政策研究中非常普遍。例如，就科技人才而言，可以简单地按年龄分为青年科技人才（35 周岁及以下）、中年科技人才（36～60 周岁）、老年科技人才（61 周岁及以上）；或者按行业分为 3 个产业、16 个行业的科技人才（赵伟等，2013）；还可以按教育程度或职称分为高级、副高级、中级及初级科技人才等。但如果更深入地讨论人才的分类问题，例如，从论文产出看，在科技评价方法研究领域的杰出学者可以分为哪些类别？这就难以仅凭单个指标或个人的经验或专业知识进行分类，而需要从学科发展方向、论文发表数量、学者间引用及共著关系等重要因素进行综合考虑，从每种因素的数据入手，充分利用数据客观地描绘学者间的关系，将诸多特征相似的学者分为一类，这就是一个典型的聚类分析问题。

但聚类分析只是对研究样本或指标数据进行分类的多元统计方法，尽管它能够解决科技政策研究中的许多实际问题，在实际应用中，还是要特别注意应用建模，同时辅助其他方法，尤其是将专家经验和专业知识结合起来，以得到客观、综合的聚类分析结果，以更好地支持科学决策。

一、数据标准化

与因子分析法面临的问题类似，在实际分析中，由于观测数据之间的差异较大，如果不对原始数据进行适当变换，有可能会造成数值较大的变量的影响被高估，而数值较小的变量的影响被忽略。为此，可以根据式（6.9）对数据进行标准化，使其服从以 0 为均值、1 为标准差的标准正态分布。即若有原始数据 X_{ij}（$i = 1, 2,\cdots, n$；$j=1, 2,\cdots, m$），其中 n 为样本数，m 为变量数，如果经标准化处理后数据为 Z_{ij}（$i=1, 2,\cdots, n; j=1, 2,\cdots, m$），则标准差标准化（Zero-mean Normalization）公式为

$$Z_{ij}=\frac{X_{ij}-\bar{X}_j}{\sigma_j}\quad i=1,\cdots,n;\quad j=1,\cdots,m \tag{6.17}$$

标准差标准化方法适用于原始数据极值未知，或者是有离群数据超出取值范围的情况。对于需要非负标准化数据的情况，还可以通过对原始数据进行线性变换，进行离差标准化（0-1 Normalization）：

$$Z_{ij}=\frac{X_{ij}-\min\limits_{1\leqslant i\leqslant n}\left(X_{ij}\right)}{\max\limits_{1\leqslant i\leqslant n}\left(X_{ij}\right)-\min\limits_{1\leqslant i\leqslant n}\left(X_{ij}\right)}\quad i=1,\cdots,n;\quad j=1,\cdots,m \tag{6.18}$$

与标准差标准化方法相比，离差标准化方法能更多地保持原始数据值之间的联系。但该方法的不足之处在于，如果后续数据落在原始数据值域之外，将面临数据“越界”的错误。原始数据经过上述处理后，都将转换为无量纲化指标值，也就是说，各指标值都处于同数量级上，便可进行后续的相似性测度计算。

二、相似性测度

聚类分析是依据“物以类聚”的原理，根据样本或变量数据的诸多特征，在没有先验知识的情况下，按照在性质上的亲疏程度产生多个分类结果：不同类别间样本或变量数据的差异性较大，而类别内部的差异性较小。也就是说，在没有事先设定分类标准的情况下，需要用样本或变量在各指标数据上的相似性来分类。在实际应用中，聚类分析可按分析对象分为 Q 型聚类和 R 型聚类。

其中，Q 型聚类是对样本进行分类处理，以期得到比传统定性分类方法更全面、细致、合理的描述，该聚类方法能够利用多个指标数据，通过聚类谱系图将分类结果清楚、直观地展现出来；R 型聚类是对变量进行分类处理，多用于变量相关性较强且数目较多的情形，其目的是对性质相近的变量进行聚类，从中找出代表变量，以达到变量降维的效果，并在此基础上选择主要变量进行回归分析或 Q 型聚类。

在数学处理上，Q 型聚类和 R 型聚类是对称的，没有本质的区别。例如，对于用三项指标测度（变量 R_1、R_2、R_3）的三个样本（Q_1、Q_2、Q_3）而言，从几何意义上讲，Q 型聚类是以 P 个变量为坐标轴，每个样本为 P 维空间中的一点，研究该空间中样本点之间的关系。而 R 型聚类是以 N 个样本为坐标轴，每个指标测度为 N 维空间中的一点，考察该空间中指标值之间的关系（图 6-4）。

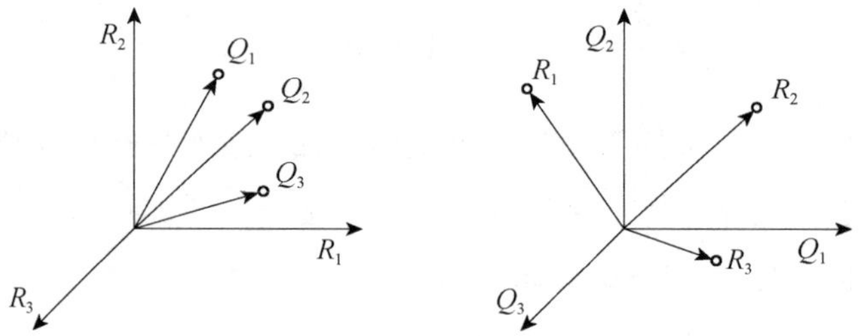

(a) Q聚类　　(b) R聚类

图 6-4　Q 型聚类和 R 型聚类的几何意义

如图 6-4 所示，在聚类分析中相似度判断的基本方法就是将样本或变量看作多维空间中的点，通过点的距离来定义：距离越小，表明相似特征越多，就越有可能分在同一类；反之，距离越大，表明样本或变量间的差异性越明显。

（一）样本相似性

首先来看样本相似性。如果把 n 个样本看作是 P 维指标空间中的 n 个点的话，任意两个样本间相似性就可以用 P 维空间中两点间的距离来测度，在满足非负性、对称性和三角可加性的前提下，该距离可以从不同角度定义。

明可夫斯基距离（Minkowski Distance）是通用的距离公式，它是一组距离的定义，即对于 P 维空间中任何两个样本 Q_i 和 Q_j（$i, j = 1, 2,\cdots, n$），若用 D_{ij} 表示样本 Q_i 和 Q_j 之间的距离，有

$$D_{ij} = (\sum_{k=1}^{P} \left|Q_{ik} - Q_{jk}\right|^r)^{\frac{1}{r}} \quad i, j = 1, \cdots, n \quad r \in N \tag{6.19}$$

显然，明可夫斯基距离在 $r = 1$ 时为绝对距离，在 $r = 2$ 时为欧几里得距离（Euclidean Distance）：

$$D_{ij} = \sqrt{\sum_{k=1}^{P} \left|Q_{ik} - Q_{jk}\right|^2} \quad i, j = 1, \cdots, n \tag{6.20}$$

在聚类分析中，欧几里得距离较为常用。但在解决多指标评价问题时，欧几里得距离缺乏对总体变异的考虑，即变异程度较大的总体可能与更多样本比较相似，但却不能以最小的欧几里得距离体现。除此以外，如果没有对数据进行标准化处理的话，欧几里得距离还容易受到量纲的影响。

马氏距离（Mahalanobis Distance）又称广义欧几里得距离，它可以表明数据的协方差距离，因而能够有效计算未知样本集的相似度。若 Q_i 和 Q_j（$i, j = 1, 2,\cdots,$

n）来自均值向量为μ，协方差矩阵为$\boldsymbol{\Sigma}$（$\boldsymbol{\Sigma} > 0$）的总体中具有P个评价指标的样本，则这两个样本间的马氏距离为

$$D_{ij} = \sqrt{\left(Q_i - Q_j\right)' \Sigma^{-1} \left(Q_i - Q_j\right)} \tag{6.21}$$

显然，马哈拉诺比斯距离排除了观测变量之间相关性和变异性的干扰，而且与量纲无关。

兰氏距离（Lance & Williams Distance）适用于样本数据为正数的情况，而且也与指标的量纲无关，其定义为

$$D_{ij} = \frac{1}{P}\sum_{k=1}^{P}\frac{\left|Q_{ik} - Q_{jk}\right|}{Q_{ik} + Q_{jk}} \tag{6.22}$$

马哈拉诺比斯距离对奇异值不敏感，而且是一个自身标准化的量，因此比较适用于高度偏倚的数据。但在实际应用中需注意，兰氏距离并不能排除指标间关联性的干扰。

（二）指标相似性

进一步考虑指标相似性。如果把P个指标看作是n维样本空间中的P个点的话，观测数据中的指标数据值可用n维空间的有向线段表示。而在聚类分析时，研究者往往更关注指标数据的变化趋势或方向。为此，可以从指标数据的方向趋同或相关性等方面来考察。

若把Q_u和Q_v（$u, v = 1, 2, \cdots, P$）看作n维空间的两个向量，这两个向量之间的夹角余弦值为

$$\cos\theta_{uv} = \frac{\sum_{l=1}^{n} Q_{ul} Q_{vl}}{\sqrt{\left(\sum_{l=1}^{n} Q_{ul}^2\right)\left(\sum_{l=1}^{n} Q_{vl}^2\right)}} \tag{6.23}$$

显然，$\cos\theta_{uv}<1$。相关系数也可以用来测度指标数据的相似性，类似地，可以有皮尔逊相关系数（Pearson Correlation Coefficient）的定义，且$r_{uv} \leqslant 1$同样成立：

$$r_{uv} = \frac{\sum_{l=1}^{n}\left(Q_{ul} - \bar{Q}_u\right)\left(Q_{vl} - \bar{Q}_v\right)}{\sqrt{\sum_{l=1}^{n}\left(Q_{ul} - \bar{Q}_u\right)^2 \sum_{l=1}^{n}\left(Q_{vl} - \bar{Q}_v\right)^2}} \tag{6.24}$$

若将夹角余弦值和皮尔逊相关系数记为 c_{uv}，则当$|c_{uv}|=1$ 时，表明指标 Q_u 和 Q_v 完全相似；当$|c_{uv}|$趋近于 1 时，表明指标 Q_u 和 Q_v 相关性很强；当$|c_{uv}|=0$ 时，表明 Q_u 和 Q_v 不相关。据此就可以把比较相似或相关性较强的指标聚为一类。

在实际运算过程中，为便于聚类“距离”度量的一致性，使其符合人们的一般思维习惯，可做如下变换：

$$d_{uv}=1-|c_{uv}| \tag{6.25}$$

三、聚类分析算法

聚类分析中最重要的步骤就是将分析对象进行聚类，其准则是使属于同类的个体间距离尽可能小，而不同类个体间距离尽可能大。为了找到效率高、通用性强的聚类方法，人们从不同角度提出了近百种聚类方法，但最常用的是层次聚类法和分割聚类法两类。

在层次聚类法中，层次之间的分割具有嵌套关系，因而不需要输入具体参数，这是它优于分割聚类法的优点，但缺点是必须指定聚类终止条件。而分割聚类法则通过优化评价函数把数据集分割为若干个部分，因此需要输入分割参数。

（一）层次聚类法

层次聚类的基本思想是将距离相近的样本或指标先聚成类，然后逐层递推，直到每个样本或指标都聚到合适的类中。下面以 n 个样本为例，简述聚类过程。

假设共有 n 个样本，第一步将其各自聚为一类，共有 n 类；第二步按照给定的样本间距离公式，将距离最近的两个样本聚为一类，其他样本聚为另一类，共有 $n-1$ 类；第三步将距离最近的两个类（可以是样本，也可以是已经形成的聚类）聚成一类，共有 $n-2$ 类；以此类推，直到将所有样本聚为一类（图 6-5）。

在聚类分析中，首先要考虑选择恰当的距离公式。例如，欧几里得距离较为适用于几何意义较为明确的空间距离；马哈拉诺比斯距离能够比较好地消除量纲影响，对于高度偏倚的不相关数据，可以尝试采用马哈拉诺比斯距离。其次是聚类的方法。由于类与类之间的定义不同，可以有不同的聚类方法。

其中，最短距离法（nearest neighbour）是用两个类别中各样本间的最短距离来表示两个类别间的距离；最长距离法（furthest neighbor）是用两个类别中各样

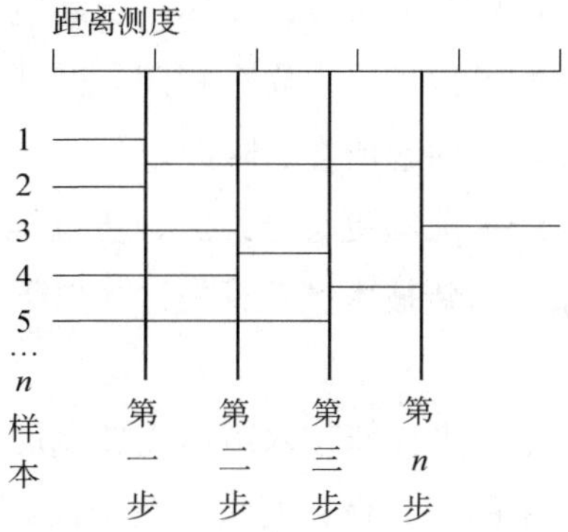

图 6-5　层次聚类法示意图

本间的最长距离来表示两个类别间的距离；类平均法（between-groups linkage）又称组间平均距离法，是用两个类别间各样本两两距离的平均值来表示两个类别之间的距离；重心法（centroid clustering）是用两个类别的重心距离来表示两个类别之间的距离。此外，常用的方法还有中间距离法（median clustering）、可变类平均法（flexible-beta method）及离差平方和法（Ward’s method）等（图 6-6）。

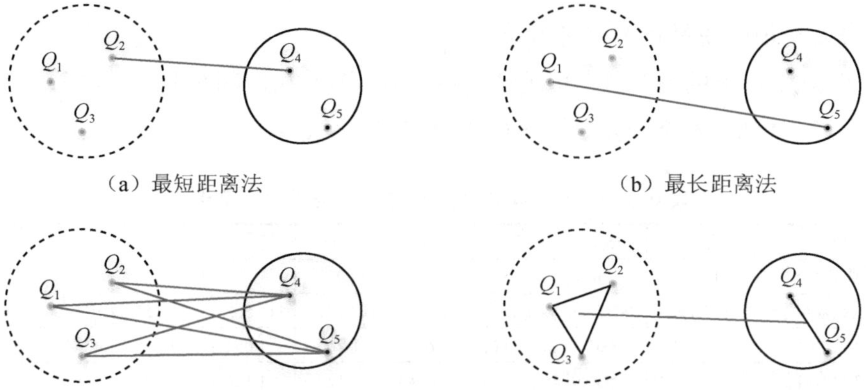

（a）最短距离法　（b）最长距离法

（c）类平均法　（d）重心法

图 6-6　类间距定义示意图

显然，不同聚类方法有着各自的特点和局限性。例如，最长距离法会高估类间距；最短距离法则会低估类间距，容易使大部分样本被聚在一类中，形成一个大类。在实际应用中，类平均法聚类效果较好，在多数情况下表现最为优异，是 SPSS 软件默认的方法。另外，离差平方和法有利于发现规模和形状大致相同的类，倾向于把样本少的类聚到一起，分类效果也比较好，应用较为广泛。

特别需要注意的是，在聚类分析中，即便采用同组数据，由于距离公式和类间距离定义的不同，聚类结果也不一定完全相同，但基本上会大致相似。如有较大差异，则应仔细分析并找出问题所在。除此以外，在实际分析中，还应将聚类结果与实际问题对照，使结果能够更符合经验、更好地揭示问题。

下面以对我国的国家级高新技术产业开发区（以下简称国家高新区）的聚类分析举例说明。

在我国，国家高新区是在当代新技术革命飞速发展、全球化科技竞争日益激烈的背景下创建和发展起来的。其设立的宗旨在于依靠国内的科技和经济实力，充分吸收和借鉴国外先进科技资源、资金和管理手段，通过实施高新技术产业的优惠政策和各项改革措施，实现软硬环境的局部优化，促进大学、研究机构和企业在一定地域内的相对集中，最大限度地把科技成果转化为现实生产力。在很多城市，国家高新区已成为或正在成为区域经济新的增长点（李强，2007）。而对科技政策研究者而言，我们更为关注的方面可能是，能否依据若干特征将其分类，以期为有关部门有针对性地制定政策提供依据？抑或考虑国家高新区企业各主要经济指标的若干共性特点、分类监测或分析判断？基于定量统计数据的聚类分析不失为一种简便易行的参考方法。

在 2011 年度的《中国火炬统计年鉴》中，国家高新区企业主要经济指标（按地区分类）包括 55 个国家高新区的 10 项指标（表 6-3）。

表 6-3　各国家高新区企业主要经济指标（节选）

城市	北京	天津	石家庄	保定	太原	包头	沈阳	大连	鞍山
企业数/个	15 720	3 463	453	160	927	501	724	1 934	513
年末从业人员/人	1 157 992	285 560	64 003	78 076	112 171	110 563	139 555	197 173	84 832
总收入/亿元	15 938.7	3 016.4	1 252.3	762.7	1 263.4	1 091.6	1 815.1	1 625.3	1 031.3
工业总产值/亿元	4 988.0	1 845.1	962.7	784.1	1 120.3	1 126.8	1 522.2	1 220.9	900.3
工业增加值/亿元	863.2	404.7	241.1	155.9	270.1	352.1	361.7	390.5	281.3
净利润/亿元	1 106.4	284.5	68.5	60.1	43.5	55.7	103.1	119.9	65.7
上缴税费/亿元	767.2	143.2	76.6	27.8	71.1	53.5	85.0	78.3	53.0
出口创汇/亿美元	227.4	48.5	6.6	28.5	2.0	9.9	16.1	61.5	4.4
年末资产/亿元	22 615.5	3 983.3	1 038.9	1 073.4	1 331.2	1 202.1	1 728.0	2 105.4	562.7
年末负债/亿元	12 228.0	2 125.1	600.4	683.8	915.5	746.3	928.0	1 226.5	349.2

首先考虑数据的标准化问题。从统计数据看，各城市数据差异较大，而且每个指标的数据也不是正态分布，所以对原始数据的变换应采用离差标准化。在使

用 SPSS 软件进行分析时，可使用标准化选项（transform values），选择针对变量（by variable），进行离差标准化（range 0 to 1）。

为比较不同聚类方法在结果上的差异，先以欧几里得距离为样本相似性测度，分别用类平均法、重心法和离差平方和法对样本进行聚类（图 6-7）。

图 6-7 国家高新区样本聚类谱系图显示，在类间距相同的情况下，用不同的聚类方法可将样本聚成不同的类。如图 6-7 中横线所示，采用离差平方和法可以将 55 个国家高新区聚为 6 类；如果采用重心法，可以将 55 个国家高新区将聚为 3 类，除北京、上海外，其余高新区都聚为一类；而采用类平均法虽然也聚成 6 类，但每一类中的样本与类平均法有着明显的差异。

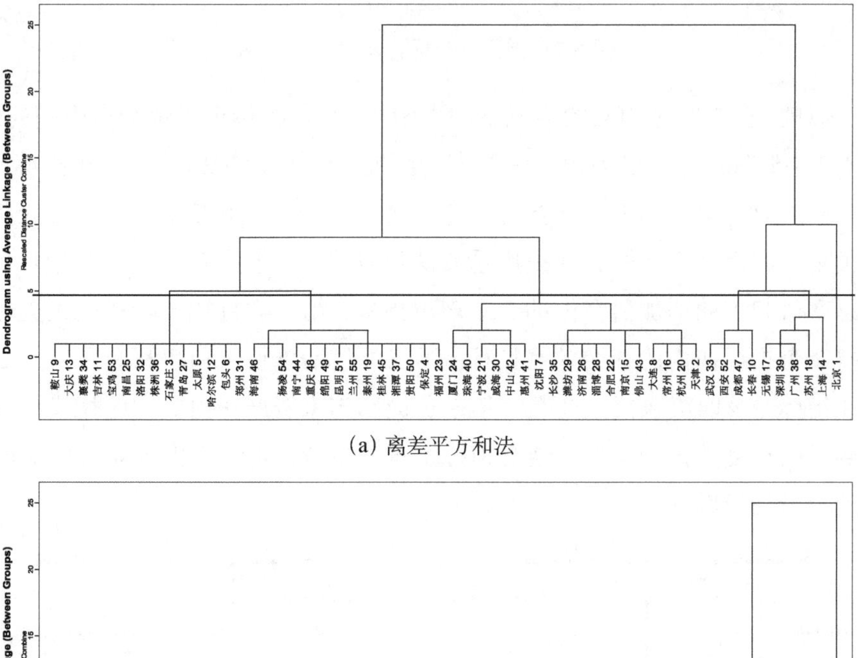

(a) 离差平方和法

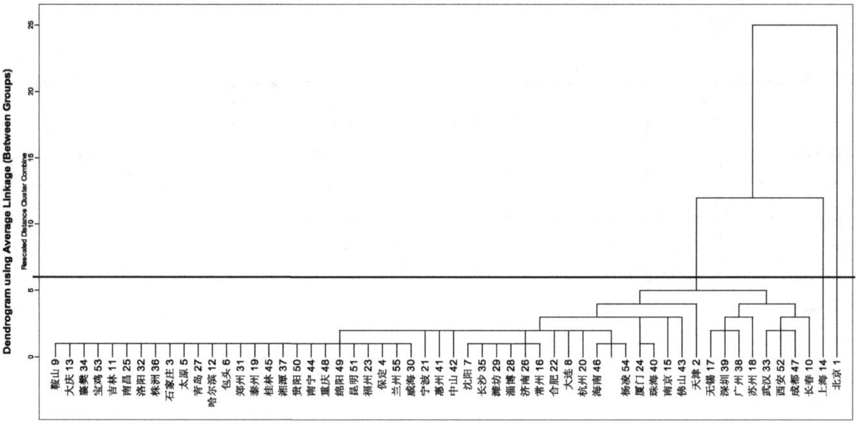

(b) 重心法

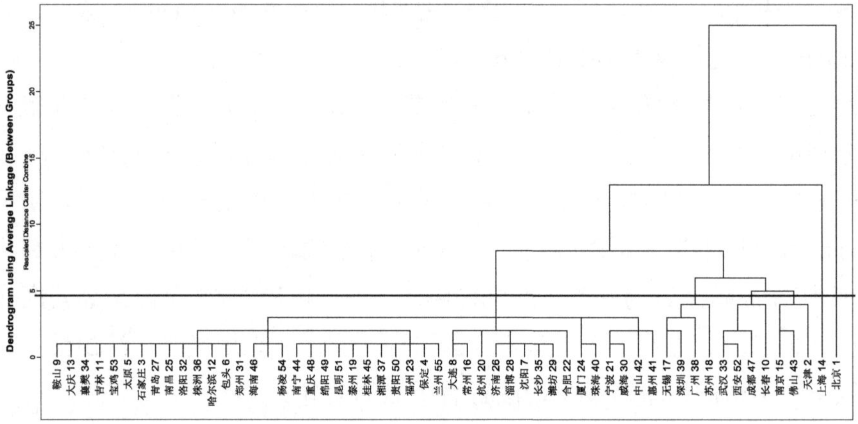

(c) 类平均法

图 6-7　国家高新区样本聚类谱系图

类似地，在类间距相同的情况下，用不同方法对指标聚类也会有不同的结果。如图 6-8 中竖线所示，以夹角余弦距离为测度，用类平均法可将 10 个指标聚为 3 类：第一类只有出口创汇 1 个指标，第二类有工业产值和工业增加值 2 个指标，第三类则是其余 7 个指标。而采用重心法可以聚为 4 类：第一类包括出口创汇、工业总产值和工业增加值在内的 3 个产出指标，第二类包括年末从业人员数和上缴税费 2 个指标在内的社会效益指标，第三类包括总收入和净利润在内的 2 个经济效益指标，第四类包括企业数、年末负债和年末资产在内的园区规模指标。若考虑到不同年度数据的差异，结合指标本身的特点，将指标聚为 4 类应该能够更合理地揭示指标属性。

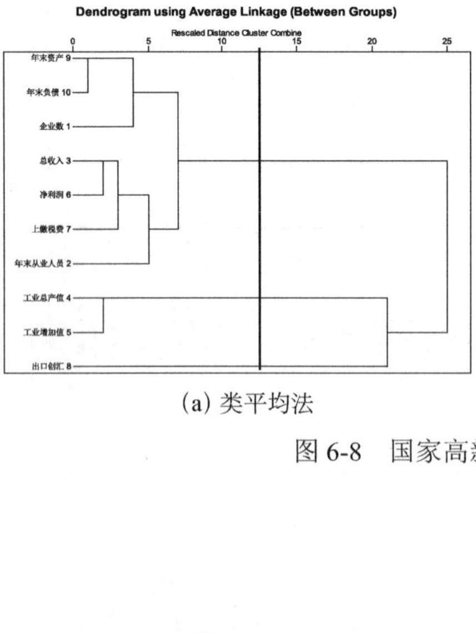

(a) 类平均法

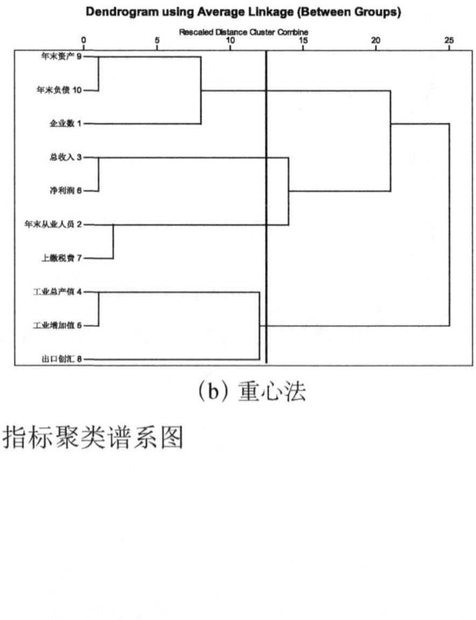

(b) 重心法

图 6-8　国家高新区指标聚类谱系图

通过以上分析可以看出，在聚类分析方法中应根据实际情况相应选取距离测度及聚类方法，以更好地分析和解释问题。

（二）分割聚类法

层次聚类法在实践中面临的最大问题是，随着样本数量的增加，聚类结果的谱系图会越来越复杂，尤其是在处理大样本数据调查结果时，用层次聚类法计算的工作量极大，不便进行分析。

针对上述问题，MacQueen（1967）提出了 K-均值聚类法。该算法的基本思想是，首先由评价者根据问题，确定可能的类别数量；然后依据数据本身结构或由评价者给出每个类别的原始中心点；最后逐一计算每个样本到各个类别中心点的距离，将各样本点按照距离最近原则归并到各个类别，并计算和形成新的类别中心点，记为 K-means（均值）。K-均值聚类法兼具简单快速和易于处理大数据集的优点，是目前为止应用最为广泛，也是最成熟的聚类分析方法之一，在科学研究和数据分析中得到了广泛的应用。

K-均值聚类法和层次聚类法原理相同，都以距离远近为标准进行聚类，二者的主要差异是“类”数的不同：系统聚类能够产生一系列不同数量的“类”，K-均值聚类法只能得出指定数量的聚类结果，而且具体“类”数的确定，还需要研究者根据评价需求，反复尝试把样本或指标分成不同的类别并进行比较，从而找出最优方案。

需要注意的是，在 SPSS 软件中，目前并没有针对指标的 K-均值聚类，在实际应用中如有需要，可以选择将样本数据转置，以便进行分析。

（三）两步聚类法

除层次聚类法和 K-均值聚类法外，两步聚类法（two step cluster analysis）也可以通过 SPSS 软件实现。两步聚类法是揭示数据集自然分组的智能聚类方法，是用于解决海量数据、复杂类别结构时的探索性分析工具，适用于变量之间不存在多重共线性的情况。

从本质上讲，两步聚类法依然是沿用层次聚类法的思想——利用距离测度假设聚类模型的指标数据均为自变量——既可以是连续变量，也可以是离散变量，不必像其他聚类方法那样，在聚类前需要对离散变量进行连续化。更重要的是，两步聚类法是真正地在利用统计量作为距离指标进行聚类，并根据统计指标的计算结果“自动”建议或确定最佳类别数，使结果的正确性更有保障。

（四）聚类法发展

结合应用需求，各种聚类方法也在不断地发展和完善。例如，引入灰色理论思想以较好克服预先设置“类”数及有效压制噪声数据影响的灰色聚类评估分析方法；此外，还有针对科技政策、科技评价中分类界限难以明确的问题而产生的模糊聚类分析，通过隶属函数来确定每个数据隶属于各个簇的程度，而不是将一个数据对象硬性地归并到某个类中。近年来，伴随着计算机技术的发展，这些聚类方法也越来越多地应用到科技政策研究中，例如，基于灰聚类方法的人力资源考评和区域主导产业选择、基于模糊聚类分析的企业技术创新影响因素评价和国家实验室自主创新能力影响因素分析等。

四、需注意的问题

无论是层次聚类法、K-均值聚类法还是两步聚类法，不同样本数据会有不同的选择：首先，从要解决的问题看，如果是对样本进行聚类，三种方法都可以考虑，而要对指标进行聚类并通过 SPSS 软件直接实现的话，就只能选择层次聚类法；其次，从数据量看，对于十几个到几十个样本的情况，三种聚类方法都可以考虑，其中，层次聚类法兼具距离计算和标准化算法齐备、图形结果直观的优势，应当首选考虑。但对于上千个以上的样本，层次聚类法的结果展示会比较困难，这时应考虑选择 K-均值聚类法或两步聚类法；最后，要考虑聚类样本的数据类型。如果样本数据都是连续变量，则三种方法都可以考虑。但如果样本数据包含离散变量，想通过 SPSS 软件直接聚类则只能用两步聚类法，如果用其他方法的话，还需要对离散变量进行连续化处理。

总体来说，聚类分析是探索性评价方法，不同聚类方法可能适用于不同样本或数据，很难说哪种方法最好。对于聚类分析的结果，也难以通过统计量进行检验，一般认为，如果得到的聚类结果有较好的区分度，又能结合问题解释类别特征，那么所用的方法就是比较有效和可靠的。因此，在聚类分析过程中，首先要对各个“类”进行观察，如果聚类结果过度集中于特定的类，结果的有用性就值得怀疑，方法也有待商榷；其次还可以同时使用不同的方法进行聚类并比较结果，如果两组结果差异很大，方法的可靠性就难以保证；除此以外，聚类分析特别要注意指标之间的相关性：对强相关的若干指标数据进行聚类，会加大这些指标的权重，造成聚类结果区分度不大。在这种情况下，应将聚类分析与因子分析或主成分分析方法结合使用。

应用实例

基于聚类和因子分析的科技评价指标构建①

自冷战结束以来，为满足科技管理、竞争和发展的需要，科技评价已逐渐从单一强调科技投入、产出、科学水平，转向同时关注资源的使用效率和效果，注重创新能力的提升和对社会经济发展的贡献。针对科技活动的复杂性和多目标性，如何科学合理地选取指标对国家、区域、产业乃至机构层面的科技活动开展相对全面的评价，通常是仁者见仁，智者见智。

从世界范围看，已成体系并沿用多年的科技评价体系包括 OECD 主要科学技术指标（Main Science and Technology Indicators，MSTI）、瑞士洛桑学院的国家综合竞争力评价指标体系（World Competitiveness Yearbook，WCY）、世界银行的世界发展指标（World Development Indicators，WDI）、世界经济论坛的全球竞争力指数（Global Competitiveness Index，GCI）及美国的科学与工程指标（Science and Engineering Indicators，SEI）等指标框架（孟溦等，2007）；在国内颇具代表性的如国家科技部建立的中国科学技术指标（CSTI）、中国科学院的研究所创新能力指数等。

但就区域层面的科技评价而言，直接沿用上述指标显然会面临体系庞杂、指标重复的问题。对此，有学者采用文献分析法筛选有效指标，也有学者采取专家讨论、经验判断或调查问卷的方式遴选指标。而通过聚类和因子分析来整合指标，并在此基础上建立综合评价体系，也是有意义的探索。

① 资料来源：顾雪松. 基于科学发展观的科学技术评价研究. 大连理工大学硕士学位论文. 2009.

一、基本原理

在科学技术评价中，评价指标体系的构建主要有两种方法：一种是综合法，即通过研讨会或征询专家意见的方式来确定评价指标；另一种是分析法，即根据评价需求，将被评价对象划分为若干组成部分或不同侧面，明确各个侧面所要评价的问题的内涵和外延，并以此为基础，选用相应指标来刻画评价对象的特征。

为综合考察科技对区域经济社会的影响，比较简便可行的办法是，基于国际权威机构的典型高频指标，并结合区域特点，建立科技评价指标体系。具体做法是，在 MSTI、WCY、WDI 及 CSTI 等指标体系中诸如：研发经费投入、研发经费占 GDP 比重等指标的基础上，收集和整理反映全面协调发展的指标（如科技进步贡献率等）和可持续发展指标（如万元 GDP 综合能耗、工业固体废物综合利用率等），然后将这些与科技投入、科技产出和科技对经济社会的影响三个准则层相对应，形成科技评价的海选指标集，并根据指标实用性条件的要求，剔除不可观测的指标。

在此基础上，对每个准则层的可观测指标进行聚类分析，将数据结构相似的指标聚为一类，并采用动态指标选择方法筛选指标，具体做法是：首先将评价对象的整体特征分成若干不同方面（X），例如，在本书中则为科技投入（X_1）、科技产出（X_2）和经济社会影响（X_3）三个准则层，这样就形成了一个较全面的、层次性很强的候选指标群。

基于候选指标群，选择一组典型样本的指标数据为研究对象。由于每个方面的候选指标较多，可用聚类分析将其分成若干子类。由于聚类分析是按照指标间相似系数的大小来进行分类的，所以聚类可将候选指标群初步划分为若干个子类，令 S 表示第 i 方面第 n 个子类对应的指标个数。显然，若 $S=1$，该子类中只有单一指标反映评价对象在该方面的特征，显然应将它选入指标体系中；若 $S>1$，该子类中有两个或两个以上指标，这就需要对该子类中的指标进行显著性检验。

第一种情况是该子类中只有两个指标。这时需对指标数据进行非参数威尔科克森秩和检验（Wilcoxon Rank Sum Test），若有显著性差异，说明这两个指标都独立反映评价对象不同方面的属性特征，需将其都选入指标体系；若无显著差异，则进一步计算这两个指标同该方面中其他指标的复相关系数，按照极大不相关法，复相关系数越大的指标越能被其余指标替代，所以应选择复相关系数较小的指标反映该子类的信息。

第二种情况是该子类中有三个或三个以上指标。由于指标数据分布特征的未知性，需要对指标数据进行非参数克鲁斯卡尔-沃利斯（Kruskal-Wallis）检验，若无显著差异，考虑到指标间存在非线性相关的可能，需要用斯皮尔曼（Spearman）秩相关系数进行检验，即计算该类中各个指标对其他指标的斯皮尔曼秩相关系数平方和，选取最大平方和所对应的指标，即该类中代表性最强的指标进入指标体系。若有显著差异，需将该子类进一步聚类，重复上述步骤（王璐等，2004）。

经过上述筛选，可以确保分类中各个指标确实能归为一类，再将反映各个方面的指标联合以保证指标体系的全面性。与此同时，在同一无显著差异的子类中，采用定量方法选出该类中代表性最强的指标，就使指标的全面性和代表性有机结合起来，成为兼顾全面性和代表性且指标数量较少的指标群。在此基础上，就可以通过因子分析，用较少公共因子来替代原有评价指标，形成基于公共因子的评价体系。如果能用较少的公共因子来解释并替代原有评价指标群，而且这些公共因子能够反映绝大多数指标的数据信息，则可以认为公共因子的提取和指标体系的构建是合理的（图 6-9）。

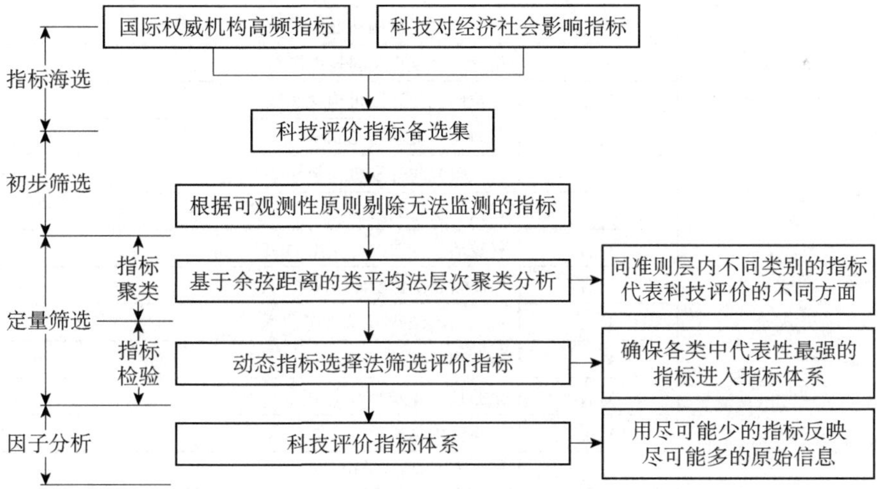

图 6-9　聚类-因子分析构建科技评价指标的基本原理

二、指标遴选

根据科学发展观的全面协调可持续发展的内涵，结合国际权威机构高频指标和文献梳理结果，可构建科技评价指标备选集。

世界各国都把发展科技作为重要的国家战略，而科技投入、产出是科技活动的两个重要方面。所以，构建准则层指标首先应将国际通用的相关指标归并到这两个类别，即科技投入（X_1）和科技产出（X_2）。就我国区域经济发展的现实需求而言，科学发展观要求科技发展与经济增长和社会进步相协调，要求科技发展成果能够全面惠及社会生活各个方面和各个层次，从而保证科学技术的可持续发展。由此可通过设置科技的经济社会影响准则层（X_3）来反映区域经济协调与可持续发展（表 6-4）。

表 6-4　科技评价指标备选集

准则层	指标层	指标名称
科技投入（X_1）	$X_{1\text{-}1}$	R&D 经费
	$X_{1\text{-}2}$	R&D 经费/GDP
	$X_{1\text{-}3}$	地方财政科技拨款占财政支出比
	$X_{1\text{-}4}$	R&D 人员全时当量
	$X_{1\text{-}5}$	每万人中科学家工程师比重
	$X_{1\text{-}6}$	科技活动经费筹集总额
	$X_{1\text{-}7}$	科技活动经费内部支出
	$X_{1\text{-}8}$	研究与开发机构从业人员数
	$X_{1\text{-}9}$	研究与开发机构科技课题数
	$X_{1\text{-}10}$	单位研究与开发机构课题数
	$X_{1\text{-}11}$	科教文卫支出占 GDP 比重
	$X_{1\text{-}12}$	万人研究与开发机构数
	$X_{1\text{-}13}$	科技经费筹集总额/GDP
	$X_{1\text{-}14}$	科技活动经费内部支出/GDP
	$X_{1\text{-}15}$	R&D 经费/主营业务收入
	$X_{1\text{-}16}$	科技活动经费/主营业务收入
	$X_{1\text{-}17}$	R&D 课题数
	$X_{1\text{-}18}$	企业技术开发经费支出
	$X_{1\text{-}19}$	风险资本总量
	$X_{1\text{-}20}$	风险资本总量/GDP
	$X_{1\text{-}21}$	产业政策对创新支持力度
	$X_{1\text{-}22}$	财政政策对创新支持力度
	$X_{1\text{-}23}$	企业科研经费投入强度
	$X_{1\text{-}24}$	技术改造经费支出
科技产出（X_2）	$X_{2\text{-}1}$	技术市场成交额
	$X_{2\text{-}2}$	专利授权数

续表

准则层	指标层	指标名称
科技产出（X_2）	$X_{2\text{-}3}$	高技术产品出口总额
	$X_{2\text{-}4}$	高技术产业总产值/工业总产值
	$X_{2\text{-}5}$	国际三大检索系统收录论文数
	$X_{2\text{-}6}$	高技术产业主营收入/工业总产值
	$X_{2\text{-}7}$	专利申请数
	$X_{2\text{-}8}$	技术市场成交合同数
	$X_{2\text{-}9}$	万人技术市场成交合同数
	$X_{2\text{-}10}$	人均技术市场成交额
	$X_{2\text{-}11}$	高技术产业工业总产值
	$X_{2\text{-}12}$	万人专利授权数
	$X_{2\text{-}13}$	高技术产业园区产品出口额
	$X_{2\text{-}14}$	新产品销售收入/主营收入
	$X_{2\text{-}15}$	企业新产品开发项目数
	$X_{2\text{-}16}$	省部级以上科技奖励数
	$X_{2\text{-}17}$	完成科研项目总数
	$X_{2\text{-}18}$	国际科技论文数
	$X_{2\text{-}19}$	国内科技论文数
	$X_{2\text{-}20}$	人均国内科技论文数
	$X_{2\text{-}21}$	高技术产业增加值/GDP
	$X_{2\text{-}22}$	科技成果转化率
	$X_{2\text{-}23}$	自主知识产权的产品产值
	$X_{2\text{-}24}$	企业新产品销售率
经济社会影响（X_3）	$X_{3\text{-}1}$	社会劳动生产率
	$X_{3\text{-}2}$	科技进步贡献率
	$X_{3\text{-}3}$	万元 GDP 综合能耗
	$X_{3\text{-}4}$	工业固体废物综合利用率
	$X_{3\text{-}5}$	工业废水排放达标率
	$X_{3\text{-}6}$	人均 GDP
	$X_{3\text{-}7}$	人均邮电业务总量
	$X_{3\text{-}8}$	万元 GDP 工业废气排放量
	$X_{3\text{-}9}$	万元 GDP 二氧化硫排放量
	$X_{3\text{-}10}$	万元 GDP 工业废水排放量
	$X_{3\text{-}11}$	城镇居民人均可支配收入
	$X_{3\text{-}12}$	人均第三产业总产值
	$X_{3\text{-}13}$	三废处理达标率
	$X_{3\text{-}14}$	三废综合利用产值/GDP
	$X_{3\text{-}15}$	垃圾无害化处理率

续表

准则层	指标层	指标名称
经济社会影响（X_3）	$X_{3\text{-}16}$	环境污染治理投资/GDP
	$X_{3\text{-}17}$	每万人中因特网接入端口数
	$X_{3\text{-}18}$	居民家庭计算机拥有量
	$X_{3\text{-}19}$	工业全员劳动生产率
	$X_{3\text{-}20}$	开展产学研联合的企业比例
	$X_{3\text{-}21}$	科技中介机构收入
	$X_{3\text{-}22}$	科技中介机构服务水平
	$X_{3\text{-}23}$	对外技术依存度
	$X_{3\text{-}24}$	企业技术中心数

由于受数据可获得性的限制，本次分析仅以北京、山西、辽宁、黑龙江、上海、山东、江西、河南、广东、广西、四川、云南、陕西、新疆等 14 个省（自治区、直辖市）的面板数据为依据。表 6-5 中除科技贡献率是按生产函数法测算的结果之外，其余指标数据均来自《中国科技统计年鉴（2007）》和各省（自治区、直辖市）2007 年统计年鉴（表 6-5）。

表 6-5　14 个省（自治区、直辖市）的面板数据

指标	北京	山西	辽宁	黑龙江	上海	山东	江西	河南	广东	广西	四川	云南	陕西	新疆
$X_{1\text{-}1}$	432.87	36.3	136.4	49.93	256.78	234.1	37.87	79.84	313	18.56	107.57	20.9	101.36	8.48
$X_{1\text{-}2}$	5.5	0.76	1.47	0.8	2.48	1.06	0.81	0.64	1.19	0.38	1.25	0.52	2.2	0.28
$X_{1\text{-}3}$	4.66	0.88	2.43	1.4	5.23	2.24	0.86	1.22	4.08	1.27	1.08	1.27	2.25	1.01
$X_{1\text{-}4}$	168 875	38 767	69 048	45 068	80 201	96 637	25 794	58 716	147 233	19 237	68 584	16 027	59 458	7 408
$X_{1\text{-}5}$	193.82	21.11	30.18	20.41	109.92	20.17	10.19	11.06	27.87	8.18	14.3	7.82	24.96	9.27
$X_{1\text{-}6}$	872.53	128.02	229.86	106.09	486.22	441.76	70.11	179.99	561.09	49.41	273.8	56.1	181.02	34
$X_{1\text{-}7}$	736.78	121.12	223.34	88.48	436.44	458.23	62.31	178.65	541.92	45.77	250.37	49.64	175.93	28.18
$X_{1\text{-}8}$	112 202	14 234	20 325	14 386	35 009	21 132	11 869	20 397	16 548	10 337	54 526	9 599	45 228	6 637
$X_{1\text{-}9}$	18 105	1 459	1 934	1 725	4 290	2 504	736	963	3 638	1 280	2 186	1 640	1 731	1 202
$X_{1\text{-}10}$	52	9	11	9	31	10	6	7	19	11	13	15	14	11
$X_{1\text{-}11}$	0.1	0.03	0.04	0.03	0.05	0.02	0.03	0.03	0.03	0.03	0.04	0.04	0.05	0.04
$X_{1\text{-}12}$	022	0.05	0.043	0.051	0.1	0.026	0.027	0.014	0.021	0.024	0.02	0.025	0.033	0.053
$X_{1\text{-}13}$	11.09	0.96	3.59	1.31	6.76	6.166	0.997	2.1	8.24	0.49	2.83	0.55	2.67	1.12
$X_{1\text{-}14}$	9.36	0.89	3.34	1.22	6.29	5.74	0.93	1.96	7.67	0.45	2.64	0.51	2.48	0.93
$X_{1\text{-}15}$	0.9	0.22	0.607 5	0.35	1.308	0.56	0.215	0.305	1.02	0.318	0.27	0.318	0.313	0.1
$X_{1\text{-}16}$	1.3	0.232	0.639	0.368	1.376	0.589	0.226	0.321	1.074	0.334	0.284	0.334	0.329	0.3
$X_{1\text{-}17}$	38 569	4 391	6 277	4 245	22 863	4 195	2 120	2 300	5 797	1 701	2 974	1 627	5 192	1 531
$X_{2\text{-}1}$	697.33	6.51	80.6	15.69	344.43	23.2	9.31	23.84	109.58	0.94	26.15	8.27	21.92	7.6

续表

指标	北京	山西	辽宁	黑龙江	上海	山东	江西	河南	广东	广西	四川	云南	陕西	新疆
$X_{2\text{-}2}$	11 238	1 421	7 399	3 622	16 602	1 5937	1 536	5 242	43 516	1 225	7 138	1 637	2 473	1 187
$X_{2\text{-}3}$	1 104.09	12.6	283.72	12.46	3 187.12	649.58	46.35	28.95	9 431.18	9.38	96.06	7.19	37.77	1.11
$X_{2\text{-}4}$	27.58	1.43	4.01	3.11	19.88	3.7	5.75	2	22.86	1	7.24	0.9	8.17	0.28
$X_{2\text{-}5}$	37 648	2 013	7 505	5 865	19 602	6 205	614	1 730	6 500	611	6 088	822	8 343	308
$X_{2\text{-}6}$	29.12	1.25	3.94	3.48	20.54	3.66	5.59	1.88	22.62	0.86	7	0.84	7.77	0.28
$X_{2\text{-}7}$	26 555	2 824	17 052	6 535	36 042	38 284	3 171	11 538	90 886	2 784	13 109	3 085	5 717	2 256
$X_{2\text{-}8}$	51 570	506	12 546	1 755	28 102	5 331	2 530	2 831	14 866	247	4 242	920	3 542	1 764
$X_{2\text{-}9}$	32.62	0.15	2.98	0.46	20.54	0.57	0.58	0.29	1.6	0.05	0.49	0.21	0.95	0.86
$X_{2\text{-}10}$	4 410.69	19.29	191.439	41.04	2 517.08	24.92	21.46	24.28	117.78	1.89	29.98	18.45	58.69	37.07
$X_{2\text{-}11}$	2 264.39	84.16	568.24	169.18	3 902.46	1 622.54	244.01	277.34	11 690.8	49.89	574.34	36.99	429.05	8.15
$X_{2\text{-}12}$	7.11	1.29	6.73	3.29	15.09	14.49	1.396	4.76	37.56	1.11	6.49	1.49	2.25	0.58
$X_{2\text{-}13}$	1 008.8	11.37	255.92	11.24	1 874.08	585.92	41.81	26.11	7 506.93	8.46	86.65	6.49	34.07	2.02
$X_{2\text{-}14}$	17.6	1.29	3.62	2.8	17.93	3.34	5.19	1.8	20.62	0.9	6.53	0.812	7.37	0.7
$X_{3\text{-}1}$	87 559	30 441	43 471	35 035	108 623	40 569	20 122	21 959	49 912	17 495	18 345	16 008	22 489	37 511
$X_{3\text{-}2}$	0.294 6	0.164 4	0.271 4	0.209 5	0.585 7	0.802	0.343 9	0.248 5	0.54	0.304 4	0.360 9	0.257 8	0.215	0.461 1
$X_{3\text{-}3}$	0.75	2.888	1.775	1.412	0.873	1.231	1.023	1.34	0.771	1.191	1.498	1.708	1.426	2.092
$X_{3\text{-}4}$	80.79	45.44	38.1	72.84	94.66	94.42	35.67	70.58	84.3	58.86	55.09	41	38.07	47.52
$X_{3\text{-}5}$	99.29	68.9	92.91	87.82	97.54	98.04	93.23	92.98	84.88	92.91	84.49	89.16	89.23	61.08
$X_{3\text{-}6}$	50 467	14 123	21 788	16 195	75 990	23 794	10 798	13 313	28 332	10 296	10 546	8 970	11 762	15 000
$X_{3\text{-}7}$	3 191.66	986.49	1 341.92	1 047.08	4 055.92	1 052.85	733.51	734.69	2 730.59	776.44	668.73	753.01	1 135.83	1 116.68
$X_{3\text{-}8}$	5 896.9	38 144	29 397	9 680.2	9 094.79	11 664	10 911	13 420	5 183.85	18 575	12 217	16 587	12 235	16 593
$X_{3\text{-}9}$	1 327.7	5 735.6	3 525.2	2 804.2	1733.8	2 444.8	2 031.7	2 661.2	1 531.2	2 365.3	2 975	2 388.1	2 832	4 072.8
$X_{3\text{-}10}$	1.29	9.386	5.769	4.589	2.838	4.001	3.325	4.355	2.506	3.871	4.869	5.551	4.635	6.75
$X_{3\text{-}11}$	19 978	10 027.7	10 369.6	9182	20 668	121 92.2	9 551.16	9 810	16 015.6	9 899	9 350.11	10 070	9 267.7	8 871.27
$X_{3\text{-}12}$	3.51	0.51	0.75	0.55	2.89	0.77	0.36	0.38	1.2	0.39	0.38	0.31	0.42	0.52
$X_{3\text{-}13}$	83.52	64.3	69.73	80.09	90.25	91.81	71.57	81.89	83.14	79.33	68.78	66.85	67.56	53.51
$X_{3\text{-}14}$	0.818	0.46	0.386	0.738	0.959	0.956	0.361	0.715	0.854	0.596	0.558	0.415	0.386	0.221
$X_{3\text{-}15}$	40.89	23	19.28	36.86	47.9	47.78	18.05	35.72	42.66	29.79	27.88	20.75	19.27	27
$X_{3\text{-}16}$	0.04	0.035	0.03	0.057	0.074	0.05	0.028	0.055	0.066	0.046	0.043	0.032	0.03	0.037
$X_{3\text{-}17}$	2 120.18	438.57	532.25	456.71	3 078.85	466	281.39	235.03	780.2	325.74	280.19	253.62	360.91	356.59
$X_{3\text{-}18}$	2 782.83	801.79	881.31	827.23	2 604.05	1 068.34	433.77	422.17	1 616.27	708.15	741.6	541.57	844.09	626.97
$X_{3\text{-}19}$	20 145	11 191.5	15 982	12 880.5	39 934.9	14 915	7 397.8	8 073.2	18 350	6 432	6 744.5	5 885.2	8 268	15 000

资料来源：顾雪松（2009），原文中数据错误已修正

为消除不同准则层下指标数据相关性的影响，需要首先对不同准则层的指标分别聚类，这样就能将同一准则层下反映重复信息的指标归为一类，使不同类别

的指标分别代表科技评价的不同方面。

在对表 6-5 中各省（自治区、直辖市）数据进行离差标准化的基础上，使用 SPSS 软件以夹角余弦距离为测度，采用类平均法（组间联结法）进行聚类。

从聚类结果看，科技投入（X_1）和科技产出（X_2）两个准则层指标可聚为 4 类，经济社会影响（X_3）准则层的指标可聚为 5 类，进一步对指标数据进行非参数检验和相关性分析。以 $X_{1\text{-}A}$ 子类为例，该子类中有 5 个指标（$X_{1\text{-}1}$、$X_{1\text{-}4}$、$X_{1\text{-}6}$、$X_{1\text{-}7}$、$X_{1\text{-}13}$、$X_{1\text{-}14}$），由于指标数据分布特征未知，所以先用 SPSS 软件对该子类指标数据进行非参数克鲁斯卡尔-沃利斯检验，结果显示这五个指标的数据无显著性差异（显著性水平不小于 0.05），这表明 $X_{1\text{-}A}$ 子类中的各个指标确实能归为一类。考虑到指标间存在线性或非线性相关的可能，继续用斯皮尔曼秩相关系数进行检验，即计算该类中各个指标对其他指标的斯皮尔曼秩相关系数平方和，选取最大平方和所对应的指标，即该类中代表性最强的指标进入指标体系，为便于比较，本书给出的是斯皮尔曼秩相关系数平方和与指标数量之比，并用“相关系数测度”分析，据此给出指标遴选结果（表 6-6）。

表 6-6　聚类-因子分析指标遴选结果

准则层	指标聚类	指标层	Kruskal-Wallis Test Sig.	相关系数测度	遴选结果
X_1	$X_{1\text{-}A}$	$X_{1\text{-}1}$	0.923	0.956	保留
		$X_{1\text{-}4}$		0.793	舍弃
		$X_{1\text{-}6}$		0.790	舍弃
		$X_{1\text{-}7}$		0.783	舍弃
		$X_{1\text{-}13}$		0.755	舍弃
		$X_{1\text{-}14}$		0.765	舍弃
	$X_{1\text{-}B}$	$X_{1\text{-}2}$	0.431	0.671	保留
		$X_{1\text{-}8}$		0.631	舍弃
		$X_{1\text{-}11}$		0.482	舍弃
	$X_{1\text{-}C}$	$X_{1\text{-}3}$	0.351	0.929	舍弃
		$X_{1\text{-}15}$		0.939	舍弃
		$X_{1\text{-}16}$		0.948	保留
	$X_{1\text{-}D}$	$X_{1\text{-}5}$	0.347	0.599	保留
		$X_{1\text{-}9}$		0.565	舍弃
		$X_{1\text{-}10}$		0.410	舍弃
		$X_{1\text{-}12}$		0.312	舍弃
		$X_{1\text{-}17}$		0.596	舍弃

续表

准则层	指标聚类	指标层	Kruskal-Wallis Test Sig.	相关系数测度	遴选结果
X_2	$X_{2\text{-}A}$	$X_{2\text{-}1}$	0.056	0.779	舍弃
		$X_{2\text{-}5}$		0.713	舍弃
		$X_{2\text{-}8}$		0.818	保留
		$X_{2\text{-}9}$		0.749	舍弃
		$X_{2\text{-}10}$		0.780	舍弃
	$X_{2\text{-}B}$	$X_{2\text{-}2}$	0.832	0.994	保留
		$X_{2\text{-}7}$		0.988	舍弃
		$X_{2\text{-}12}$		0.994	舍弃
	$X_{2\text{-}C}$	$X_{2\text{-}3}$	0.313	0.986	保留
		$X_{2\text{-}11}$		0.971	舍弃
		$X_{2\text{-}13}$		0.986	舍弃
	$X_{2\text{-}D}$	$X_{2\text{-}4}$	0.971	0.991	保留
		$X_{2\text{-}6}$		0.991	舍弃
		$X_{2\text{-}14}$		0.982	舍弃
X_3	$X_{3\text{-}A}$	$X_{3\text{-}1}$	0.611	0.810	舍弃
		$X_{3\text{-}6}$		0.789	舍弃
		$X_{3\text{-}7}$		0.735	舍弃
		$X_{3\text{-}11}$		0.415	舍弃
		$X_{3\text{-}12}$		0.818	保留
		$X_{3\text{-}17}$		0.805	舍弃
		$X_{3\text{-}18}$		0.725	舍弃
		$X_{3\text{-}19}$		0.789	舍弃
	$X_{3\text{-}B}$	$X_{3\text{-}2}$	—	*NA*	保留
	$X_{3\text{-}C}$	$X_{3\text{-}3}$	0.399	0.881	保留
		$X_{3\text{-}8}$		0.711	舍弃
		$X_{3\text{-}9}$		0.821	舍弃
		$X_{3\text{-}10}$		0.881	舍弃
	$X_{3\text{-}D}$	$X_{3\text{-}4}$	0.463	0.869	保留
		$X_{3\text{-}13}$		0.690	舍弃
		$X_{3\text{-}14}$		0.842	舍弃
		$X_{3\text{-}15}$		0.869	舍弃
		$X_{3\text{-}16}$		0.773	舍弃
	$X_{3\text{-}E}$	$X_{3\text{-}5}$	—	*NA*	保留

注：当斯皮尔曼秩相关系数平方和相等时，选择皮尔逊相关系数最大的指标

经过筛选，形成 3 个准则层的 12 个指标（表 6-7）。

表 6-7 科技评价指标遴选结果

准则层	指标层	指标名称
科技投入（X_1）	$X_{1\text{-}1}$	R&D 经费
	$X_{1\text{-}2}$	R&D 经费/GDP
	$X_{1\text{-}5}$	每万人中科学家工程师比重
	$X_{1\text{-}16}$	科技活动经费/主营业务收入
科技产出（X_2）	$X_{2\text{-}2}$	专利授权数
	$X_{2\text{-}3}$	高技术产品出口总额
	$X_{2\text{-}4}$	高技术产业总产值/工业总产值
	$X_{2\text{-}8}$	技术市场成交合同数
经济社会影响（X_3）	$X_{3\text{-}2}$	科技进步贡献率
	$X_{3\text{-}3}$	万元 GDP 综合能耗
	$X_{3\text{-}4}$	工业固体废物综合利用率
	$X_{3\text{-}5}$	工业废水排放达标率
	$X_{3\text{-}12}$	人均第三产业总产值

三、因子分析

对科技投入（X_1）准则层的指标数据用 SPSS 软件进行因子分析。如前所述，KMO 值越高，则变量间的共同因子越多，指标数据越适合用因子分析。巴特利特球形检验的原假设为相关系数矩阵是单位矩阵（即变量之间不存在相关关系），检验结果越是低于给定的显著性水平（$p<0.05$），表明原始变量之间越可能存在有意义的关系；如果显著性水平较大，则表明数据不适宜进行因子分析。

首先看相关系数矩阵及 KMO 数值检验和巴特利特球形检验结果。从相关性矩阵看，R&D 经费（$X_{1\text{-}1}$）、R&D 经费/GDP（$X_{1\text{-}2}$）、每万人中科学家工程师比重（$X_{1\text{-}5}$）及科技活动经费/主营业务收入（$X_{1\text{-}16}$）四个指标具有较强的相关性。

从检验结果看，四个指标数据的 KMO 值为 0.566，表明指标数偏少、变量间的共同因子不多；但巴特利特球形检验的显著性水平很高，表明变量间存在相关关系，可以进行因子分析（表 6-8）。

表 6-8　相关系数矩阵及 KMO 和巴特利特球形检验结果

相关性矩阵					
		X_{1-1}	X_{1-2}	X_{1-5}	X_{1-16}
相关性	X_{1-1}	1.000	0.807	0.802	0.899
	X_{1-2}	0.807	1.000	0.947	0.723
	X_{1-5}	0.802	0.947	1.000	0.818
	X_{1-16}	0.899	0.723	0.818	1.000
显著性（单尾）	X_{1-1}		0.000	0.000	0.000
	X_{1-2}	0.000		0.000	0.002
	X_{1-5}	0.000	0.000		0.000
	X_{1-16}	0.000	0.002	0.000	
KMO 取样适切性量数		0.617	巴特利特球形检验	近似卡方	显著性
				71.590	0.000

进一步给出公因子方差和公因子方差对总方差的解释。

从总方差解释表可以看出，第一主成分和第二主成分分别能够解释指标数据总体 48.44%和 47.88%的方差变化，累积能够解释指标数据总体 96.32%的方差变化，即在基本保留原有指标信息的基础上，指标数由 4 个变成 2 个；而且从公因子方差表可以看出，每个指标的主成分包含了各个原始指标 90%以上的信息（表 6-9）。

表 6-9　总方差解释及公因子方差

总方差解释									
成分	初始特征根			提取载荷平方和			旋转载荷平方和		
	总计	方差/%	累积/%	总计	方差/%	累积/%	总计	方差/%	累积/%
1	3.50	87.46	87.46	3.50	87.46	87.46	1.94	48.44	48.44
2	0.35	8.86	96.32	0.35	8.86	96.32	1.92	47.88	96.32
3	0.13	3.17	99.49						
4	0.02	0.51	100.00						

公因子方差							
X_{1-1}		X_{1-2}		X_{1-5}		X_{1-16}	
初始	提取	初始	提取	初始	提取	初始	提取
1.000	0.939	1.000	0.983	1.000	0.968	1.000	0.963

提取方法：主成分分析法

从因子分析碎石图可以看出，主成分数为 2 时，特征根变化曲线变得平缓，这与按方差累计贡献率确定主成分为 2 个是一致的（图 6-10）。

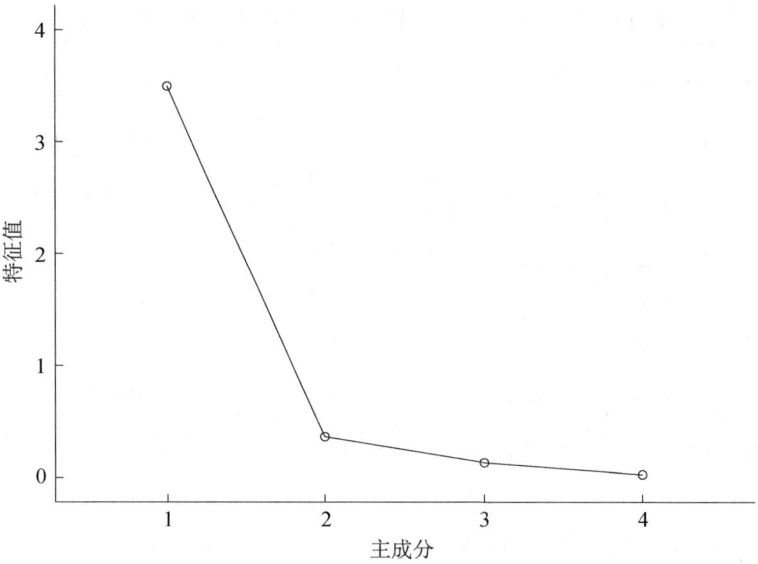

图 6-10 因子分析碎石图

进一步考察成分矩阵。从表 6-10 可以看出，R&D 经费/GDP（$X_{1\text{-}2}$）和每万人中科学家工程师比重（$X_{1\text{-}5}$）主要由成分 1（第一因子）解释，而 R&D 经费（$X_{1\text{-}1}$）和科技活动经费/主营业务收入（$X_{1\text{-}16}$）两个指标由成分 2（第二因子）解释。

表 6-10 成分矩阵及成分得分系数矩阵

旋转后的成分矩阵			成分得分系数矩阵	
指标	成分		成分	
	1	2	1	2
$X_{1\text{-}1}$	0.491	0.835	−0.300	0.682
$X_{1\text{-}2}$	0.902	0.412	0.871	−0.500
$X_{1\text{-}5}$	0.846	0.503	0.669	−0.287
$X_{1\text{-}16}$	0.409	0.892	−0.499	0.875

注：提取了 2 个成分，提取方法为主成分分析法，旋转方法为凯撒正态化最大方差法；旋转在 3 次迭代后已收敛

也就是说，与第一因子关系密切的是科技投入占 GDP 的比重及每万人中科学家工程师比重两个结构性指标，可以将其命名为结构因子；与第二因子关系密切的是科技经费投入的规模指标，可以将其命名为规模因子。相应地，根据成分得分系数矩阵，可以给出各成分（即第一因子和第二因子）中各指标的系数。

若用 $F_{1\text{-}A}$ 表示结构因子，$F_{1\text{-}B}$ 表示规模因子，则有如下表达式：

$$
\begin{aligned}
F_{1\text{-}A} &= -0.300X_{1\text{-}1}+0.871X_{1\text{-}2}+0.669X_{1\text{-}5}-0.499X_{1\text{-}16} \\
F_{1\text{-}B} &= 0.682X_{1\text{-}1}-0.500X_{1\text{-}2}-0.287X_{1}+0.875X_{1\text{-}16}
\end{aligned}
\tag{6.26}
$$

最后，以各因子方差贡献率占两个因子总方差贡献率的比重作为权重，进行加权汇总便可得出各省（自治区、直辖市）在科技投入准则层上的综合得分 F_1，即

$$
F_1=\frac{(0.4844F_{1\text{-}A}+0.4788F_{1\text{-}B})}{0.9632} \tag{6.27}
$$

将各省（自治区、直辖市）的离差标准化指标数据代入式（6.26）和式（6.27），可得出各省（自治区、直辖市）在科技投入准则层各因子上的得分及综合因子得分（表 6-11）。显然，从结构上看，北京居各省（自治区、直辖市）之首，其次是陕西、山西、四川、江西、上海，说明这些省（自治区、直辖市）具有较高的科技投入比重和较好的科技人力资源禀赋，但从科技投入规模上看，广东则居首位，其次是上海、北京、山东、辽宁。而从总体情况看，综合因子得分最高的仍然是北京，其次是上海、广东等省（自治区、直辖市）。

表 6-11　各省区因子得分及综合因子得分

指 标	$X_{1\text{-}1}$	$X_{1\text{-}2}$	$X_{1\text{-}5}$	$X_{1\text{-}16}$	$F_{1\text{-}A}$	$F_{1\text{-}B}$	F_1
北京	1.000	1.000	1.000	0.934	0.774	0.712	0.743
上海	0.585	0.422	0.549	1.000	0.060	0.906	0.480
广东	0.718	0.174	0.108	0.737	−0.359	1.016	0.325
山东	0.532	0.149	0.066	0.316	−0.142	0.545	0.199
辽宁	0.301	0.228	0.120	0.359	0.009	0.371	0.189
陕西	0.219	0.368	0.092	0.090	0.272	0.017	0.145
四川	0.234	0.186	0.035	0.050	0.090	0.100	0.095
黑龙江	0.098	0.100	0.068	0.124	0.041	0.105	0.073
河南	0.168	0.069	0.017	0.083	−0.020	0.147	0.063
山西	0.066	0.092	0.072	0.005	0.106	−0.017	0.045
江西	0.069	0.102	0.013	0.000	0.076	−0.007	0.035
云南	0.029	0.046	0.000	0.094	−0.016	0.079	0.032
广西	0.024	0.019	0.002	0.094	−0.036	0.088	0.026
新疆	0.000	0.000	0.008	0.064	−0.027	0.054	0.013

有兴趣的读者可以借助 SPSS 软件进一步计算科技产出和经济社会影响两个准则层的综合因子，并进行比较分析，本书不再赘述。

四、几点讨论

指标构建是科技评价中最重要的基础性工作之一，任何重要的科技评价活动往往都是从评价指标的构建开始的，而指标遴选的好坏，在很大程度上决定着后续科技政策研究的意义和效果，这就需要本着科学、实用、可比和发展性的原则，审慎地遴选指标、构建指标体系。既要结合如专家访谈法、德尔菲法等定性方法的优点，又要充分考虑到本示例中使用的聚类分析法和因子分析法等定量方法的不足。

在本示例中，由于受数据可获得性的限制，聚类分析和因子分析所依据的是14个省（自治区、直辖市）的数据。由于缺乏全面系统的数据，尽管从统计学上讲，其他省（自治区、直辖市）的统计数据与已有数据存在差异是小概率事件，但依然不能排除这种可能性，而且基于不同的数据很可能会出现不同的聚类结果和不同的指标遴选结果；另外，本示例所采用的只是14个省（自治区、直辖市）在2007年的统计数据，如果逐年考察，或对数据做移动平均，抑或对通过货币计量的指标用不变价格来计算，测算的结果很可能存在差异；需要说明的是，即便是同组数据，同是采用聚类和因子分析方法，当研究者采用不同的技术路线时，结果也会出现差异，有兴趣的读者可以参考顾雪松等（2010）的研究结果。特别需要强调的是，本节内容之所以有别于其他章节中的实例而称为示例，是因为数据和结果只是用来说明方法，并未真正用于科技政策研究和决策支撑。

第七章
成本收益法

成本收益分析（cost-benefit analysis，CBA）指决策者在对项目的投资价值进行分析时，将未来所有与投资活动相关的内部正的、负的现金流按照真实利率（考虑通货膨胀率）进行折现，并用一些关键性的指标来评价和选择投资项目或者方案。

通俗地讲，成本收益分析是以货币为基准，对政策手段实施的投入成本与政策效果的产出作比较，从而决定是否实施该政策及如何实施的评价方法。一般来说，如果政策实施所需要的负面成本已经大于正面收益，那么，该政策就会因违背成本收益分析原则而被舍弃。

从实践应用看，近 20 年来，成本收益法已成为美国政府评价政策有效性的基本分析工具之一，而在欧盟和 OECD 成员国，科技政策评价的重要内容之一就是制定作为导则的成本收益分析手册。究其原因，成本收益分析对于弥补传统利益衡量机制的局限，整合科技政策过程的阶段评价标准具有重要意义。而更为本质的是，成本收益分析借助货币分析的共量性，有效缓解了价值标准间的不可比性。换言之，成本收益分析以货币为共量基准，为传统利益衡量要素间缺乏一般等价物从而无法实现直接作价对比的困境，提供了解决途径。这样，原本非常抽象复杂并且无法共量的利害关系，就具有数据化的对比可能性（蒋红珍，2011）。

第一节　分析步骤与基本假设

成本收益分析主要是通过考虑政策的得失，即潜在获益者愿意进行支付以获得相应收益的意愿，以及潜在受损者愿意接受赔偿所造成的损失的意愿。在通常情况下，成本收益分析主要包括如下步骤：首先是确定政策目标与替代方案，并确定各方案成本与收益的测度指标；其次是将成本与收益指标进行分类，从可衡量和不可衡量两个角度考察；再次是分析和比较可以用货币测度的成本与收益并进行灵敏性分析，以考察各替代方案的优劣；最后是根据不可衡量的成本与收益进行调整。

在实际应用中，成本收益分析不仅要考虑当下的效果，还需要考虑中期和远期的影响。同时，成本收益分析还包括对于所有利益相关者成本与收益的考察，通常是以货币形式作为共同的衡量标准。除此以外，成本收益分析也并不意味着是一次性或一劳永逸的，还应包括政策的后评估，即根据社会经济的发展来决定是否有必要修订、完善或废除原有的政策规定。

成本收益分析对于支撑政府科技政策决策的意义在于，不仅拟采取的政策行为需要依据大量而充分的信息支持，而且只有在潜在的公共利益大于社会成本时，才能实施该政策措施。更重要的是，决策部门应当在为社会带来最高净利益的目标下，选择对社会净成本最少的方式来达成目标。因此，从概念上看，虽然成本收益分析是针对某特定的政策措施进行的，但实际上却包含了多重分析结构和评估内容。

一、与目前的状态进行对照

成本收益分析本质上发端于经济学中对规则无效的质疑，因此，最常见的对照假设状态是“没有该政策的目前状态”，换言之，就是如果不制定和实施该项政策而维持现状，究竟会怎样？同样，成本收益分析也可运用于对既存政策状态的评估，这时的对照假设会转变为“没有该政策的未来状态”。无论如何，它们都揭示出，任何的政策规则首先都存在一个在“管”与“不管”之间的选择问题，但无论是政策形成前的预评估，还是政策实施后的影响评价，都需要基本的对照假设。

二、以特定政策为分析单元

各政策点的成本与收益，是成本收益分析中最基础也是最关键的分析单元。总体说来，政策方案最终是否会被采纳，最核心的数据支撑来源于此。一般来说，对于某项政策的成本收益分析报告会产生若干可选方案，并选择单个或多个特定政策点作为核心论证的方案。包含在每一方案中的政策点，就属于这里的“特定政策”。在成本收益分析过程中，对于任何一个政策点，都必须以货币为形态，评估其成本和收益的大小，从而得出每个特定政策点“是否值得”的判断。而对于“是否值得”的最基本的判断，就是要求“收益超过成本”。

在这里，收益是指净收益，即总收益与总成本之差。一般说来，只有当净收益为正值时，政策方案才具有最起码的参考价值；而对收益超过成本的评估是通过收益率指标来测度的，即单位成本的收益越大，那么政策点就越有价值，政策方案被采纳的可能性也就越大。

三、评估对比可替代性手段

虽然政策点是成本收益分析的核心单元，但即使某些政策点在净收益和收益率上都能够令人满意，但对该政策方案的评估仍存在局限，这就需要对替代方案进行评价，为成本收益分析提供更为宽广的政策选择和参考背景。

一般来说，政府部门通过对每个替代方案成本与收益数据的考察，在广泛对比这些替代方案之间的优劣之后，才会最终宣布定案的政策措施，并同时说明最终采纳的政策措施能够为社会带来最大净收益。

需要说明的是，在替代方案的评估中，“维持现状”也是替代性手段的评价对象之一。在替代性手段的评价过程中，全面的信息收集工作十分重要，各个政策点成效的规模、影响、可能性，以及依据备选方案考虑不同政策点是否具有其他特点，如不可恢复性与独特性等，以及选择不同层级的执行机构等因素，都需要纳入评估的范畴。

四、兼顾分配效果与公平性

在实际应用中，虽然成本收益分析高度依赖“货币价值”技术方法，但政策实施引起的“分配效果与公平性问题”也通常会被纳入考虑的范围。这是因为政策措施往往会造成不同人口与经济阶层（如按照收入高低、种族、性别、产业类型等划分）在分配效果上的差异，因此成本收益分析不能置公平性问题于不顾。

但是，由于不同政策方案其成本与效率分配的结果不同，在现实生活中也很难通过抽象法则来证明哪一种分配更合乎公平正义，因此，在实际应用中，变通的办法是尽可能详细地描述成本收益分析对分配效果的影响状况，而不是直接地断定何种方案更加公平。

第二节　价值测度方法与指标

就支撑决策而言，成本收益分析原则上是按照从货币量化分析到其他量化分析，最后是定性分析这样的逻辑来进行的。其中，以货币为量化基准提供的价值尺度对于整个过程意义重大。

一、基本测度指标

成本收益分析通常会用到三个关键测度指标。

首先是净现值（$\mathrm{NPV}=\sum_{t=0}^{n}\frac{B_t-C_t}{(1+r)^t}$），项目的净现值等于投资收益的净现值减去投资成本的净现值。如果净现值为正，则认为该项目具有投资价值。B_t表示项目在t年度的收益，C_t表示项目在t年度的成本，r表示折现利率，n表示项目持续的时间。净现值是评估项目经济影响最直接的方法，但净现值指标并不能反映项目规模大小和对规模不同项目进行横向比较，因此评价者还会经常采用收益率和内部收益率等作为参考指标。

二、市场价值评估

对于具有市场价值属性的要素可以根据市场价格对相关损益进行评估。例如，对于具体的货物及劳务，通过市场价格换算就能确定其经济价值，这也是成本收益分析中最常见的货币量化方式。当然，具体到特定政策点的成本收益核算，则可能是对多项具有市场价值的加减问题。

在实际应用中，虽然市场价值的评估相对容易，但还是存在三个方面的不确定性。

首先是价格扭曲的问题。例如，市场上存在的价格无法真实反映价值的情形，在这种情况下，就需要考虑市场价格背后真正的“影子价格”，以避免政策成本或效益被高估或被低估的风险。

其次是当前价值和过去价值的问题。因为即使投入和产出都具有市场价值的可评估性，但由于许多项目衍生的成本和收益并不是同期发生的，往往成本付出是在计划推动的初期，而收益却发生在后期甚至延续到长远的未来。为此，学者在成本收益分析中引入了经济学“贴现”理论，试图尽可能地完善被评估价值的货币计算。尽管如此，贴现率的选择依然是仁者见仁，智者见智，无论是在理论上还是在实务上始终存在较大的争议。而在实际应用中，资本市场利率是最常用的贴现率估算基础。

最后是汇率问题。在通常情况下，成本收益分析的价值评估只是基于国内市场的货币价值。但有时候，还需要考虑国别差异或者国际贸易的影响，这就需要考虑外币汇率涨跌的时间差对成本效益核算的影响，除此以外，在进行一些限制进口措施时国内替代品生产的折耗率等，都应该纳入到成本收益分析的范畴。

三、非市场价值评估

在很多情况下，受有些政策的影响，如健康与危险、防御、紧急救助、环境舒适性的创造与维持等，无法以相应的市场价值来评估成本和收益。这时评估成本和收益通常采用愿意支付和愿意接受两种方法。

所谓愿意支付，就是根据人们愿意为某一特定的货物、劳务、健康、快乐付出多少的货币代价来确定价值的方法。这种支付成本可以看作是某种商品或劳务的价值；愿意接受是容忍某种风险而愿意接受的最小成本，在实际评估中，政府某项政策措施的收益是即将获得的好处或没有失去的损失，政府某项措施的成本是失去的损失或者先前的所得（刘权，2015）。

第三节 成本收益法的新发展

从政策制定和执行的角度看，成本收益分析最大的优点在于使政府部门更详细地考虑各种价值的含义，更加明确显性和隐性的成本与收益，以期更加客观和理性地选择政策点。

但成本收益分析方法的不足也是非常明显的。首先，成本收益分析未能将政策的政治语境考虑在内，从本质上讲，还是一种个体主义和人类中心主义的社会愿景；其次，在方法的使用中，无论是市场价值评估还是非市场价值评估，都以多种假设为基础，其结论往往对这些假设（如风险、不确定性和折现率等）高度敏感，很难按照成本收益分析自身的方式平衡不可量化的成本与收益和可量化的成本与收益；除此以外，在测算过程中往往很难收集到所需要的数据或者收集成本非常昂贵也是非常重要的因素。

总的来说，成本收益分析方法作为科技政策研究的评价方法，其局限性主要是因为某些因素无法或很难通过货币化的方式加以衡量。针对上述问题，以成本收益分析方法为基础发展出多重标准分析方法，将可货币化的影响和不可货币化的影响分别考虑（毕洪海，2016）。

多重标准分析方法是根据实现具体目标的能力对选项进行排序，并评估目标的绩效标准，而非经济影响。在实际应用中，多重因素分析可以提供一个模型框架，使决策者在大量复杂信息的情况下，以前后一致的方式处理信息，并通过参考一系列决策机构所确定的目标确立各种选项的顺序。

在实际应用中，多重因素分析基本包括如下步骤：首先是确定政策的政治语境，对备选政策点进行评估；其次是以明确的价值和绩效目标标准为参考，根据这些标准，考察每个政策点的绩效；再次是权重分配，将评分与权重相结合，将得分汇总以表明选项的总体绩效；最后是进行灵敏度分析，以解决分析方法的不确定性问题，通过选取不确定的因素，计算不确定因素变动对权重的影响。

与成本收益分析方法相比，多重因素方法能够容纳大量不同的因素，有助于考察政策点所遵循的特定规则及特定方式，因而更具灵活性；但也因为其考量的因素众多，选项的权重的确定就比较困难，而且在方法论上也不如成本收益分析法严格。

应用实例

研发活动收益的评价

成本收益分析之所以要对未来的现金流进行贴现，是因为项目的成本和收益一般不在同一时间段发生，所以评价者需要根据利率和通货膨胀率对项目不同时间段发生的成本和收益进行调整，以反映资本的机会成本和货币的时间价值。

但从产出测量来说，不是所有科学研究产生的效果和影响都可以用货币化的方法进行评估。单独的科学和技术指标一般都不是以货币为单位的，如论文数、专利数、引用数。这些指标之间也许不具有可比性，或者很难确定两者之间的替代率，因此很难将所有的科学与技术指标合成一个综合指标。这是和一些著名的经济指标不同的地方，例如，国内生产总值（GDP）或国民生产总值（GNP），所有的产品和服务都可以根据价格或者成本来综合。

因此，成本收益法主要考虑科研的成效，从国家或社会大范围的角度，评价投资科研机构、项目的“外部性”或者“溢出”效应，但纯粹的知识收益往往排除在考虑范围之外。除非可以利用历史回溯或者过程产出的研究，找出“上游”基础研究与“下游”的新技术及最终经济活动之间的联系，成本收益分析一般不能应用在基础研究的评价上。从评价对象的角度来说，成本收益分析主要适用于评价新技术产业化所带来的经济和社会收益，且这种量化是以货币为单位的，尽管不可能列举出所有研发活动的收益，并用货币准确地测量它们的价值，但是相对一些定性的评估结果，它为一些利益相关者提供了某研发活动价值更加有利的证据。

公共资助研发活动通过一些不同的传导机制，可以产生很多种不同的“私有”和“社会”收益（Grilliches，1992）。私有收益是指实施研发活动组织（企业、高校或者研究机构）所获得的收益。例如，组织内部知识资本存量的增加，以及商业化或者专利许可转让所带来的经济收益。社会收益则是指科学基础和基础技术的增加，以及研发活动的正外部性或者溢出效应给社会带来的收益和市场交易下的租金溢出。Jaffe（1996）分析了研发活动正的外部性，认为其存在三个方面的溢出机制，即“知识”溢出、“价格”溢出、“网络”溢出，这些溢出效应也会相互影响。

“知识”溢出是指由创新者生产的知识被第三方使用却没有获得补偿，或者补偿低于知识的价值。“知识”溢出的途径一般独立于市场机制，最有可能发生在基础研究领域，例如，科研机构、高校和其他机构知识溢出的途径有出版物、学术会议、专利转移，研究者流动等。“知识”溢出的发生可以使一些企业使用新知识来复制或模仿创新者的产品或生产过程，或者将获得的知识作为某一研发活动的投入以研发出其他一些新的技术。在一些情况下，创新者有意地将自己创造的“知识”溢出。比如，一些科学论文的发表就是为了传播新知识，使其能够尽可能被广泛地使用。

“价格”溢出则在市场交易过程中发生，是指市场交易中“新产品”或“新生产工艺”所带来成本降低，或者质量改善的收益被市场上其他参与方而不是创新企业获得。这种收益的渗漏是因市场竞争而不是由知识流动造成的。“价格”溢出表现在两个方面：一方面，新的或者改进的产品质量、价值的增加没有完全体现在产品价格的变化上；另一方面，如果公司采用的新技术或者生产过程降低了产品的生产成本，它们一般会以更低的价格出售产品，给顾客带来更多的消费者剩余。总而言之，创新往往会带来更高质量、性能，但同时更低价格的产品，使消费者受益颇多。

“网络”溢出是指研发活动所带来的效率改善，即某一新技术的商业或经济价值是其他一系列相关技术的研发增函数，也就是某一新技术的价值依赖于一系列相关技术的研发。一个典型的“网络”溢出存在的例子是，计算机操作系统的价值很大程度上取决于可运行在其平台上应用软件的质量和数量。所以，在面临一系列相关的项目或者技术的研究时，私有企业往往会担心其他企业不进行相关项目研究，而对自己的研究投资有所迟疑。相反，一旦某个企业决定进行一项研究的行为，往往会给其他企业一个具有正外部性的信号。因此，“网络”溢出引起企业之间相关研究的协调问题。

正是由于存在这种溢出的机制，对于研发活动来说，存在两个方面的收益，即创新者或公司自己获得私有收益，以及其他公司、顾客和社会大众获得的社会收益。

Roper 等（2004）研究和总结了公共资助研发活动的收益，提出了一个评价研发项目收益的事先评估框架，并且以此评估框架对英国高校的研发项目做了两个案例研究，评估研究项目可能产生的私有和社会收益。对于私有收益而言，可将其分为三个部分：企业知识资本存量的增加，哪些可能影响后续研发活动生产率的科研组织和管理能力的发展，以及从研发成果商业化应用中给企业所带来的利润。对于更广泛的社会和公共收益而言，则可分为公共科学或者知识基础的增加、其他组织研发效率的改进、市场机制下的“租金”溢出及纯知识溢出等（表 7-1）。

表 7-1　研发活动收益构成分类

私有收益	更广泛的社会和公共收益
1. 私有知识存量增加	1. 公共知识存量增加
1.1 基础研究成果	1.1 基础研究成果
1.2 应用研究成果	1.2 应用研究成果
1.3 开发成果	1.3 开发成果
2. 私有研发活动的效率	2. 公共研发活动的效率
2.1 未来研究有了更好的目标	2.1 基础技术的改进
2.2 研究人员和管理能力的发展	2.2 未来研究更好的目标
2.3 声誉的晕轮效应	2.3 研究技能、个人和整体研究能力的提高
2.4 增进使用目前研究发现的能力	3. 租金的溢出
2.5 研究成果的共享降低了成本	3.1 消费者的成本收益
3. 商业应用的收益	3.2 供应商的规模收益
3.1 现有产品或服务的成本减少	3.3 受训练研究人员的获得
3.2 新的或改进的产品或服务	4. 纯知识的溢出
3.3 生产率改进收益	4.1 生产力、增长等方面的知识溢出
3.4 增长收益	4.2 产业孵化及衍生
3.5 利润收益	4.3 集聚优势
	4.4 声誉、形象或示范效应

显然，对于公司获得的私有收益很容易测量，因为可以直接从公司的利润中获得，但如何有效测量研发活动带来的社会收益对全面、准确评估研发活动的有效性是一个很重要问题。

Mansfield（1996）提出可以通过消费者剩余来测量“市场”溢出。他通过收集公司研发项目的成本、收入和利润，同一行业其他公司相似的新产品和工艺，以及最终消费者产品等方面的数据，计算和估计包括 17 个私有部门的创新活动所带来的私有和社会收益。从政策角度来看，公共投资的社会收益是做出投资决策的主要因素。他的研究结果可以发现政府资助高技术、高风险及技术基础设施的有力证据：由于正的“市场”溢出效应，创新活动会带来显著的消费者剩余的增加，即消费者可以从新产品价格降低中获得收益，甚至在创新者的私有收益很低或者为负的情况下。在他的模型中，研发活动中获得的社会收益是通过创新者所获得的收益加上消费者因为创新活动产品价格降低中得到的收益（图 7-1）。

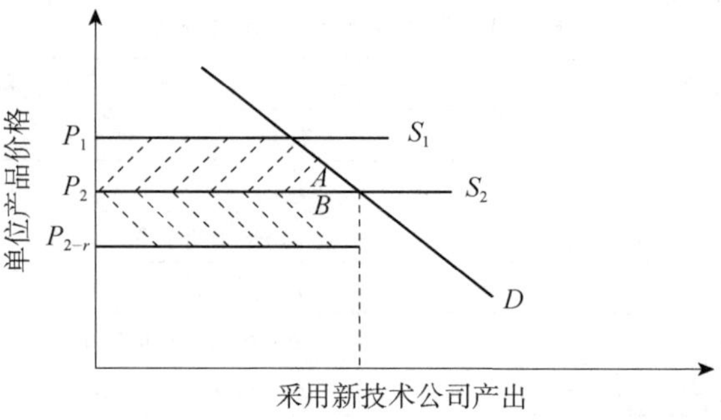

图 7-1　采用新技术带来的社会收益

图 7-1 假设，S_1 为创新前的供给曲线，P_1 为产品价格。当引入新技术后，此时供给曲线为 S_2，价格为 P_2。此时的社会收益为图 7-1 中阴影面积 A 和 B 之和。阴影面积 A 表示由于产品价格降低带来消费者剩余的增加。阴影面积 B 表示由于创新活动、新技术和生产工艺的采用导致生产成本降低给公司所带来的收益（r 为公司的创新利润）。简而言之，该方法可以有效测量出研发活动“市场”溢出所带来的社会收益，但并不能测量“知识”溢出所带来的收益。所以，在估计其模型时使用了多年的历史数据，从技术商业化的早期阶段即开始计算。但是，对于公司早期由于新技术获得利润、价格、市场销售量等数据的预测误差大，需要通过对一系列案例数据进行更新和多次重复的计算，检验测量结果随时间变化的情况，从而提高预测的精度。

美国国家标准与技术研究院（NIST）的经济学家在对“先进技术计划”资助的研发活动所产生经济影响评估的案例研究中，经常使用上述基本方法。

第八章
效用函数法

在科技评价过程中，决策者、评价者或同行专家总是面临着在一系列不同备选方案构成的集合上做出最优选择的问题，这些选择是建立在自己对备选对象的评价基础上的。例如，国家自然科学基金的同行评议专家在面临很多申请项目时需要选择出自己认为好的项目申请予以通过。科技期刊的主编、审稿人需要从备选稿件中选择质量高的文章，使之可以在杂志上发表（张大群，2009）。在科研机构中，决策者需要从一系列研究工作出色的研究所中，选择出相对表现最好的研究所或出色的项目及团队给予重点经费支持，在上述类似的评价中，效用函数法是较为普遍采用的评价方法。

第一节　基本逻辑思想

效用函数法的主要思路是，先假定评价对象集上存在一个完全、传递的偏好且该偏好是可替代和有界的，则存在一个效用函数。如果该偏好进一步满足属性偏好相互独立和可加性条件，则存在一个可以加性分解的效用函数。

从思想来说，效用函数通过预先假定理性偏好的存在，来证明效用函数的存在性，然后再通过效用函数来显示人们的偏好。人们在评价中要做的就是找出效用函数的具体形式，并给不同指标定权（张大群，2009）。

根据贝努利准则，若决策者的偏好满足完全性、传递性、替代性和连续性理性公理条件，则存在与决策者偏好一致的效用函数，在此效用函数基础上，人们在进行决策时会选择使期望效用最大化的行动方案。

第二节 指标权重设置

一般情况下，被评价对象往往有多种属性，这些属性可以用不同的指标进行测度，基于测度结果，依据评价者的主观愿望和价值取向可以相应地构建效用函数，这就需要对指标的权重进行设置。

在实际应用中，指标权重设定的方法有很多，但从大致范围看，可以分为两大类：主观赋权法和客观赋权法。

主观赋权法是指根据专业知识和实践经验，通过主观分析研究后确定各评价指标重要性权重的方法。在主观赋权法中，专家判断法是最为常用的方法，即通过专家掌握的信息，对评价指标之间的重要性进行比较和打分，从而获得各指标的权重。专家判断法的优点在于可以充分利用专家的经验和特长，更好地把握被评价对象的本质特征，同时还可以起到政策导向的功能；专家判断法的缺点在于主观性较强，由于人类认知的局限性，所产生的权重可能精确性不高，误差较大。

在实际评价中，较为典型的专家判断法是德尔菲法和层次分析法，而选好专家是非常重要的关键环节：要选出真正具有领域知识和专业技能的专家、学者参与评价，专家数量不宜太少，同时还应建立专家库，使用反馈排序法判断专家的真正水平和倾向性。除此以外，还要采用一定的数学方法来处理不同专家的主观看法，以便过滤掉由偶然因素造成的不同专家主观认识的差异，以保证赋权的客观性（梁雄健，2004）。

客观赋权法的主要思想是“用数据说话”，即直接根据各个指标的原始信息，经过一定数学处理后获得权重的一种方法。其基本思想是，指标权重应根据各指标间的相互关系或各指标提供的信息量来确定（许涤龙，2004）。目前较为常用的客观赋权方法有变异系数法、相关系数法、主成分分析法、熵权法等。

一、变异系数法

在指标权重设置中，一般认为，如果某项指标的数值能够明确区分各个被评价对象的差异，那么该指标在这项评价指标上的分辨信息就丰富，因而应该赋予该指标较大的权重；反之，若各个评价对象在某项指标上的数值差异较小，那么这项指标区分各被评价对象的能力较弱，因而应该赋予该评价指标较小的权重。显然，如果各评价对象在某项指标上根本没有差异，那么该项指标对于总体效用函数就没有贡献，应该从指标体系中剔除（陈正伟，2013）。

常用的指标数值变异信息量测度指标有极差、平均差、方差和标准差等，其中方差和标准差的应用较为普遍，但在效用函数的构建中，各指标量纲和数量级往往存在较大差异，使得各指标的方差和标准差不具可比性。为此，通过计算变异系数，即原始数据标准差与原始数据平均数的比，便可消除测量尺度和量纲的影响，将各指标变异系数进行归一化处理，便可得到相应的权重。

若有 n 个被评价对象和 P 个评价指标，则第 i 个指标的均值和方差为

$$x_i = \frac{1}{n}\sum_{j=1}^{n}\overline{x}_{ji} \quad S_i^2 = \frac{\sum_{j=1}^{n}(x_{ji}-\overline{x}_i)^2}{n-1} \quad i=1,2,\cdots,P \tag{8.1}$$

式中，x_{ji} 表示第 j 个被评价对象在第 i 项指标上的指标值。由此可得各指标的变异系数为

$$v_i = \frac{S_i}{\overline{x}_i} \quad i=1,2,\cdots,P \tag{8.2}$$

对 v_i 进行归一化处理，可得各指标的权重：

$$w_i = \frac{v_i}{\sum_{i=1}^{P} v_i} \quad i=1,2,\cdots,P \tag{8.3}$$

二、相关系数法

在效用函数的构建中，评价指标体系的各个指标要尽可能彼此不能替代，即尽可能避免信息的重复。但在实际应用中，指标体系间总有部分重复信息。一般来说，某评价指标与指标体系中其他评价信息重复越多，说明该指标的变化越能被其他指标的变动所解释，因此该指标在效用函数中的实际意义就会很小，所以应赋予其较小的权重。

由此，对于多指标评价体系，可用多元相关系数来赋权。

首先计算 P 个评价指标的相关系数矩阵 R：

$$R=\begin{bmatrix} 1 & r_{12} & \ldots & r_{1P} \\ r_{21} & 1 & \ldots & r_{2P} \\ \ldots & \ldots & \ldots & \ldots \\ r_{P1} & r_{P2} & \ldots & 1 \end{bmatrix} \tag{8.4}$$

继续构建分块矩阵。假定要求出第 i 个指标 x_i 与其他 $P-1$ 个指标间的多元相关系数，则对相关系数据矩阵 R 做如下分解：

$$R=\begin{bmatrix} R_{P-1} & r_i \\ r_i' & 1 \end{bmatrix} \tag{8.5}$$

式中，R_{P-1} 是除 x_i 之外，其他 $P-1$ 个指标间的相关系数矩阵，$r_i=(r_{1i}, r_{2i},\cdots, r_{i-1,j}, r_{i+1,i},\cdots,r_{PP})$是一个 $P-1$ 阶列向量。

计算指标 i 的多元相关系数：

$$\rho_i = r_i' \mathrm{g} R_{P-1}^{-1} \mathrm{g} r_i \tag{8.6}$$

根据式（8.6）可以求出其他 $P-1$ 个指标间的多元相关系数。显然，某个指标的多元相关系数越大，表明该指标越能被其他指标所替代，它在效用函数中的作用也越小，其权数也应该越小。若将多元相关系数的倒数做归一化处理，可相应确定各指标的权重：

$$w_i=\frac{\dfrac{1}{\rho_i}}{\sum\limits_{i=1}^{P}\rho_i} \quad i=1,2,\cdots,P \tag{8.7}$$

三、熵权法

熵权法的基本思想是根据指标数据变异性的大小来确定权重。若系统有 n 个对象，有 m 个评价指标，每个评价指标对每一个对象的评判可以用指标特征量表示，则系统有 $m\times n$ 阶指标特征矢量矩阵。

$$X_{ij}=\begin{bmatrix} X_1 \\ X_2 \\ \vdots \\ X_m \end{bmatrix}=\begin{bmatrix} x_{11} & x_{12} & \cdots & x_{1n} \\ x_{21} & x_{22} & \cdots & x_{2n} \\ \vdots & \vdots & \vdots & \vdots \\ x_{m1} & x_{m2} & \cdots & x_{mn} \end{bmatrix} \quad i=1,2,\cdots,m;\ j=1,2,\cdots,n \tag{8.8}$$

式中，x_{ij} 是第 j 个对象的第 i 个评价因素的指标特征量。对各指标特征量进行标准化，令

$$x'_{ij}=\frac{x_{ij}}{\sum_{j=1}^{n}x_{ij}}$$

则有

$$X'=\begin{bmatrix}X'_1\\X'_2\\\vdots\\X'_m\end{bmatrix}=\begin{bmatrix}x'_{11}&x'_{12}&\cdots&x'_{1n}\\x'_{21}&x'_{22}&\cdots&x'_{2n}\\\vdots&\vdots&&\vdots\\x'_{m1}&x'_{m2}&\cdots&x'_{mn}\end{bmatrix}\quad i=1,2,\cdots,m;j=1,2,\cdots,n \tag{8.9}$$

很明显，$\sum_{j=1}^{n}x'_{ij}=1\,(i=1,2,\cdots,m)$，如果将 X'_i 看作随机变量的话，则 x'_{ij} 为 X'_i 的概率分布。引入 Theil 不均衡指数:

$$T=\frac{1}{n}\sum_{j=1}^{n}\frac{y_j}{\overline{y}}\ln\frac{y_j}{\overline{y}} \tag{8.10}$$

其中，y_j 为第 j 个指标值，$\overline{y}$ 为 n 个指标值的均值。

对式（8.10）进行变换，则有

$$T=\ln n+\sum_{j=1}^{n}\frac{y_j}{\sum_{j=1}^{n}y_j}\ln\frac{y_j}{\sum_{j=1}^{n}y_j} \tag{8.11}$$

由此可定义第 i 项指标的不均衡指数为

$$T'_i=\ln n+\sum_{j=1}^{n}\frac{x'_{ij}}{\sum_{j=1}^{n}x'_{ij}}\ln\frac{x'_{ij}}{\sum_{j=1}^{n}x'_{ij}}\quad i=1,2,\cdots,m \tag{8.12}$$

（若 $x'_{ij}=0$，可对其进行坐标平移处理，取 $x''_{ij}=x'_{ij}+\sigma$，令 $\sigma\to 0$，以使式（8.12）有意义。依据上述不均衡指数 T'_i，可有第 i 项指标的权重系数：

$$\lambda_i=\frac{T'_i}{\sum_{i=1}^{m}T'_i}\quad i=1,2,\cdots,m \tag{8.13}$$

第九章 层次分析法

在日趋复杂的经济社会条件下，学者在进行科技政策问题的研究中会常常面临由相互关联、相互制约的众多因素组成的复杂系统，以支撑科技发展战略规划、科技经费及人才管理等重要决策，问题的复杂性和决策的深远影响可想而知。

就评价方法而言，在 20 世纪 70 年代，当以美国为代表的西方国家在耗费大量时间、人力、物力、财力建立起复杂的数学模型，用以跟踪计划项目进展、监测活动组织效用、评估政府部门绩效，并坚信将自然科学及其方法引入社会科学用以解决社会问题几乎是社会科学家不可动摇的信念时，却又发现过于复杂的数学模型往往会因难以执行而失去实用价值，同时也降低了定量方法的社会经济效用。

学者们认识到数学工具并非万能，在决策过程中总会有大量因素无法定量地表示出来，这就需要重视在分析决策过程中决策者的选择和判断。在此背景下，美国运筹学家、匹兹堡大学教授萨蒂（T. L. Saaty）于 20 世纪 70 年代提出层次分析法（analytic hierarchy pricess，AHP）。

尽管层次分析法有其深刻的数学原理，而且在使用中需要掌握一些数学工具，但从本质上讲，层次分析法是一种分析问题的思维方式：它把复杂问题分解为若干组成因素，又将这些因素按支配关系分组，形成递阶层次结构，通过两两比较的方式确定层次中诸因素的相对重要性，然后结合决策者的判断，确定决策方案相对重要性的总的排序，体现出人类决策思维的分解、判断、综合的典型特征，并以定量与定性相结合的方式，用数量形式表达和处理，实现了软科学（社会科学）和硬科学（自然科学）的有机结合，因而大大提高了决策的有效性、可靠性和可行性，并在计划制订、资源分配、方案排序、政策分析、决策预警等相当广泛的科技政策及其他研究领域得到了广泛应用（王连芬，许树柏，1990）。

第一节　层次分析法概述

作为多目标决策评价方法，层次分析法通过模拟人处理复杂决策问题时的判断过程和思维方式，将其通过数学语言表达出来，从而以量化的方式来评价和解决决策问题。也正因为如此，层次分析法一经问世便成为科技评价和科技决策的重要工具，被广泛应用于计划制订、方案排序、资源分配、冲突解决及决策预警等诸多领域。除此以外，层次分析法兼具与线性规划、质量功能展开、模糊逻辑分析等定量或定性方法的有机结合，因而更贴近决策需求。

经过几十年的发展和众多学者的不断完善，层次分析法已发展出如模糊层次分析法（fuzzy analytical hierarchy process，FAHP）、网络层次分析法（analytic network process，ANP）等新的理论与方法。在评价实践中，层次分析法基本上可以分为三个方面的主题应用：第一个主题涉及选择、评估、成本效益分析、资源分配、规划与发展、优选与排名及决策；第二个主题以预测及行业应用为主；第三个主题是与质量功能展开（quality function deployment，QFD）相结合的大量应用（Omkarprasad et al.，2006）。

总的来说，层次分析法作为定性、定量兼具的分析工具有明显的优点。

第一是系统性。层次分析法采用系统思想研究目标对象，在研究系统各组成部分相互关系及系统所处环境的基础上进行决策，这是对复杂问题系统进行评价的有效思维方式。在分层过程中，系统中的每个因素都会直接或间接地对结果产生影响，每个层次按照先分解后综合的思路进行评价，通过比较判断逐层计算每个因素对结果的影响程度，因而每个因素的对系统的影响是具体的、可量化的。除此以外，通过层次分析还可以进一步研究更复杂的系统，如通过网络层次分析法对反馈系统的考察。

第二是简洁性。层次分析法通过系统化的方法，将复杂问题简单化，非常适用于处理复杂的难以量化的多层次、多目标的问题。该方法将问题层次化：在每一个层次之间，可通过两两比较及简单数学计算判别因素的重要程度；而层次之间是一种相对的数量化关系，下一层次的影响程度是相对上一层次的大小而言的。这种层次化的逻辑关系非常便于理解，而与之相对应的数学运算也可通过计算机的辅助实现，所得结果简单明确、一目了然。

第三是实用性。从学科角度看，层次分析法属于最优化技术，是多目标决策的分支。但层次分析法通过定性判断与定量测算的有机结合，改变了传统最优化技术只能处理定量问题的传统观念，使其应用范围大大拓展。面对资源分配、方案评比、计划规划及系统分析和预测判断等评价问题，层次分析法不失为一种有效的方法。

第四是有效性。在通过层次分析法构造对比矩阵的过程中，指标因素的相对重要性比较是由人的主观意识进行判断的，表现了人脑思维的过程，其结果也是评价者对问题的认识。由于评价者很容易掌握这种方法，这就使得评价者和决策者之间难于沟通的状况得以改善，从而提高评估结果的有效性。

但层次分析法在实际应用中也有其局限性。第一，层次分析法的应用主要是在已有的方案中进行遴选，并不能生成新的方案。第二，层次分析法得出的结果只是粗略的方案排序，对于有较高定量要求的评价问题，不宜简单采用。第三，就层次分析法本身而言，无论是建立层次结构还是构造判断矩阵，人的主观判断和选择偏好对结果影响极大，尤其是当评价者过多地受其主观偏好影响而不能正确认识和应用客观规律时，评价结果很可能会出现偏差、误导决策，因此需要评价者对所面临的问题有比较深入和全面的认识，而引入专家支持系统和群组判断，不失为克服主观偏见的好方法。除此以外，层次分析法还涉及求矩阵特征根的问题，而通过求平均值的方法求特征根，对于有些矩阵会存在系统误差。

第二节　层次分析法建模

一般来说，运用层次分析法分析问题主要包括以下四个基本步骤。

首先是建立层级结构。基于对问题类型的界定，将决策目标分解，按照评价需求，全面、系统地分析各分目标的影响因素，明确各因素的具体影响及其界定标准并建立层级结构：按照从目标层、准则层、子准则层到最终方案层的递阶层次关系把决策问题层次化、条理化。

其次是构建判断矩阵。针对每一层次中各因素的相对重要性给出判断，通过合适的数值标度以判断矩阵的形式给出，表示针对上一层次因素，本层次与之有关因素之间相对重要性的比较。

再次是判断矩阵检验：虽然通过构建判断矩阵使得对复杂经济社会问题进行定量分析成为可能，但在对多因素、大规模问题进行分析时，由于受人类认识的局限性和客观问题的复杂性的影响，很有可能出现类似 A>B>C>D>A 的悖论，这就需要对构造的判断矩阵通过计算一致性指标（consistency index，CI）和一致性比率（consistency ratio，CR）进行一致性检验。

最后是给出评价结果：一般认为，如果各个层级都能够满足满意的一致性比率要求（CR<0.1），则可以据此做出决策，确定相对于总目标各决策方案的优先序权重。

一、建立层次结构

应用层次分析法进行评价，首先要把问题条理化、层次化，构建层次结构模型。在该结构模型下，复杂问题被分解为元素的各组成部分，并按照元素的相互关系分成若干组和不同层次。若假设每一层次的要素间均具独立性，同一层次的元素作为准则，对下一层次的元素起支配作用，同时又受到上一层次元素的支配，于有如图 9-1 所示的层次结构模型。

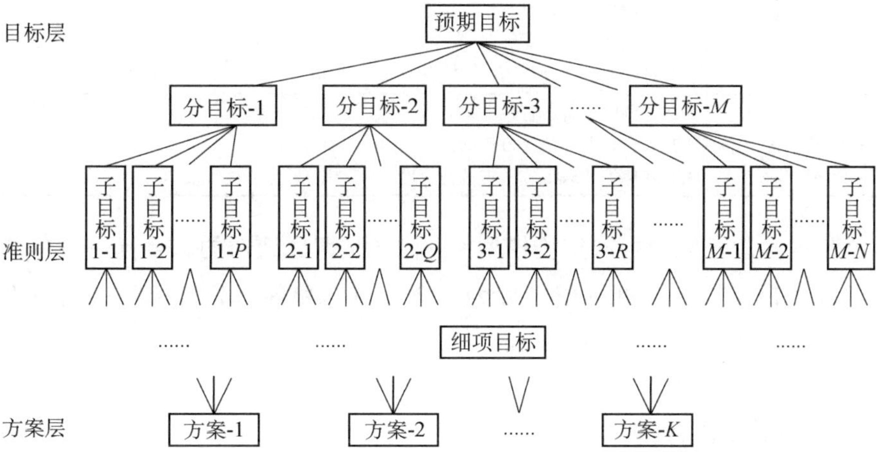

图 9-1　层次结构模型

目标层：该层只有一个元素，一般为评估问题的预期目标。

准则层：该层包括为实现预定目标所需要的中间环节，它可以由若干个层次构成，包括总目标所包含的各个分目标，每个分目标所包含的各个子目标，子目标项下的细项目标，如各种约束条件及应对策略等。

方案层：表示为实现预期目标可供选择的各种措施或具体方案。

现以科研课题评估为例说明建立层次结构的方法（Kumar，2004）。对于科研机构而言，课题选择是组织管理的重要任务，课题选择合适与否直接关系到机构的发展方向。由此可将总目标划分为组织因素、技术因素、战略因素和经费因素四个分目标来分别考察其约束条件（表 9-1）。

表 9-1　课题遴选各目标因素的约束条件

分目标	约束条件
1. 组织因素	1.1 是否具备课题实施的人力资源条件； 1.2 是否拥有相应的基础条件和科研设施； 1.3 机构自身是否具备相应的技术支撑能力； 1.4 机构是否能够满足相应的原燃料及消耗品供应
2. 技术因素	2.1 技术路线成功的可能性； 2.2 技术路线是否具有诱人前景； 2.3 预计完成时间； 2.4 课题目标成果的创新水平； 2.5 与现有在研项目的匹配； 2.6 课题本身的技术相关性
3. 战略因素	3.1 课题的预期社会效益； 3.2 课题使命：对预期目标和预期经济效益的界定是否清晰明确； 3.3 区域资源的整合利用； 3.4 课题负责人的声誉； 3.5 对商业化成功与否及其变化有合理预期
4. 经费因素	4.1 课题的经济可行性； 4.2 来自产业界的经费资助； 4.3 其他机构对课题的支持与协助

由此可构建相应的层次结构模型：目标层是课题遴选的总目标——旨在谋求资助课题的最佳组合；准则层则分为四个分目标和各个分目标所对应的约束条件；方案层则是待评估的科研课题。

二、构建判断矩阵

随着层次结构模型的建立，模型中上、下层之间各元素的隶属关系也就相应确定了。这就需要对针对上一层次的某因素（即图 9-1 中的各层次目标），判断本层次中与之有关的因素之间的相对重要性。

假定以上一层第 i 个元素 C_i 为准则，对下层次的元素 $B_1, B_2,\cdots, B_n$ 有支配关系，我们的目的是按照这些元素相对于准则 C_i 的重要性，赋予其相应的权重。显然，如果元素 $B_1, B_2,\cdots, B_n$ 对 C_i 的重要性可以直接定量给出的话（如我国 GDP 总量中各省（自治区、直辖市）的比重），相应的权重可以直接获取。但对于大多数的社会经济问题，尤其是比较复杂的科技评价问题，各元素的权重难以直接获取，这就需要适当的方法导出其权重。

在层次分析法中，这种权重的获得是通过两两比较的方法，针对准则 C_i 判断元素 B_k 和 B_l 哪一个更重要，重要多少，这种判断需要通过引入合适的标度用数值表示，从而形成对于准则 C_i 由 n 个被比较元素构成的两两比较判断矩阵 $\boldsymbol{C_i}=(B_{kl})\ n\times n$。其中，$B_{kl}$ 表示因素 k 和因素 l 相对于准则 C_i 的重要值，有如下判断矩阵（孙宏才等，2011）：

$$
\begin{array}{c|cccccccc}
C_i & B_1 & B_2 & \cdots & B_k & \cdots & B_l & \cdots & B_n \\
\hline
B_1 & b_{11} & b_{12} & \cdots & b_{1k} & \cdots & b_{1l} & \cdots & b_{1n} \\
B_2 & b_{21} & b_{22} & \cdots & b_{2k} & \cdots & b_{2l} & \cdots & b_{2n} \\
\vdots & \vdots & \vdots & \vdots & \vdots & \vdots & \vdots & \vdots & \vdots \\
B_k & b_{k1} & b_{k2} & \cdots & b_{kk} & \cdots & b_{kl} & \cdots & b_{kn} \\
\vdots & \vdots & \vdots & \vdots & \vdots & \vdots & \vdots & \vdots & \vdots \\
B_l & b_{l1} & b_{l2} & \cdots & b_{lk} & \cdots & b_{ll} & \cdots & b_{ln} \\
\vdots & \vdots & \vdots & \vdots & \vdots & \vdots & \vdots & \vdots & \vdots \\
B_n & b_{n1} & b_{n2} & \cdots & b_{nk} & \cdots & b_{nl} & \cdots & b_{nn}
\end{array}
\tag{9.1}
$$

式中，b_{kl} 是元素 B_k 和 B_l 相对于准则 C_i 的相对重要性之比。

显然，判断矩阵具有如下性质：

$$
\begin{cases}
b_{kl} > 0 \\
b_{kl} = \dfrac{1}{b_{lk}} \qquad k,l = 1,2,\cdots n \\
b_{kk} = 1
\end{cases}
\tag{9.2}
$$

满足式（9.2）中条件的矩阵 $\boldsymbol{B}$ 又称为正互反矩阵。这样，对于有 n 个元素的判断矩阵的构造，只需要给出其上（或下）三角的 $n(n-1)/2$ 个元素，也就是说，需要做 $n(n-1)/2$ 次元素间的两两比较。

理想的判断矩阵应满足传递性条件。即

$$B_{pl}B_{lq}=B_{pq} \tag{9.3}$$

例如，当 B_p 和 B_l 相比的重要性为 4，而 B_l 和 B_q 相比的重要性为 2，如果认为 B_p 和 B_q 相比的重要性为 8，则 B_p 和 B_l 及 B_q 之间的关系就满足传递性。当式（9.3）对于矩阵 $\boldsymbol{B}$ 的所有元素都成立时，那么 $\boldsymbol{B}$ 就称为一致性矩阵。

但在应用层次分析法解决实际问题时，并不要求判断矩阵的元素满足这种传递性要求，而且要求判断矩阵满足完全一致性要求并不切合实际。这是因为在社会经济系统中，许多被测度的对象难以用同样的绝对标度进行衡量，如安全、进步、创新性、满意度等概念很难有绝对的标准，只能在比较中显示优劣，这就要求我们对被评价问题某些属性的测度考虑相对标度。层次分析法所采用的两两比较判断矩阵就是这种充分利用专家经验和判断以测度各种属性优劣的相对标度方法，使得对问题的分析从无结构化向结构化和次序化转换。

进一步考察标度的取值问题（许树柏，1988）。在判断矩阵的建立上，1～9 比例标度是比较好的思维判断数量化方法。这是因为在区分事物属性差别时，人们总是用相同、较强（弱）、强（弱）、很强（弱）、极强（弱）来进行比较，如果再细分的话，可以在相邻两级中再插入一级，这样正好是 9 级，因此，对于大多数的决策判断来说，1～9 比例标度是适用的。同时心理学实验也表明，对于不同事物在相同属性上的差别，大多数人的分辨能力为 5～9 级，因而采用 1～9 比例标度能够反映大多数人的判断能力（表 9-2）（Saaty，2015）。

表 9-2　1-9 比例标度的定义及其解释

标度	定义	解释
1	同等重要	两种活动对目标的重要性相同
3	稍微重要	经验和判断对结果有较小的影响
5	明显重要	经验和判断对结果有较大的影响
7	非常重要	其优势已经被实际证实
9	极端重要	有确凿证据能够证明一个指标优于另一个指标
2、4、6、8	上述判断中间值	表示上述相邻判断的中间值
上述标度的倒数	由上述标度构成比率	满足判断矩阵一致性要求

需要说明的是，标度取值还应满足以下原则：首先是元素属性的可比性，不能将不属于同一范畴的事物进行比较，如交通工具的选择，对于经济性、舒适性、效率和安全等准则进行两两比较，可以考察飞机、火车、轮船、汽车，而不应将

拖拉机列入其中；其次是元素之间的不相关性，这也是层次分析中最容易出现问题的环节，比如，在对区域研究开发能力的评价中，专利测度可以用专利申请、专利授权、国际专利、发明专利或实用新型专利等指标，在实际应用中，根据实际情况选择其一即可，以免给判断者造成困难，徒增工作量；最后是要注意两两比较要素的数量级，在层次分析中，同一数量级的问题放在一起判断才有实际意义，例如，机构之间的比较，中国科学院和国内任何一所高校院系的总体比较都是不妥的，而通过人均指标或细分到研究所层面，使被比较的因素的属性比较接近才是合理的。

两两比较既是层次分析法的重要基本原理，也是该方法的典型特点。实际上，若以 C_i 为准则，对下层次元素 $B_1, B_2,\cdots, B_n$ 相对于准则 C_i 的重要性进行排序，取任一元素和其他所有元素进行 $n-1$ 次比较就可以。之所以进行 $n(n-1)/2$ 次元素间的两两比较，就是为了更全面地反映决策者对问题的分析判断，通过其余的 $(n-1)(n-2)/2$ 次判断来修正 $n-1$ 次比较中的判断错误，修正不合理的排序。因此，虽然 $n(n-1)/2$ 次元素间的两两比较难以保证思维的一致性，判断矩阵也往往是不一致矩阵，但这正是人的认识与判断复杂、多样和有限性的真实反映，也使得排序结果更能够合理地反映问题的本质。

当然，在评价者对某些两两比较判断没有把握或需要回避时，判断次数可以少一些，但人为地规定判断次数，如 $n-1$ 次，不仅会丢失很多必要的信息，也有悖于层次分析法解决评价问题的基本排序原理。

需要注意的是，科技政策研究中的问题往往涉及一定范围的公共利益，这就需要按照群体或社会的标准对评价对象进行价值判断。就层次分析法而言，尽管通过个人的两两比较能够形成判断矩阵，但只有当其个人标准统一于群体或社会标准时，才能提高评价结论的可信度，也只有如此才能体现科技政策研究的社会性。因此，在层次分析法的应用中，更常用的是基于群决策的判断构建判断矩阵。

由于专家的知识及个人偏好等因素的不同，各个专家给出的判断矩阵难免会存在差异。在这种情况下，较为稳妥的办法是运用德尔菲法进行多轮咨询，使判断矩阵趋于一致。但考虑到专家时间、精力的限制，这种办法并不适用。一般情况下，如果专家人数较多，可以取专家判断值的众数或中位数；但如果专家人数不多，或打分分布比较偏的话，使用众数或中位数可能会忽略其他值所携带的信息而不具代表性，较可取的办法是采用各专家打分的几何平均值。

三、计算要素权重

要素权重的计算分为层次单排序和层次总排序两个环节。其中，层次单排序就是计算某个层次的一种因素相对于其上一层次准则的权重向量，而层次总排序则是按照图 9-1 所示的层次结构模型，由上而下逐层计算，从而得出最底层因素（方案层）相对于总目标的排序。

以表 9-1 的课题遴选为例，假设有 6 个备选课题。显然，对于总目标课题遴选来说，第一层只有组织、技术、战略和经费四个因素，专家组给出如下判断矩阵：

$$C_0=\begin{bmatrix}1 & 2 & 3 & \frac{1}{2}\\ \frac{1}{2} & 1 & 3 & \frac{1}{2}\\ \frac{1}{3} & \frac{1}{3} & 1 & \frac{1}{3}\\ 2 & 2 & 3 & 1\end{bmatrix} \tag{9.4}$$

对于任何判断矩阵，层次单排序权重计算实际上是求解最大特征根及其特征向量的问题，即如果对于数 λ，存在一个 n 维非零列向量 $\boldsymbol{X}$（即 $\boldsymbol{X}\in R_n$ 且 $\boldsymbol{X}\neq 0$），使得 $\boldsymbol{AX}=\lambda X$，则称数 λ 为矩阵 $\boldsymbol{A}$ 的一个特征根，$\boldsymbol{X}$ 称为矩阵 $\boldsymbol{A}$ 对应于 λ 的特征向量。若 $\lambda_{\max}$ 为矩阵 $\boldsymbol{A}$ 的特征根中的最大者，则称 $\lambda_{\max}$ 为最大特征根，并可有相应的特征向量。

理论上讲，求解 $\boldsymbol{A}$ 的特征根原理并不复杂，由 $\boldsymbol{AX}=\lambda X$ 可得特征根$(\boldsymbol{A}-\lambda\boldsymbol{E})\,\boldsymbol{X}=0$，求解特征根方程的全部根即可。但当矩阵阶数较高（如阶数 $n>4$）时，将面临求解高次方程根的难题。但对于层次分析法而言，考虑到判断矩阵本身就有相当的误差范围，而且判断矩阵中重要性的标数从本质上讲也是某种定性概念的表达，因此计算判断矩阵的最大特征根及其特征向量并不追求很大的精度，在实际应用中较常用的有和法、方根法、特征根法、最小二乘法等，下面以和法为例（叶耀军等，2001）：

设 $\boldsymbol{A}=(a_{ij})$为 n 阶方阵，将 $\boldsymbol{A}$ 的每一列向量归一化得 $\boldsymbol{B}=(b_{ij})$，其中：

$$b_{ij}=\frac{a_{ij}}{\sum_{i=1}^{n}a_{ij}}\quad i,j=1,2,\cdots,n \tag{9.5}$$

然后对 $\boldsymbol{B}=(b_{ij})$按行求和，得 $\boldsymbol{C}=(C_1,C_2,\cdots,C_n)^{\mathrm{T}}$，其中：

$$C_i = \sum_{j=1}^{n} b_{ij} \quad i=1,2,\cdots,n \tag{9.6}$$

将 $\boldsymbol{C}$ 归一化得 $\boldsymbol{W}=(W_1,W_2,\cdots,W_n)^{\mathrm{T}}$，其中：

$$W_i = \frac{C_i}{\sum_{i=1}^{n} C_i} \quad i=1,2,\cdots,n \tag{9.7}$$

即为近似特征向量。可有最大特征根的近似值：

$$\lambda_{\max} = \frac{1}{n}\sum_{i=1}^{n}\frac{(AW)_i}{W_i} \quad i=1,2,\cdots,n \tag{9.8}$$

其中，$(AW)_i$ 表示 AW 的第 i 个分量。若以式（9.4）中的矩阵为例，则有：

$$C_0 = \begin{bmatrix} 1 & 2 & 3 & 0.5 \\ 0.5 & 1 & 3 & 0.5 \\ 0.333 & 0.333 & 1 & 0.333 \\ 2 & 2 & 3 & 1 \end{bmatrix} \xrightarrow[\text{归一化}]{\text{列向量}} \begin{bmatrix} 0.261 & 0.375 & 0.3 & 0.214 \\ 0.130 & 0.187 & 0.3 & 0.214 \\ 0.087 & 0.063 & 0.1 & 0.143 \\ 0.522 & 0.375 & 0.3 & 0.429 \end{bmatrix}$$

$$\xrightarrow{\text{按行求和}} \begin{bmatrix} 1.150 \\ 0.832 \\ 0.392 \\ 1.625 \end{bmatrix} \xrightarrow[\text{归一化}]{\text{列向量}} \begin{bmatrix} 0.288 \\ 0.208 \\ 0.098 \\ 0.406 \end{bmatrix} = W$$

相应地：$AW=[1.201,\ 0.849,\ 0.399,\ 1.692]^{\mathrm{T}}$，

$$\lambda_{\max} = \frac{1}{4}\left(\frac{1.201}{0.288}+\frac{0.849}{0.208}+\frac{0.399}{0.098}+\frac{1.692}{0.406}\right)=4.122\text{。}$$

四、判断矩阵检验

按照层次分析法的基本假设，判断矩阵 $\boldsymbol{C}_i$ 应该是为符合一致性的矩阵，但是填写问卷的专家在主观判断上的偏差，使得矩阵 $\boldsymbol{C}_i$ 可能不满足一致性条件，但评估结果应该能够通过一致性检验，才能说明填写问卷的专家前后判断一致，否则将视为无效问卷。因此需要通过一致性指标（CI）和一致性比率（CR）来检验判断矩阵的一致性。

一致性指标是最大特征根 $\lambda_{\max}$（在实际应用中常为近似值）与矩阵维数 n 之间的差异程度，其定义为

$$\mathrm{CI} = \frac{\lambda_{\max}-n}{n-1} \tag{9.9}$$

显然，若 CI = 0，则表示专家前后判断完全一致，而 CI > 0 则表示前后判断不一致。但实际应用中要求 CI = 0 并不现实，只要判断矩阵 $\boldsymbol{C}_i$ 有较为满意的一致性即可。因此就有必要对较满意的一致性给出度量指标。考虑到人们对不同阶判断矩阵在一致性误差上的差异，这里引入判断矩阵的平均随机一致性指标（random index，RI），见表 9-3。

表 9-3　1-9 阶判断矩阵平均随机一致性指标

阶数	1	2	3	4	5	6	7	8	9
RI	0.00	0.00	0.52	0.89	1.11	1.25	1.35	1.40	1.45

相同阶数矩阵的 CI 值与 RI 值之比称为一致性比率，即

$$\mathrm{CR}=\frac{\mathrm{CI}}{\mathrm{RI}} \tag{9.10}$$

若 CR<0.1 时，则可以认为矩阵具有使人满意的一致性程度。例如，式（9.4）给出的矩阵一致性比率为

$$\mathrm{CR}=\frac{\mathrm{CI}}{\mathrm{RI}}=\frac{4.122-4}{(4-1)\times 0.89}\approx 0.046<0.10 \tag{9.11}$$

五、总排序与决策

沿层次结构模型依次构建判断矩阵并计算权重，即可计算出最低层次因素（方案层）相对于最高层（目标层）的相对重要性或相对优劣的排序值，即层次总排序。从理论上讲，层次总排序也需要从高层到低层进行一致性检验，但也有研究指出，层次分析法不必检验层次总排序的一致性。也就是说，在实际操作中，总排序的一致性检验通常可以忽略。

对于表 9-1 的示例，若进一步给出第二层约束条件对第一层分目标（表 9-4）及第三层 6 个备选课题对第二层约束条件的判断矩阵，即可得出层次总排序结果。

表 9-4　总目标及分目标层判断矩阵及层次单排序

总目标（C_0）	C_1	C_2	C_3	C_4	优先权重
组织因素（C_1）	1	2	3	1/2	0.289
技术因素（C_2）	1/2	1	3	1/2	0.205
战略因素（C_3）	1/3	1/3	1	1/3	0.097
经费因素（C_4）	2	2	3	1	0.409
λ_{max}=4.121；CR=0.045					

续表

组织因素（C_1）	C_{1-1}	C_{1-2}	C_{1-3}	C_{1-4}	优先权重
人力资源条件（C_{1-1}）	1	1	3	3	0.364
基础条件和科研设施（C_{1-2}）	1	1	3	4	0.391
技术支撑能力（C_{1-3}）	1/3	1/3	1	3	0.160
原燃料及消耗品供应（C_{1-4}）	1/3	1/4	1/3	1	0.085

λ_{max}=4.123；CR=0.046

技术因素（C_2）	C_{2-1}	C_{2-2}	C_{2-3}	C_{2-4}	C_{2-5}	C_{2-6}	优先权重
技术路线成功可能性（C_{2-1}）	1	3	2	3	4	2	0.331
技术路线前景（C_{2-2}）	1/3	1	1/2	1/4	1/2	1/2	0.068
预计完成时间（C_{2-3}）	1/2	2	1	1/2	1/3	1/3	0.089
目标成果创新水平（C_{2-4}）	1/3	4	2	1	3	2	0.229
与现有在研项目匹配（C_{2-5}）	1/4	2	3	1/3	1	1	0.129
课题本身技术相关性（C_{2-6}）	1/2	2	3	1/2	1	1	0.154

λ_{max}=6.493；CR=0.080

战略因素（C_3）	C_{3-1}	C_{3-2}	C_{3-3}	C_{3-4}	C_{3-5}	优先权重
预期社会效益（C_{3-1}）	1	2	3	3	3	0.377
预期目标及经济效益（C_{3-2}）	1/2	1	3	3	2	0.264
区域资源整合利用（C_{3-3}）	1/3	1/3	1	1/3	1/3	0.070
课题负责人声誉（C_{3-4}）	1/3	1/3	3	1	3	0.170
商业成功及变化预期（C_{3-5}）	1/3	1/2	3	1/3	1	0.119

λ_{max}=5.405；CR=0.091

经费因素（C_4）	C_{4-1}	C_{4-2}	C_{4-3}	优先权重
经济可行性（C_{4-1}）	1	1/4	1/2	0.137
产业界经费资助（C_{4-2}）	4	1	3	0.625
其他机构的支持协助（C_{4-3}）	2	1/3	1	0.238

λ_{max}=3.018；CR=0.016

但对于类似本示例中层次较多、指标体系复杂、有多个备选方案及涉及多个专家的情况，就有十几个甚至几十个指标，让专家组就每个指标，对所有备选方案进行两两比较显然很不现实，更可取的方法是列出约束条件和备选方案，由专家对各备选方案满足约束条件的情况做出判断，以中位数、众数、几何平均值或加权平均值作为判断矩阵的元素。如可由专家对各项目满足约束条件情况的判断，结果如表 9-5 所示。

表 9-5 各项目满足约束条件情况专家打分表

约束条件	项目 1	项目 2	项目 3	项目 4	项目 5	项目 6
人力资源条件（$C_{1\text{-}1}$）	7	3	7	3	1	3
基础条件和科研设施（$C_{1\text{-}2}$）	3	3	5	3	1	5
技术支撑能力（$C_{1\text{-}3}$）	5	1	7	5	5	3
原燃料及消耗品供应（$C_{1\text{-}4}$）	5	5	7	5	5	3
技术路线成功可能性（$C_{2\text{-}1}$）	5	7	5	3	1	5
技术路线前景（$C_{2\text{-}2}$）	5	5	5	5	5	5
预计完成时间（$C_{2\text{-}3}$）	7	3	5	7	5	7
目标成果创新水平（$C_{2\text{-}4}$）	5	5	5	5	5	5
与现有在研项目匹配（$C_{2\text{-}5}$）	3	1	7	5	7	3
课题本身技术相关性（$C_{2\text{-}6}$）	5	3	5	5	7	3
预期社会效益（$C_{3\text{-}1}$）	5	5	5	3	7	3
预期目标及经济效益（$C_{3\text{-}2}$）	5	3	7	3	5	3
区域资源整合利用（$C_{3\text{-}3}$）	7	5	7	5	5	5
课题负责人声誉（$C_{3\text{-}4}$）	3	3	5	3	7	3
商业成功及变化预期（$C_{3\text{-}5}$）	7	5	7	5	5	3
经济可行性（$C_{4\text{-}1}$）	5	3	7	5	7	5
产业界经费资助（$C_{4\text{-}2}$）	5	3	7	3	7	1
其他机构的支持协助（$C_{4\text{-}3}$）	5	1	1	7	3	1

根据表 9-5 的打分结果，可得出如下判断矩阵，以计算各分值对应的优先权重（表 9-6）。

表 9-6 项目满足约束条件判断矩阵及层次单排序

专家打分值	1（很差）	3（差）	5（一般）	7（好）	9（很好）	优先权重
1（很差）	1	1/3	1/5	1/7	1/9	0.033
3（差）	3	1	1/3	1/5	1/7	0.063
5（一般）	5	3	1	1/3	1/5	0.130
7（好）	7	5	3	1	1/3	0.264
9（很好）	9	7	5	3	1	0.510
λ_{max}=5.237；CR=0.053						

将表 9-6 中的优先权重代入表 9-5，结合表 9-4 的结果，可计算出最底层各项目对最高总目标相对优劣的优先权重（表 9-7）①。

① 本节表中数据为使用《现代综合评价软件包（MCE）》处理的结果，该软件是杜栋、庞庆华、吴炎编著《现代综合评价方法与案例精选（第三版）》的配套软件。

表 9-7　总目标及分目标层判断矩阵及层次单排序

约束条件	一级权重	二级权重	项目满足约束条件优先权重					
			项目 1	项目 2	项目 3	项目 4	项目 5	项目 6
总目标（C_0）			0.137	0.080	0.194	0.103	0.151	0.075
组织因素（C_1）	0.289		0.153	0.064	0.212	0.079	0.057	0.089
人力资源条件（$C_{1\text{-}1}$）		0.364	0.264	0.063	0.264	0.063	0.033	0.063
基础条件和科研设施（$C_{1\text{-}2}$）		0.391	0.063	0.063	0.130	0.063	0.033	0.130
技术支撑能力（$C_{1\text{-}3}$）		0.160	0.130	0.033	0.264	0.130	0.130	0.063
原燃料及消耗品供应（$C_{1\text{-}4}$）		0.085	0.130	0.130	0.264	0.130	0.130	0.063
技术因素（C_2）	0.205		0.133	0.145	0.147	0.119	0.135	0.122
技术路线成功可能性（$C_{2\text{-}1}$）		0.331	0.130	0.264	0.130	0.063	0.033	0.130
技术路线前景（$C_{2\text{-}2}$）		0.063	0.130	0.130	0.130	0.130	0.130	0.130
预计完成时间（$C_{2\text{-}3}$）		0.089	0.264	0.063	0.130	0.264	0.130	0.264
目标成果创新水平（$C_{2\text{-}4}$）		0.229	0.130	0.130	0.130	0.130	0.130	0.130
与现有在研项目匹配（$C_{2\text{-}5}$）		0.129	0.063	0.033	0.264	0.130	0.264	0.063
课题本身技术相关性（$C_{2\text{-}6}$）		0.154	0.130	0.063	0.130	0.130	0.264	0.063
战略因素（C_3）	0.097		0.127	0.093	0.174	0.067	0.195	0.060
预期社会效益（$C_{3\text{-}1}$）		0.377	0.130	0.130	0.130	0.063	0.264	0.063
预期目标及经济效益（$C_{3\text{-}2}$）		0.264	0.130	0.063	0.264	0.063	0.130	0.063
区域资源整合利用（$C_{3\text{-}3}$）		0.007	0.264	0.130	0.264	0.130	0.130	0.130
课题负责人声誉（$C_{3\text{-}4}$）		0.170	0.063	0.063	0.130	0.063	0.264	0.063
商业成功及变化预期（$C_{3\text{-}5}$）		0.119	0.264	0.130	0.264	0.130	0.130	0.063
经费因素（C_4）	0.409		0.130	0.056	0.209	0.120	0.216	0.046
经济可行性（$C_{4\text{-}1}$）		0.137	0.130	0.063	0.264	0.130	0.264	0.130
产业界经费资助（$C_{4\text{-}2}$）		0.625	0.130	0.063	0.264	0.063	0.264	0.033
其他机构的支持协助（$C_{4\text{-}3}$）		0.238	0.130	0.033	0.033	0.264	0.063	0.033

显然，在所有 6 个项目中，应首选项目 3（优先权重为 0.194），其次是项目 5 和项目 1（优先权重分别为 0.151 和 0.137）。

第三节　方法改进与发展

经过几十年的发展，尽管层次分析法已广泛应用于生产生活的各个领域，但该方法在构建判断矩阵时，仍然会面临难以比较决策变量之间重要程度的问题，尤其当变量个数较多时，更是力不从心，很难保证判断矩阵的一致性。针对上述问题，学者做过很多有价值的工作。

萨蒂和胡通过最小二乘法、对数最小二乘法等反例证明，虽然在决策过程中两两比较判断矩阵的构建过程是相似的，但不同权重计算方法会对方案综合排序产生很大影响，尤其在判断矩阵不符合一致性要求的情况下，只有最大特征根法（principal eigenvalue method，EM）能满足传递性要求（Saaty & Hu，1998）。

我国学者徐泽水针对传统的权重几何平均方法（weight geometric mean method，WGMM）在层次分析法应用中的缺陷，提出了权重几何平均判断矩阵方法（weighted geometric mean complex judgement matrix，WGMCJM）（Xu，2000）。

博洛崛认为，将传统层次分析法直接应用于多个专家参与的决策问题是不合适的，他提出基于相似性理论的多准则群决策方法（Bolloju，2001）。

马尔科姆·贝农认为，在构建判断矩阵时还应当考虑变量的概率分布，与传统的 1-9 比例标度方法相比，Parzen 窗函数方法（method of Parzen windows）更适用于解决复杂的多变量多准则决策问题（Beynon，2002）。

在与其他方法结合上面，有与模糊数学相结合的模糊层次分析法及网络层次分析法等，有兴趣的读者可以参考相关论著。

应用实例

基于层次分析法的科技发展战略评价

——土耳其电子政务规划的 SWOT 分析

随着知识经济时代的到来和科技全球化的发展，政府面临的科技管理问题日益复杂，相应地，政府部门也在不断变革和超越原有的管理理念和技术方法，例如，引入在私人部门广泛使用的战略管理方法和定量分析技术，以应对日益复杂的外部环境。

SWOT 是优势（strengths）、劣势（weaknesses）、机会（opportunities）和威胁（threats）的缩写，SWOT 分析是用来分析组织内部条件和外部环境的常用工具，旨在确定组织优劣势，识别外部环境的机会和威胁，并在此基础上进行战略规划，加强优势、弥补劣势、抓住机会、规避风险。

SWOT 模型作为一种重要的战略思考工具，在政府科技管理中也日益受到重视并开始得到广泛应用（赵景华，刑华，2010）。但简单地套用SWOT模型而不考虑政府科技管理的特点，可能会使政府科技管理偏离正确的轨道，使得根据该模型制定出来的战略缺乏可操作性，针对这一问题，学者在最近十几年来提出和发展了基于层次分析法的SWOT分析模型。

从现有文献看，较早将层次分析法和SWOT结合起来使用的是关于芬兰森林和公园服务的战略规划，然后又逐步拓展到项目管理、健康管理、环境保护、地理信息系统应用、电子政务及科研机构布局等不同领域（Tang，2013），本书以土耳其政府电子政务战略选择为例介绍SWOT-AHP分析方法。除此以外，值得借鉴的还有在SWOT-AHP分析的基础上，基于S、W、O、T各要素相对于战略目标的重要性，就未来可行战略选择的优先序进行判断，以支持战略决策目标的方法（Wickramasinghe & Takano，2010）。

一、问题提出

20世纪90年代以来，随着日益增加的社会经济需求，世界各国都在努力加快信息化的步伐。针对长期困扰经济发展的若干问题，土耳其政府从2002年12月开始着手实施“紧急行动计划”（Urgent Action Plan），以改善经济状况、提高人民的生活水平。在紧急行动计划中，一项重要的内容就是实施“土耳其电子商务转型项目”，以期借此将土耳其带入信息社会，项目的具体目标包括：促进公民参与决策过程；提高公共管理的透明度，强化问责制；促进信息技术的扩散和应用；以及借助信息科技和通信技术，整合和协调电子政务投资项目等。土耳其总理、副总理对该项目高度关注，并责成国家计划委员会（State Planning Organization，SPO）协调实施。针对上述目标，土耳其国家计划委员会在内部新设信息社会部（Information Society Department），专门组建来自公共部门、非营利机构和大学的41名成员组成的咨询委员会，以提高公众参与度。在项目启动实施前，土耳其政府进行了为期2年（2003～2004年）的科技咨询活动：由总理、副总理、工业和贸易部部长、交通部部长、国家计划委员会副主任、国务院首席顾问等组成电子政务转型领导小组，听取相关意见和建议并进行决策（Kahraman et al.，2007）。

根据此前相关研究，土耳其的电子政务项目可主要分为以下九种类型：一是关于教育、文化、青年和体育类的项目；二是与健康、家庭、劳动用工和社会事务相关的项目；三是与经济和金融相关的项目；四是与内政事务相关的项目；五是与司法相关的项目；六是涉及农、林、农村事务和环境保护的项目；七是与工业、科技、能源和自然资源相关的项目；八是涉及通信、基础建设工程、旅游和房地产开发的项目；九是涉外事务的项目。显然，这些项目以信息处理为主，旨在改善社会服务，而且其中的第一类、第三类和第八类项目的引领作用最为显著。从发展状况看，在上述九类项目中，有相当多的项目建设初衷是服务于政府部门间联系与通信的，尽管这些项目还不能完全满足政府对公民的服务需求，但却为将来拓展到政府服务于公民打下了坚实的基础。

对于土耳其政府来说，电子政务的推行旨在通过更有效的部门内和部门间团队合作和资源整合为公众提供更多更好的服务：通过减少不必要的系统服务和应用环节来降低服务成本。为此，土耳其电子政务转型监督和执行委员会提出如下可行措施供决策参考。

措施一：在国家整体层面简化工作流程、改善为公民服务的水平。通过电子政务项目的实施，建立连接传统部门间“信息孤岛”的解决方案，基于“一次购买、重复使用”和“一次收集、多次使用”的原则，促进跨部门的系统、数据及工作流程整合，形成更好满足公众需求的通用解决方案。

措施二：按照年度预算程序及其他方面的要求支持电子政务项目的实施。在机构使命和对外合作平台相关技术需求方面，各部门工作的计划性和投资的持续性将得到加强。各机构将通过借鉴商业案例、编制财务计划、加强投资及过程控制，以及通过商业许可等手段，减少不必要的支出，提高 IT 投资回报率。

措施三：通过在国家层面培养、吸引和留住一批高素质的 IT 人才队伍来改善项目的实施效果。土耳其政府将结合信息资源管理和人力资源方面的现实需求，评估和升级现有 IT 培训计划。

措施四：以“公民为核心”的服务理念，持续推进信息技术管理现代化。在后续电子政务发展规划中，土耳其政府将持续推动 IT 领域投资和监管方式的改善。每年政府都将基于电子政务的核心功能进行跨部门整合，各机构必须针对现实需求形成完整统一的解决方案——为“以公民为核心”的电子政务服务提供方便、快捷和高质量的服务。

但对于决策者来说，上述措施哪个更重要？为实施这些措施，土耳其政府又该如何考虑自身的优势、劣势、机会和威胁？对未来环境变化的不同预期是否会对这些措施的重要性产生影响？这也正是需要政策研究者分析和解决的问题。

二、研究方法

在机构战略管理中，SWOT 分析就是将机构内外部环境各方面条件进行综合和概括，分析企业内部优势因素、劣势因素、外部机会因素和威胁因素，在此基础上，将企业内部的资源条件与外部环境造成的机会与风险进行合理有效的匹配，从而制定良好的战略，抓住机会、规避威胁（胡群，刘文云，2009）。

尽管传统的 SWOT 分析广泛应用于战略分析中，但 SWOT 分析也存在较为明显的不足。首先，使用 SWOT 分析对机构环境进行分析是分别对内部条件和外部环境进行界定，没有把企业环境作为整体考虑，也没有深入研究机构内部各条件要素和外部环境各要素之间的相互联系，这在一定程度上割裂了事物的整体性。其次，传统的 SWOT 分析对优势、劣势、机会和威胁的界定比较模糊，往往只依靠分析人员的主观判断，缺乏明确的定义和合理的定量方法。最后，传统的 SWOT 分析在识别机构优势、劣势、机会、威胁因素后，根据 SWOT 矩阵制定的相应战略并没有定量计算各要素的权重，也没有根据各要素对企业影响的重要程度排序，忽略了各因素的重要性差异。

针对上述问题，通过引入层次分析法，首先根据传统的 SWOT 分析模型原理，将影响机构竞争和发展的环境要素分为企业内部优势、劣势和外部环境的机会及威胁四个方面，在此基础上，进一步使用层次分析法对影响这些要素的约束条件按照其关联、隶属关系构成递阶层次模型，最底层则给出为实现预期战略目标可供选择的各种措施或具体方案。通过进行逐层、逐对的相对重要性比较和建立判断矩阵，可依次得出各层要素对总体目标的组合权重，从而得出决策方案的权重，为选择最优方案提供依据。

三、SWOT 分析

在本书中，关于土耳其电子政务发展的优势、劣势、机会及威胁的判断主要来自政府部门发布的相关报告，例如，土耳其技术和质量管理委员会发布的《土耳其电子政务报告》、土耳其国家计划委员会发布的《电子政务：对公共服务的新建议》及由土耳其企业家协会发布的《信息社会及通向欧盟之路的土耳其电子政务》等。

根据 Akman 等（2002，2005）的研究，土耳其发展电子政务的优势主要体现在三个方面。

首先是成立电子政务监督执行委员会以统筹管理和指导土耳其电子政务活动并协调解决相关问题。2003 年 10 月 4 日，土耳其总理宣布实施 2003～2004 年度信息化改造短期行动计划，该计划明确提出要组建电子政务监督执行委员会，规定了信息化改造项目的优先领域和负责组织实施的相关部门。电子政务监督执行委员会由土耳其副总理牵头，成员来自公共部门、私营部门及非政府组织的高层管理者，其中包括国务院副总理（任委员会主席）、工业和贸易部部长、交通部部长、国家计划委员会副主任、国务院首席顾问、非政府组织代表、商会代表、土耳其信息学会代表等，除此以外，土耳其电信管理局负责人、土耳其电信公司总经理也是该委员会成员。在委员会所取得的成绩中，值得特别强调的是出台了《电子签名法》《信息共享法》和《隐私法》三部重要的法律规范。

其次是信息化改造项目的实施。此前土耳其已部署和完成了很多“政府部门—政府部门”“政府部门—公众”“政府部门—企业”信息化改造项目，这些项目的成功将对未来电子政务战略的实施起到引领和示范的作用。

最后是政府机构和私有部门高层管理者的共同支持。从以往的经验看，一个项目如果得不到政府和私有部门高层管理者的共同支持是很难成功的。而从电子政务监督执行委员会的人员构成看，很多政府部门的部长、基金会及协（学）会的高层管理人员身在其中，这表明土耳其的电子政务战略已得到来自政府部门和私有部门高层管理者的充分关注和支持。

但土耳其发展电子政务也有四个方面的劣势。

第一是低收入阶层无法享受因特网服务。显然，如果这一阶层的公众无法获得因特网服务的话，电子政务对他们来讲就毫无意义。这对于政府部门也是一个值得关注的问题，因为政府部门不能选择为谁或不为谁服务。事实上，很多公共服务本身就是专门为弱势群体或低收入阶层提供的，技术的变革不应该成为阻碍他们享受合法权益的壁垒。这样的结果是，这些政府部门将不得不临时提供多重服务手段以确保对社会各阶层的全面覆盖。

第二是缺乏对新技术的资金投入。在英国和美国，初创企业用以发展新技术的资金来源很多，但在欧洲，与兴办学校、修筑道路等项目相比，信息技术并不是优先领域和首选方向，使得技术进步乏善可陈。

第三是需要在国家层面改变电子商务价值观。当公众逐步认识到电子商务的权限管理和安全认证对于电子商务体系建立信任机制的重要性之后，就需要从国家层面考虑如何倡导因特网文化。

第四是比较薄弱的社会经济基础。这一劣势与上述“缺乏对新技术的资金投入”的区别在于，即便政府的偏好有利于这些技术的应用和普及，但市民和商界却缺乏投资新技术的经济实力。从人均 GDP 指标看，土耳其在 2003 年是 3412 美元；2004 年也只有 4172 美元，相当于每人每月 348 美元。显然，在该水平的经济收入下，很难想象市民会有购买一台电脑并配置相应软硬件设施的意愿。

土耳其发展电子政务的机会可以归纳为五个方面，其中前三个方面是由土耳其信息学会和土耳其信息基金会的专家概括总结出来的，后两个方面未纳入本次分析。

第一是作为欧盟成员候选国对信息社会的展望。2001 年，土耳其作为欧盟成员候选国批准了电子欧洲行动计划——该行动计划要求各候选国将信息社会建设作为优先领域以满足欧盟的要求，并在 2003 年年底之前完成布局。

第二是政府工作效率的提高。提高效率是很多信息技术相关项目的预期效益之一，在电子政务项目中，提高效率可以有不同的方式：有些项目可以通过任务和程序的标准化来减少错误，提高结果的一致性；对于政府部门和公共服务机构，基于因特网的电子商务运营能够减少文字工作、为客户提供可持续的服务、缩短响应时间及降低错误率，所有这些因素都有助于政府工作效率的提高。

第三是新增更优质的服务。支持电子政务发展带来的另一个机遇是改善服务质量、扩大服务范围的潜力。一些观察家认为，除提高效率之外，通过加快业务处理速度、强化责任制、改进业务流程，服务质量也能够得到改善。电子政务的发展使新的服务领域的拓展成为可能，在整合现有服务的基础上，电子政务的推进将促进政务处理方面发生质的变化，并促进政府与公众及公众间的互动。

第四是提高公民参与的积极性。一些电子政务倡导者认为，由于处于边远地区的公众能够更加方便地接收和发送信息，社会中的中青年群体也能够积极参与，因而会提高公民参与公共事务的积极性。

第五是国家信息基础设施的改善。通过电子政务计划的实施，土耳其国家信息基础设施将得到显著改善。

土耳其发展电子政务的威胁主要体现在四个方面。

首先是因特网分散治理模式。因特网技术的问世及其发展使人类读取、解释和使用信息的能力有了质的飞跃。但在未来的信息时代，国家信息基础设施和全球化信息基础设施都将面临因特网分散治理模式的挑战——各种组织都主张并试图通过技术或政治手段来行使对因特网的控制权，从而构成对因特网稳定性和可用性的威胁。

其次是版权问题。有些人利用因特网销售盗版产品，尤其是音乐、视频和软件，版权拥有者则希望通过公开透明的普适性法律遏制这种势头。事实上，网络盗版是对政府和公众治理因特网的信心的威胁，这是全球性问题。

再次是政府信息安全管理的缺陷。如果不能有效保护个人信息的话，政府的在线服务将会面临严重威胁，这就好像在垃圾填埋场偶然发现的人事档案，会引起广泛关注。如果人们既担心因特网的安全，又担心政府管理的缺陷，那他们就更加不情愿使用电子政务服务。

最后是"危险"信息的传播。因特网的普及引起了人们对"危险"信息的关注，例如，网络上关于制备炸弹的材料清单，以及披着"事实"外衣到处传播的谣言。人们还有一种担心就是关于基础设施的相关信息会被窃取并构成威胁，在英国和美国，过去几年已删除了一些关于政府机构和公用事业网络的相关信息。

四、模型构建

基于以上 SWOT 分析，可相应构建 SWOT-AHP 分析模型（图 9-2）。

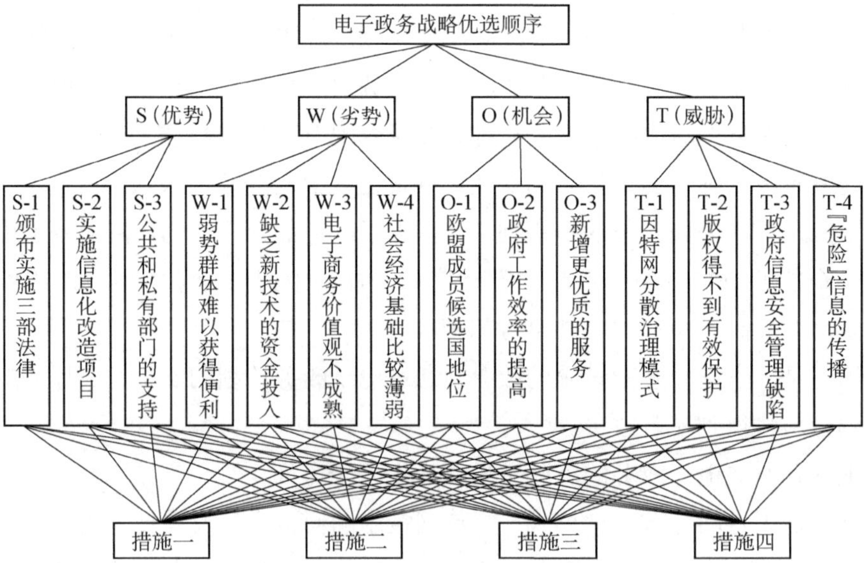

图 9-2 SWOT-AHP 分析模型

由图 9-2 可知，电子政务战略优先序的确定需要构建三个层次的判断矩阵。

第一个层次是针对目标层（电子政务战略优选顺序），对优势、劣势、机会、威胁四个方面的约束条件进行两两比较。

第二个层次是针对 SWOT 四个方面的约束条件，对具体约束内容进行两两比较。

第三个层次是针对 SWOT 四个方面约束条件的具体内容，对供决策参考的四项具体措施进行两两比较。

三个层次的判断矩阵是由土耳其信息学会和土耳其信息基金会的专家通过填答问卷给出的，这些专家同时也是土耳其电子政务发展规划起草组的成员。

五、问卷设计

根据 SWOT-AHP 分析模型，有以下三个层次的调查问卷。

第一层次：电子政务战略优选顺序各影响因素两两比较问卷，如表 9-8 所示。

表 9-8　电子政务战略优选顺序各影响因素两两比较问卷

对电子政务战略优选顺序	9：1 极端重要	7：1 非常重要	5：1 明显重要	3：1 稍微重要	1：1 同等重要	1：3 稍微重要	1：5 明显重要	1：7 非常重要	1：9 极端重要	
优势（S）										劣势（W）
优势（S）										机会（O）
优势（S）										威胁（T）
劣势（W）										机会（O）
劣势（W）										威胁（T）
机会（O）										威胁（T）

注：请您对优势、劣势、机会、威胁四个方面因素对土耳其电子政务发展战略的重要性进行两两比较，请在您认为表述最恰当的选项下的单元格里划“√”，每行只能填写一个结果。表中从“极端不重要”到“极端重要”共 9 个选项，如其中“极端不重要”分值为 1：9，表示您认为左列中的因素相对于右列因素极端不重要，其他依次类推。

第二层次：优势、劣势、机会、威胁四个因素各约束条件两两比较调查问卷，如表 9-9 所示。

表 9-9 SWOT 各约束条件两两比较问卷（节选）

对于优势因素（S）	9∶1	7∶1	5∶1	3∶1	1∶1	1∶3	1∶5	1∶7	1∶9	
	极端重要	非常重要	明显重要	稍微重要	同等重要	稍微重要	明显重要	非常重要	极端重要	
S-1 颁布实施三部法律										S-2 实施信息化改造项目
S-1 颁布实施三部法律										S-3 公共和私有部门的支持
S-2 实施信息化改造项目										S-3 公共和私有部门的支持
对于劣势因素（W）	9∶1	7∶1	5∶1	3∶1	1∶1	1∶3	1∶5	1∶7	1∶9	
	极端重要	非常重要	明显重要	稍微重要	同等重要	稍微重要	明显重要	非常重要	极端重要	
W-1 弱势群体难以获得便利										W-2 缺乏新技术的资金投入
W-1 弱势群体难以获得便利										W-3 电子商务价值观不成熟
W-1 弱势群体难以获得便利										W-4 社会经济基础比较薄弱
W-2 缺乏新技术的资金投入										W-3 电子商务价值观不成熟
W-2 缺乏新技术的资金投入										W-4 社会经济基础比较薄弱
W-3 电子商务价值观不成熟										W-4 社会经济基础比较薄弱
对于机会因素（O）	9∶1	7∶1	5∶1	3∶1	1∶1	1∶3	1∶5	1∶7	1∶9	
	极端重要	非常重要	明显重要	稍微重要	同等重要	稍微重要	明显重要	非常重要	极端重要	
O-1 欧盟成员候选国地位										O-2 政府工作效率的提高
O-1 欧盟成员候选国地位										O-3 新增更优质的服务
O-2 政府工作效率的提高										O-3 新增更优质的服务

第三层次：对于优势、劣势、机会、威胁四个因素的各个约束条件而言，四项战略措施两两比较调查问卷，如表 9-10 所示。

表 9-10　对于 SWOT 各约束条件四项战略措施两两比较问卷（节选）

对于 S-1 颁布实施三部法律	9∶1 极端重要	7∶1 非常重要	5∶1 明显重要	3∶1 稍微重要	1∶1 同等重要	1∶3 稍微重要	1∶5 明显重要	1∶7 非常重要	1∶9 极端重要	
措施一：改善流程、简化服务										措施二：支持电子政务项目
措施一：改善流程、简化服务										措施三：培养和吸引人才
措施一：改善流程、简化服务										措施四：管理手段现代化
措施二：支持电子政务项目										措施三：培养和吸引人才
措施二：支持电子政务项目										措施四：管理手段现代化
措施三：培养和吸引人才										措施四：管理手段现代化
对于 S-2 实施信息化改造项目	9∶1 极端重要	7∶1 非常重要	5∶1 明显重要	3∶1 稍微重要	1∶1 同等重要	1∶3 稍微重要	1∶5 明显重要	1∶7 非常重要	1∶9 极端重要	
措施一：改善流程、简化服务										措施二：支持电子政务项目
措施一：改善流程、简化服务										措施三：培养和吸引人才
措施一：改善流程、简化服务										措施四：管理手段现代化
措施二：支持电子政务项目										措施三：培养和吸引人才
措施二：支持电子政务项目										措施四：管理手段现代化
措施三：培养和吸引人才										措施四：管理手段现代化

六、数据分析

首先是电子政务战略优选顺序各影响因素——优势、劣势、机会、威胁的两两比较判断矩阵，如表 9-11 所示。

表 9-11 SWOT 因素对电子政务战略优选顺序的重要性判断矩阵

对电子政务战略优选顺序的重要性	优势（S）	劣势（W）	机会（O）	威胁（T）
优势（S）	1	1/3	1/7	5
劣势（W）	3	1	1/4	7
机会（O）	7	4	1	9
威胁（T）	1/5	1/7	1/9	1

类似地，可有对优势、劣势、机会、威胁四个因素各约束条件两两比较判断矩阵，如表 9-12～表 9-15 所示。

表 9-12 各约束条件对优势（S）因素的重要性判断矩阵

对优势（S）的重要性	S-1	S-2	S-3
S-1	1	1/7	1/3
S-2	7	1	5
S-3	3	1/5	1

表 9-13 各约束条件对劣势（W）因素的重要性判断矩阵

对劣势（W）的重要性	W-1	W-2	W-3	W-4
W-1	1	1/6	3	1/4
W-2	6	1	9	5
W-3	1/3	1/9	1	1/7
W-4	4	1/5	7	1

表 9-14 各约束条件对机会（O）因素的重要性判断矩阵

对机会（O）的重要性	O-1	O-2	O-3
O-1	1	7	5
O-2	1/7	1	1/3
O-3	1/5	3	1

表 9-15 各约束条件对威胁（T）因素的重要性判断矩阵

对威胁（T）的重要性	T-1	T-2	T-3	T-4
T-1	1	1/9	1/2	1/6
T-2	9	1	7	5
T-3	2	1/7	1	1/3
T-4	6	1/5	3	1

除此以外，还有对优势、劣势、机会、威胁四个因素的各个约束条件而言，四项战略措施（备选方案）的重要性两两比较判断矩阵（表 9-16～表 9-19）。

表 9-16 四项战略措施对优势（S）因素各约束条件重要性判断矩阵

对 S-1 颁布实施三部法律的重要性	措施一	措施二	措施三	措施四
措施一：改善流程、简化服务	1	1/5	6	5
措施二：支持电子政务项目	5	1	8	9
措施三：培养和吸引人才	1/6	1/8	1	1
措施四：管理手段现代化	1/5	1/9	1	1
对 S-2 实施信息化改造项目的重要性	措施一	措施二	措施三	措施四
措施一：改善流程、简化服务	1	3	1/6	3
措施二：支持电子政务项目	1/3	1	1/4	3
措施三：培养和吸引人才	6	4	1	9
措施四：管理手段现代化	1/3	1/3	1/9	1
对 S-3 公共和私有部门支持的重要性	措施一	措施二	措施三	措施四
措施一：改善流程、简化服务	1	1/3	6	8
措施二：支持电子政务项目	3	1	5	9
措施三：培养和吸引人才	1/6	1/5	1	2
措施四：管理手段现代化	1/8	1/9	1/2	1

表 9-17 四项战略措施对劣势（W）因素各约束条件重要性判断矩阵

对 W-1 弱势群体难以获得便利的重要性	措施一	措施二	措施三	措施四
措施一：改善流程、简化服务	1	6	9	1
措施二：支持电子政务项目	1/6	1	1/2	1/8
措施三：培养和吸引人才	1/9	2	1	1/5
措施四：管理手段现代化	1	8	5	1
对 W-2 缺乏新技术的资金投入的重要性	措施一	措施二	措施三	措施四
措施一：改善流程、简化服务	1	1/5	3	6
措施二：支持电子政务项目	5	1	8	9
措施三：培养和吸引人才	1/3	1/8	1	2
措施四：管理手段现代化	1/6	1/9	1/2	1
对 W-3 电子商务价值观不成熟的重要性	措施一	措施二	措施三	措施四
措施一：改善流程、简化服务	1	2	1/6	1/7
措施二：支持电子政务项目	1/2	1	1/5	1/7
措施三：培养和吸引人才	6	5	1	1
措施四：管理手段现代化	7	7	1	1
对 W-4 社会经济基础比较薄弱的重要性	措施一	措施二	措施三	措施四
措施一：改善流程、简化服务	1	1/8	1	1/7
措施二：支持电子政务项目	8	1	8	4
措施三：培养和吸引人才	1	1/8	1	1/7
措施四：管理手段现代化	7	1/4	7	1

表 9-18　四项战略措施对机会（O）因素各约束条件重要性判断矩阵

对 O-1 欧盟成员候选国地位的重要性	措施一	措施二	措施三	措施四
措施一：改善流程、简化服务	1	2	3	4
措施二：支持电子政务项目	1/2	1	1	3
措施三：培养和吸引人才	1/3	1	1	2
措施四：管理手段现代化	1/4	1/3	1/2	1
对 O-2 政府工作效率的提高的重要性	措施一	措施二	措施三	措施四
措施一：改善流程、简化服务	1	8	5	2
措施二：支持电子政务项目	1/8	1	2	1/7
措施三：培养和吸引人才	1/5	1/2	1	1/7
措施四：管理手段现代化	1/2	7	7	1
对 O-3 新增更优质的服务重要性	措施一	措施二	措施三	措施四
措施一：改善流程、简化服务	1	1	1/7	1/7
措施二：支持电子政务项目	1	1	1/6	1/7
措施三：培养和吸引人才	7	6	1	2
措施四：管理手段现代化	7	7	1/2	1

表 9-19　四项战略措施对威胁（T）因素各约束条件重要性判断矩阵

对 T-1 因特网分散治理模式的重要性	措施一	措施二	措施三	措施四
措施一：改善流程、简化服务	1	2	3	4
措施二：支持电子政务项目	1/2	1	2	4
措施三：培养和吸引人才	1/3	1/2	1	1
措施四：管理手段现代化	1/4	1/4	1	1
对 T-2 版权得不到有效保护的重要性	措施一	措施二	措施三	措施四
措施一：改善流程、简化服务	1	1/9	1/7	1
措施二：支持电子政务项目	9	1	2	7
措施三：培养和吸引人才	7	1/2	1	5
措施四：管理手段现代化	1	1/7	1/5	1
对 T-3 政府信息安全管理缺陷的重要性	措施一	措施二	措施三	措施四
措施一：改善流程、简化服务	1	1/2	1/5	1/2
措施二：支持电子政务项目	2	1	1/4	2
措施三：培养和吸引人才	5	4	1	5
措施四：管理手段现代化	2	1/2	1/5	1
对 T-4 “危险”信息的传播的重要性	措施一	措施二	措施三	措施四
措施一：改善流程、简化服务	1	3	1/6	1/2
措施二：支持电子政务项目	1/3	1	1/5	1/6
措施三：培养和吸引人才	6	5	1	3
措施四：管理手段现代化	2	6	1/3	1

在层次分析法的实际应用中，当层数和每层的因数都比较多时，用手工计算层次单排序、层次总排序都是比较麻烦和费时间的。针对这一问题，国内外学者开发出一些可直接应用的软件，如国内学者吴炎和杜栋开发的 MCE（Modern Comprehensive Evaluation）软件包，可用于较为简单的层次分析法数据处理。较为专业的还有张建华开发的 yaahp 软件，2017 年年初已升级到 11.0 版，该软件不仅可以方便地用于数据处理，还可以提供模型构造、问卷设计、专家群决策及灵敏度分析等方面的帮助，并导出数据处理结果。

本书借助 yaahp10.3 版[①]进行数据处理，得到如下权重分布图（图 9-3）。

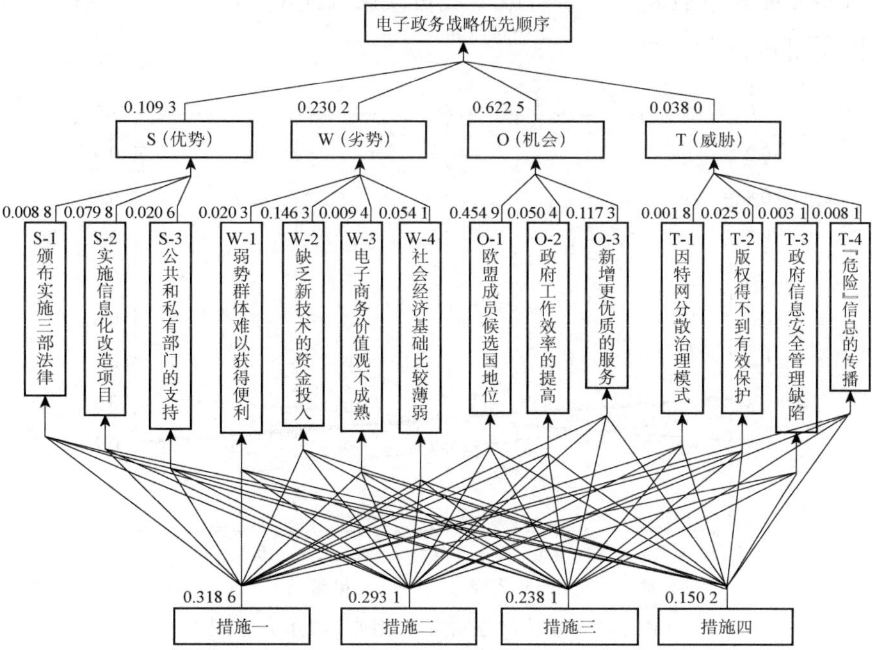

图 9-3　电子政务战略优选顺序权重分布图

七、主要结论

从图 9-3 可以看出，方案层中要素对决策目标权重的排序依次为措施一、措施二、措施三和措施四，这表明专家组的偏好依次为：在国家整体层面简化工作流程、改善为公民服务的水平（权重为 0.3186），按照年度预算程序及其他方面

① 感兴趣的读者可以到该软件网站（http://www.jeffzhang.cn）下载所需版本及软件使用手册，本书不再赘述。

的要求支持电子政务项目的实施（权重为 0.2931），通过在国家层面培养、吸引和留住一批高素质的 IT 人才队伍来改善项目的实施效果（权重为 0.2381），以“公民为核心”的服务理念，持续推进信息技术管理现代化（权重为 0.1502）。

值得注意的是，在优势、劣势、机会、威胁四个因素对决策目标权重的判断中，专家组更看重的是机会（权重为 0.6225），然后是劣势（权重为 0.2302），优势（权重为 0.1093）和威胁（权重为 0.0380）权重较小，这表明专家非常看重土耳其作为欧盟候选国的机遇，因此在机会（O）因素的各约束条件中，欧盟成员候选国地位（O-1）的总权重为 0.4549，远高于其他任何约束条件。

借助 yaahp 软件进一步进行欧盟成员候选国地位（O-1）对四项措施的灵敏度分析（图 9-4）。

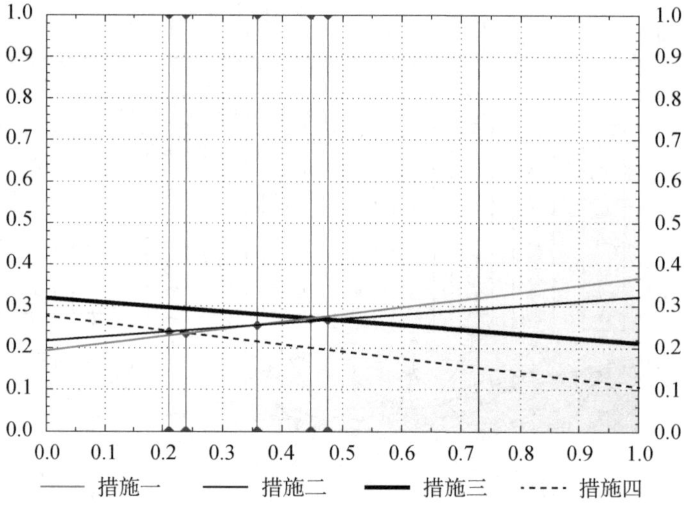

图 9-4 电子政务战略优选顺序权重分布图

从图 9-4 可以看出，随着欧盟成员候选国地位（O-1）权重的增加，措施一和措施二的权重增大，措施三和措施四的权重减小。显然，如果不考虑欧盟成员候选国地位的话，方案层中要素对决策目标权重的排序应为措施三（权重为 0.3190)、措施四（权重为 0.2736)、措施二（权重为 0.2159）和措施一（权重为 0.1915），显然，这时土耳其更应关注的是吸引和留住一批高素质的 IT 人才队伍来改善项目的实施效果（措施三），以及以“公民为核心”的服务理念，持续推进信息技术管理现代化（措施四）。

该项对土耳其的研究完成于 2006 年，在十年之后的 2016 年，土耳其加入欧盟的前景仍扑朔迷离、遥遥无期，显然，按当时对加入欧盟的乐观估计所做出的判断与实际情况并不符合。这就提醒研究者注意，科技政策研究中的评价方法和工具只能是为决策提供依据和支撑，而决策本身还需要结合多方面因素进行综合考量。

第十章 数据包络分析法

数据包络分析法的基本思想起源于法约尔（Farrell，1957）对生产率的研究，他指出前人对生产单元生产率的研究工作没有综合考虑多种投入和多种产出，存在诸多局限，基于此，他将生产率的概念扩展到了生产效率。1978 年，查尔斯（A. Charnes）、库珀（W. W. Cooper）和罗兹（E. Rhodes）发展出基于投入产出数据的相对有效性评价方法（杨国梁等，2013）。

发展至今，DEA 方法已经成为在多投入多产出的情况下，评价决策单元（decision making units，DMU）相对有效性和规模收益等方面应用最为广泛的运筹学方法之一。

DEA 方法的应用对象是同类型的决策单元。同类型的决策单元具有以下三个特征：一是它们具有同样的目标和任务；二是它们具有同样的外部环境；三是它们具有同样的输入和输出指标。每个决策单元都代表一定的经济意义，它的基本特点是输入和输出，并在将输入转化为输出的过程中，实现自身的目标。

DEA 方法中包含若干关键要素，这些关键要素决定分析模型的具体形式和用途。这些关键要素包括以下内容。

（1）生产可能集：可以假定为规模收益不变、可变、非递增和非递减等。

（2）偏好：常用的偏好有帕累托偏好、平均偏好、矩阵偏好等。

（3）测度：指在给定偏好的基础上判断决策单元绩效好坏的测量尺度，有径向测度、罗素测度等。

（4）变量类型：指决策单元的投入产出数据具有不同的类型，存在非任意变化变量、不可控变量、有界变量、不期望变量等。

除此以外，问题的层次及数据是否是确定的等和以上四个要素的组合，可以形成不同的模型用以解决不同的问题。

第一节 确定数据 DEA 模型

确定数据 DEA 模型主要有基于不同生产可能集假设的 DEA 模型、基于不同测度的 DEA 模型、蕴含不同偏好的 DEA 模型、基于变量类型的 DEA 模型等若干类型。

一、基于不同生产可能集假设的 DEA 模型

首先定义 $T=\{(x,y)\mid Outputs\ y\ can\ be\ produced\ by\ inputs\ x\}$ 为生产可能集。生产可能集需要满足以下基本假设：

凸性假设：对 $(x',y')\in T$，$(x',y')\in T$，$\mu\in[0,1]$，有 $\mu(x,y)+(1-\mu)(x',y')\in T$；

锥性假设：若 $(x,y)\in T$，且 $k\geqslant 0$，那么 $k(x,y)=(kx,ky)\in T$；

单调性假设：若 $(x,y)\in T$，且 $x'\geqslant x$，则 $(x',y)\in T$；若 $y'\leqslant y$，则 $(x,y')\in T$；

最小性假设：生产可能集 T 是满足上述条件的所有集合的交集。

在满足上述四个假设的基础上，对于已有的观察值 $(x_j,y_j)(j=1,\cdots,n)$，可有

$$T=\left\{(x,y)\mid k\sum_{j=1}^{n}\mu_j x_j <= x, k\sum_{j=1}^{n}\mu_j y_j >= y, \mu_j\geqslant 0, \sum_{j=1}^{n}\mu_j=1, k>0\right\} \quad (10.1)$$

若令 $k\mu_j=\lambda_j,(j=1,\cdots,n)$，则（10.1）为

$$T=\left\{(x,y)\mid \sum_{j=1}^{n}\lambda_j x_j <= x, \sum_{j=1}^{n}\lambda_j y_j >= y, \lambda_j\geqslant 0\right\} \quad (10.2)$$

若去掉锥性假设，同时加上 $\sum_{j=1}^{n}\lambda_j=1$ 约束，则式（10.2）变为

$$T=\left\{(x,y)\left|\sum_{j=1}^{n}\lambda_j x_j <= x, \sum_{j=1}^{n}\lambda_j y_j >= y, \lambda_j\geqslant 0, \sum_{j=1}^{n}\lambda_j=1\right.\right\} \quad (10.3)$$

在实际分析中，有时还会考虑到如下形式的生产可能集：

$$T=\left\{(x,y)\left|\sum_{j=1}^{n}\lambda_j x_j <= x, \sum_{j=1}^{n}\lambda_j y_j >= y, \lambda_j\geqslant 0, \sum_{j=1}^{n}\lambda_j\leqslant 1\right.\right\} \quad (10.4)$$

$$T=\left\{(x,y)\left|\sum_{j=1}^{n}\lambda_j x_j <= x,\sum_{j=1}^{n}\lambda_j y_j >= y,\lambda_j \geqslant 0,\sum_{j=1}^{n}\lambda_j \geqslant 1\right.\right\} \tag{10.5}$$

$$T=\left\{(x,y)\left|x_j \leqslant x, y \leqslant y_j, x, y \geqslant 0, j=1,\cdots,n\right.\right\} \tag{10.6}$$

其中，式（10.2）称为规模收益不变假定生产可能集；式（10.3）称为规模收益可变假定生产可能集；式（10.4）称为非递减规模收益假定生产可能集；式（10.5）称为非递增规模收益假定生产可能集；式（10.6）称为自由处置型假定生产可能集。

此外，在有效前沿面以柯布-道格拉斯函数为基本形式的情况下，还会考虑以下假设下的生产可能集：

几何凸性假设：如果$(x_j,y_j)\in T, j=1,\cdots,n$，则对于满足$\sum_{j=1}^{n}\lambda_j=1$的$\lambda_j\geqslant 0$，有$(x_0',y_0')\in T$，且$x_{i0}'=\prod_{j=1}^{n}x_{ij}^{l_j}, i=1,\ldots,m$和$y_{r0}'=\prod_{j=1}^{n}y_{rj}^{l_j}, r=1,\cdots,s$分别是$x_0'$和$y_0'$的第$i$个分量和第$r$个分量；

无效性假设：如果$(x,y)\in T$，且$x'\geqslant x$，则$(x',y)\in T$；如果$(x,y)\in T$，且$0<y'\leqslant y$，则$(x,y')\in T$；

包含性假设：对任意的$j=1,\cdots,n$，均有$(x_j,y_j)\in T$成立；

最小性假设：生产可能集是满足上述条件的所有集合的交集。

基于以上四个假设下的生产可能集定义为

$$T=\left\{(x,y)\left|\begin{array}{c}0<\prod_{j=1}^{n}x_{ij}^{\lambda_j}\leqslant x_i, i=1,\cdots,m;\prod_{j=1}^{n}y_{rj}^{\lambda_j}\geqslant y_r>0, r=1,\cdots,s\\ \sum_{j=1}^{n}\lambda_j=1,\lambda_j\geqslant 0, j=1,\cdots,n\end{array}\right.\right\} \tag{10.7}$$

在以上假设的基础上，首先考察基于生产可能集规模收益不变假定的 CCR 模型。对于有n个决策单元的集合，每决策单元DMU_j($j=1,\cdots,n$)有m个投入$x_{ij}(i=1,\cdots,m)$和s个产出$y_{rj}(r=1,\cdots,s)$，基于投入产出分析原理来考察下式：

$$\max\left\{\theta=\sum_r u_r y_{r0}\Big/\sum_i v_i x_{i0}\left|\begin{array}{l}\sum_r u_r y_{rj}-\sum_i v_i x_{ij}\leqslant 0, j=1,\cdots,n\\ u_r, v_i\geqslant\varepsilon, r=1,\cdots,s; i=1,\cdots,m\end{array}\right.\right\} \tag{10.8}$$

其中，ε为非阿基米德无穷小。由于在基于式（10.8）的模型中考察的是产出与投入的比，因此可称之为基于投入的 CCR 模型；类似地，相应的目标函数换成投入与产出的比，则为基于产出的 CCR 模型。

式（10.8）给出的模型为分式规划，若令 $\mu_r = tu_r, \nu_i = t\nu_i$，其中 $t = \left(\sum_i \nu_i x_{ij}\right)^{-1}$，可以转化为如下线性规划模型：

$$\max\left\{\theta = \sum_r \mu_r y_{r0} \left| \begin{array}{c} \sum_i \nu_i x_{i0} = 1, i = 1,\cdots,m; \sum_r \mu_r y_{rj} - \sum_i \nu_i x_{ij} \leqslant 0, j = 1,\cdots,n \\ \mu_r, \nu_i \geqslant \varepsilon, r = 1,\cdots,s; i = 1,\cdots,m \end{array} \right.\right\} \quad (10.9)$$

式（10.9）又被称为 CCR-DEA 乘数模型或对偶模型，该式还以写成：

$$\begin{aligned} &\min \theta = \theta_0 - \varepsilon\left(\sum_r s_r^+ + \sum_i s_i^-\right) \\ &\text{s.t.} \quad \sum_j \lambda_j x_{ij} + s_i^- = \theta_0 x_{i0}, i = 1,\cdots,m; \sum_j \lambda_j y_{rj} - s_r^+ = y_{r0}, r = 1,\cdots,s \\ &\qquad \lambda_j, s_i^-, s_r^+ \geqslant 0, r = 1,\cdots,s; i = 1,\cdots,m; j = 1,\cdots,n \end{aligned} \quad (10.10)$$

式（10.10）又称为 CCR-DEA 包络模型。但需要注意的是，CCR-DEA 模型中隐含了生产可能集规模收益不变的假设。

继续考察基于生产可能集规模收益不变假定的 BCC-DEA 模型。BCC-DEA 模型也分为基于投入和基于产出的模型。以基于投入的 BCC-DEA 模型为例，其带非阿基米德无穷小变量的乘数模型为：

$$\begin{aligned} &\max \theta = \sum_r \mu_r y_{r0} - \mu_0 \\ &\text{s.t.} \quad \sum_i \nu_i x_{i0} = 1; \sum_r \mu_r y_{rj} - \sum_i \nu_i x_{ij} - \mu_0 \leqslant 0, j = 1,\cdots,n \\ &\qquad \mu_r, \nu_i \geqslant \varepsilon, r = 1,\cdots,s; i = 1,\cdots,m \end{aligned} \quad (10.11)$$

基于投入的带非阿基米德无穷小变量 BCC-DEA 模型的包络形式为

$$\begin{aligned} &\min \theta = \theta_0 - \varepsilon\left(\sum_r s_r^+ + \sum_i s_i^-\right) \\ &\text{s.t.} \quad \sum_j \lambda_j x_{ij} + s_i^- = \theta_0 x_{i0}, i = 1,\cdots,m; \sum_j \lambda_j y_{rj} - s_r^+ = y_{r0}, r = 1,\cdots,s \\ &\qquad \sum_j \lambda_j = 1, \lambda_j, s_i^-, s_r^+ \geqslant 0, r = 1,\cdots,s; i = 1,\cdots,m; j = 1,\cdots,n \end{aligned} \quad (10.12)$$

进一步考察柯布-道格拉斯型 DEA 模型。基于式（10.7）定义的生产可能集，可有基于输出的柯布-道格拉斯型 DEA 模型如下：

$$\min\left\{\theta = \alpha_0 \left| \prod_{j=1}^n y_{rj}^{\lambda_j} \geqslant \alpha_0 y_{r0}, r = 1,\cdots,s; \prod_{j=1}^n x_{ij}^{\lambda_j} \leqslant x_{i0}, i = 1,\cdots,m; \lambda_j \geqslant 0, j = 1,\cdots,n \right.\right\} \quad (10.13)$$

在式（10.13）中引入松弛变量再取自然对数，可得到如下含非阿基米德无穷小的 DEA 模型：

$$\max\theta=\hat{\alpha}_0+\varepsilon\left[\sum_{r=1}^{s}\hat{\psi}_{r0}+\sum_{i=1}^{m}\hat{\xi}_{i0}\right]$$

$$\text{s.t.}\quad \hat{\alpha}_0+\hat{y}_{r0}+\hat{\psi}_{r0}=\sum_{j=1}^{n}\lambda_j\hat{y}_{rj},r=1,\cdots,s;\hat{x}_{i0}-\hat{\xi}_{i0}=\sum_{j=1}^{n}\lambda_j\hat{x}_{ij},i=1,\cdots,m \tag{10.14}$$

$$\sum_{j=1}^{n}\lambda_j=1,\hat{\psi}_{r0},\hat{\xi}_{i0},\lambda_j\geqslant 0,r=1,\cdots,s;j=1,\cdots,n$$

其中，符号“ ^ ”表示自然对数值。

继续考察 NIRS 及 NDRS 和 FDH 模型。基于式（10.4）给出的非递减规模收益假定生产可能集和式（10.5）给出的非递增规模收益假定的生产可能集，分别有基于非递增规模收益假定和基于非递减规模收益假定的 NIRS 和 NDRS 模型，若以基于投入的带非阿基米德无穷小变量的包络形式模型为例，可有

$$\min\theta=\theta_0-\varepsilon\left(\sum_r s_r^+ +\sum_i s_i^-\right)$$

$$\text{s.t.}\quad \sum_j\lambda_j x_{ij}+s_i^-=\theta_0 x_{i0},i=1,\cdots,m;\sum_j\lambda_j y_{rj}-s_r^+=y_{r0},r=1,\cdots,s$$

$$\sum_j\lambda_j\geqslant 1(\text{NIRS})\text{或}\sum_j\lambda_j\leqslant 1(\text{NDRS}),\lambda_j,s_i^-,s_r^+\geqslant 0,r=1,\cdots,s;i=1,\cdots,m;j=1,\cdots,n \tag{10.15}$$

基于式（10.6）给出的生产可能集假定可有如下 FDH 模型及其扩展推广：

$$\min\left\{\theta\middle|\theta x_0-X\lambda\geqslant 0,y_0-Y\lambda\leqslant 0,e\lambda=1,\lambda_j\in\{0,1\},\forall j\right\} \tag{10.16}$$

其中，X 和 Y 代表投入产出矩阵，$\lambda_j\in\{0,1\}$ 代表 λ_j 为 0 或 1 的二元变量。

二、基于不同测度的 DEA 模型

经济学家在研究如何测量生产效率的过程中，提出了多种测度函数。例如，在关于资源使用率的研究中，可将生产效率分解为技术效率和配置效率，并提出可以用径向测度测量决策单元的技术效率；罗素测度则允许决策单元按照各类投入或产出的方向自由扩张，并测度各类投入（或产出）最大扩张比率的算术平均值。此外，还有基于松弛变量的测度及方向测度等。

首先考察加性模型：

$$
\begin{aligned}
&\min\theta=\left(\sum_i s_i^- +\sum_r s_r^+\right)\\
&\text{s.t.}\quad \sum_j\lambda_j x_{ij}+s_i^-=x_{i0}, i=1,\cdots,m;\sum_j\lambda_j y_{rj}-s_r^+=y_{r0}\quad r=1,\cdots,s \qquad (10.17)\\
&\qquad \sum_j\lambda_j=1,\lambda_j,s_i^-,s_r^+\geqslant 0\quad r=1,\cdots,s;i=1,\cdots,m;j=1,\cdots,n
\end{aligned}
$$

在加性模型中，当式（10.17）式最优值为0时，决策单元为DEA有效。由于不同投入和产出之间可能存在不可公度性，同时目标函数并不是决策单元真正的绩效测度，因此式（10.17）给出的目标函数还可采用如下修正形式：

$$
Q_0=\frac{1}{(m+s)}\left(\sum_i s_i^-/x_{i0}+\sum_r s_r^+/y_{r0}\right) \qquad (10.18)
$$

为与 CCR-DEA 或 BCC-DEA 中效率的概念一致，上述加性模型中可以将 $1-Q_0$ 作为目标函数，由于 $1-Q_0$ 不一定满足 $0\leqslant 1-Q_0\leqslant 1$，式（10.18）中的目标函数可修正为

$$
Q_0=\frac{1}{(m+s)}\left(\sum_i s_i^-/x_{i0}+\sum_r s_r^+/\left(y_{r0}+s_r^+\right)\right) \qquad (10.19)
$$

继续考察罗素测度模型：

$$
\begin{aligned}
&\min\theta=\left(\sum_i(\theta_i/m)\Big/\sum_r(\varphi_r/s)\right)\\
&\text{s.t.}\quad \sum_j\lambda_j x_{ij}\leqslant\theta_i x_{i0}, i=1,\cdots,m;\sum_j\lambda_j y_{rj}\geqslant\varphi_r y_{r0}, r=1,\cdots,s \qquad (10.20)\\
&\qquad \sum_j\lambda_j=1,\lambda_j\geqslant 0, j=1,\cdots,n;0\leqslant\theta_i\leqslant 1,i=1,\cdots,m;\varphi_r\geqslant 1,r=1,\cdots,s
\end{aligned}
$$

基于松弛变量测量方法的DEA模型：

$$
\begin{aligned}
&\min\theta=\frac{1-\dfrac{1}{m}\sum_{i=1}^{m}s_i^-/x_{i0}}{1+\dfrac{1}{s}\sum_{r=1}^{s}s_r^+/y_{r0}} \qquad (10.21)\\
&\text{s.t.}\quad \sum_j\lambda_j x_{ij}+s_i^-=x_{i0}, i=1,\cdots,m;\sum_j\lambda_j y_{rj}-s_r^+=y_{r0}, r=1,\cdots,s\\
&\qquad \sum_j\lambda_j=1,\lambda_j,s_i^-,s_r^+\geqslant 0, r=1,\cdots,s;i=1,\cdots,m;j=1,\cdots,n
\end{aligned}
$$

虽然上述模型的测度形式不同，但很容易证明它们之间具有等价性，而且在同时考虑投入和产出的情况下，式（10.21）给出的模型可以转化成线性规划。

进一步探讨 RAM 模型。在该模型中，目标函数中的投入和产出的松弛变量均由相应的 R^{xT} 和 R^{yT} 进行调整：

$$\max\left\{\theta = R^{xT}d^{x} + R^{yT}d^{y}\left|\begin{array}{c}\sum_{j=1}^{n}\lambda_j X_j + d^{x} = X_0;\sum_{j=1}^{n}\lambda_j Y_j - d^{y} = Y_0\\ \sum_{j=1}^{n}\lambda_j = 1, d^{x}, d^{y}, \lambda_j \geqslant 0\end{array}\right.\right\} \tag{10.22}$$

其中：

$$R_i^x = (m+s)^{-1}\left(\max\left\{x_{ij} \mid j=1,\cdots,n\right\} - \min\left\{x_{ij} \mid j=1,\cdots,n\right\}\right)^{-1} \tag{10.23}$$

$$R_r^y = (m+s)^{-1}\left(\max\left\{y_{rj} \mid j=1,\cdots,n\right\} - \min\left\{y_{rj} \mid j=1,\cdots,n\right\}\right)^{-1} \tag{10.24}$$

除上述模型以外，较常用的还有基于约束可调整的测度模型，以及在生产可能集规模收益可变假定约束下的约束加性模型等。

三、蕴含不同偏好的 DEA 模型

偏好是建立在备选方案集上的一种二元关系，表达决策者对备选方案优劣的判断。偏好可分为理性偏好和非理性偏好。通常假设理性偏好关系具有自反性、传递性和完全性，非理性偏好则可能不满足这些假定。例如，帕累托偏好是一种理性偏好，即 A 比 B 好意味着 A 的任何一方面都不劣于 B，该偏好假设在经济学中有广泛的应用。此外，矩阵偏好、锥偏好等也属于理性偏好。在上述模型中大都蕴含着帕累托偏好，下面总结了若干蕴含其他理性偏好的 DEA 模型。

首先看权重约束模型。权重约束模型即为 DEA 模型增加权重约束，即为经典的 CCR 和 BCC 模型增加合适的权重约束。通常权重约束是通过 DEA 的乘数模型引入的。例如，以式（10.9）给出的 CCR-DEA 的乘数模型为例，可分为四种权重约束情况（表 10-1）。

表 10-1 乘数模型的权重约束类型汇总

类型	权重约束	
	在投入上的权重约束	在产出上的权重约束
绝对权重约束	$\delta_i \leqslant v_i \leqslant \tau_i$	$\rho_r \leqslant u_r \leqslant \eta_r$
保证区域类型 I	$\kappa_i v_i + \kappa_{i+1} v_{i+1} \leqslant v_{i+2}$	$\omega_r u_r + \omega_{r+1} u_{r+1} \leqslant u_{r+2}$
	$\alpha_i \leqslant \frac{v_i}{v_{i+1}} \leqslant \beta_i$	$\theta_r \leqslant \frac{u_r}{u_{r+1}} \leqslant \varphi_r$

续表

类型	权重约束	
	在投入上的权重约束	在产出上的权重约束
保证区域类型 II	$\gamma_i v_i \leqslant u_r$	
虚拟投入和产出上的权重约束	$\psi_i \leqslant \dfrac{v_i x_{ij}}{\sum_{i=1}^{m} v_i x_{ij}} \leqslant \vartheta_i$	$\varpi_r \leqslant \dfrac{u_r y_{rj}}{\sum_{r=1}^{s} u_r y_{rj}} \leqslant \sigma_r$

资料来源：杨国梁，刘文斌，郑海军. 数据包络方法（DEA）综述. 系统工程学报，2013，6：840-860.

当决策者偏好结构为锥偏好时，可有如下 DEA 模型：

$$\max\left\{\theta = \frac{u^T y_0}{v^T x_0} \middle| \begin{array}{c} v^T X - u^T Y \in K \\ v \in V - \{0\}; u \in U - \{0\} \end{array}\right\} \tag{10.25}$$

式中，$X = \left(x_1, x_2, \cdots, x_{j_0}, \cdots, x_n\right)$ 为 $m \times n$ 矩阵，$Y = \left(y_1, y_2, ..., y_{j_0}, ..., y_n\right)$ 为 $s \times n$ 矩阵，$V \subset R_+^m$ 和 $U \subset R_+^s$ 为闭凸锥，且 $\mathrm{IntV} \neq \phi$，$\mathrm{IntU} \neq \phi$，$K \subset R_+^n$ 为闭凸锥，并且 $\delta_j = \left(0, \cdots, 0, 1, 0, \cdots, 0\right)^T \in -K^*$，$\delta_j$ 是第 j 个分量为 1，其余分量为 0 的 n 维向量。K^* 为 K 的极锥，并由下式定义：$K^* = \left\{k \mid \hat{k}^T k \leqslant 0, \forall \hat{k} \in K\right\}$。除锥偏好 DEA 模型外，常用的还有一些蕴含其他理性偏好的 DEA 模型，如平均偏好 DEA 模型、矩阵偏好 DEA 模型及字典序偏好 DEA 模型等。

四、基于变量类型的 DEA 模型

首先考察存在非任意变化变量的 NDV-DEA 模型。该模型的核心思想是某些变量不能任意变化。若令 D 表示可随意变化的投入变量集合，ND 代表不能随意变化的投入变量集合，模型有如下形式：

$$\begin{aligned} &\min \theta = \theta_0 - \varepsilon\left(\sum_{i \in D} s_i^- + \sum_r s_r^+\right) \\ &\text{s.t.} \quad \sum_j \lambda_j x_{ij} + s_i^- = \theta_0 x_{i0}, i \in D; \sum_j \lambda_j x_{ij} + s_i^- = x_{i0}, i \in ND \\ &\qquad \sum_j \lambda_j y_{rj} - s_r^+ = y_{r0}; \lambda_j, s_i^-, s_r^+ \geqslant 0, r = 1, \cdots, s; i = 1, \cdots, m; j = 1, \cdots, n \end{aligned} \tag{10.26}$$

在 NDV-DEA 模型中，ND 代表不能随意变化的投入变量集合，但 $s_i^- \geqslant 0$ 意味着 $\sum_j \lambda_j x_{ij} \leqslant x_{i0}, i \in ND$，考虑到在现实应用中存在某些投入或产出变量必须维持在固定的水平上，即存在不可控变量。令 N_1 和 N_2 分别代表不可控变量的集合，$\overline{N}_1$ 和 $\overline{N}_2$ 代表可控的变量集合，则存在不可控变量的 NCV-DEA 模型为

$$\begin{aligned}
&\min\theta=\theta_0-\varepsilon\left(\sum_{i\in D}s_i^-+\sum_r s_r^+\right)\\
&\text{s.t.}\quad \sum_j\lambda_j x_{ij}+s_i^-=\theta_0 x_{i0},i\in\overline{N}_1;\sum_j\lambda_j x_{ij}=x_{i0},i\in N_1\\
&\qquad\ \ \sum_j\lambda_j y_{rj}-s_r^+=y_{r0},r\in\overline{N}_2;\sum_j\lambda_j y_{rj}=y_{r0},r\in N_2\\
&\qquad\ \ \lambda_j\geqslant 0,j=1,\cdots,n;s_i^-,s_r^+\geqslant 0,i\in\overline{N}_1;r\in\overline{N}_2
\end{aligned}\tag{10.27}$$

若将 NCV-DEA 模型中的不可控变量的约束变成上下界约束，可能存在有界变量的 BND-DEA 模型：

$$\begin{aligned}
&\min\theta=\theta_0-\varepsilon\left(\sum_{i\in D}s_i^-+\sum_r s_r^+\right)\\
&\text{s.t.}\quad \sum_j\lambda_j x_{ij}+s_i^-=\theta_0 x_{i0},i\in\overline{N}_1;L_0^x\leqslant\sum_j\lambda_j x_{ij}\leqslant U_0^x,i\in N_1\\
&\qquad\ \ \sum_j\lambda_j y_{rj}-s_r^+=y_{r0},r\in\overline{N}_2;L_0^y\leqslant\sum_j\lambda_j y_{rj}\leqslant U_0^y,r\in N_2\\
&\qquad\ \ \lambda_j\geqslant 0,j=1,\cdots,n;s_i^-,s_r^+\geqslant 0,i\in\overline{N}_1;r\in\overline{N}_2
\end{aligned}\tag{10.28}$$

式中，$\left(L_0^x,U_0^x\right)$ 和 $\left(L_0^y,U_0^y\right)$ 是决策单元非任意变化投入和产出的上下界。

常见的 DEA 模型大都隐含如下假定，即产出越多越好，投入越小越好。然而在现实情况中，有些投入或产出指标却不是这种情况，例如，将电厂的污染情况作为产出指标之一，就需要将不期望变量进行转化，变化成期望变量代入模型：

$$\begin{aligned}
&\min\alpha/\beta-\varepsilon\left(\left|s^{DI}\right|+\left|s^{UI}\right|+\left|s^{DO}\right|+\left|s^{UO}\right|\right)\\
&\text{s.t.}\quad \sum_{j=1}^n Y_j^{DO}\lambda_j-s^{DO}=\beta Y_0^{DO};\sum_{j=1}^n X_j^{UI}\lambda_j-s^{UI}=\beta X_0^{DO}\\
&\qquad\ \ \sum_{j=1}^n Y_j^{UO}\lambda_j+s^{UO}=\alpha Y_0^{UO};\sum_{j=1}^n X_j^{DI}\lambda_j+s^{DI}=\alpha X_0^{UO}\\
&\qquad\ \ \lambda\in S,\beta\geqslant 1,0\leqslant\alpha\leqslant 1
\end{aligned}\tag{10.29}$$

式中，$(X,Y)=(X^D,X^U,Y^D,Y^U)$ 包含期望和非期望的投入产出变量。

继续讨论非明确投入的 DEA 模型。在评价实践中，往往并没有明确的投入数据，如效率指标、产出数据等。基于这种考虑，可以构建基于非明确数据的 DEA 模型并将决策者价值判断引入到模型中：

$$\max\left\{\theta \middle| \sum_{j=1}^{n}\lambda_j Y_j \geqslant \theta Y_0, \sum_{j=1}^{n}\lambda_j = 1, \lambda_j \geqslant 0, j = 1, \cdots, n\right\} \tag{10.30}$$

在现实评价中，还会存在决策单元存在类别的情况。例如“985”和“211”工程大学等。在这种情况下，往往需要将决策单元进行分类评价。此时，决策单元可以分为管理者可以控制的分类和不能控制的分类两种。为此，可借助将分类变量通过若干组 0, 1 变量进行转换的方法，通过增加约束 $\sum_j \lambda_j d_{ij}^{(k)} \leqslant d_{i0}^{(k)}$，来保证决策单元的参照点只能在本类或更低的类别中，从而实现决策单元的分类比较。

第二节　非确定数据 DEA 模型

对于非确定数据 DEA 模型，一种解决办法是将机会约束规划应用到 DEA 模型中，如建立基于统计特性的 DEA 模型：

$$\max\left\{\theta = P\left(\frac{\sum_r \mu_r \tilde{y}_{r0}}{\sum_i v_i \tilde{x}_{i0}} \geqslant \beta_0\right) \middle| P\left(\frac{\sum_r \mu_r \tilde{y}_{rj}}{\sum_i v_i \tilde{x}_{ij}} \leqslant \beta_j\right) \geqslant 1 - \alpha_j, j = 1, \cdots, n; \mu_r, v_i \geqslant 0, \forall r, i\right\} \tag{10.31}$$

式中，P 代表概率；$\tilde{x}_{ij}, \tilde{y}_{rj}$ 为已知分布的随机变量；α_j 和 β_0 为相应的阈值。

另一种解决办法是时序分析，例如，在全要素生产率（TFP）研究中，可基于 DEA 模型构建曼奎斯特生产率指数。例如，基于 0 期和 t 期数据的决策单元的曼奎斯特指数定义为 $M_j(0,t) = D_{j0}^0 / D_{jt}^0$，基于投入的曼奎斯特生产率指数可以分解成为技术变化和相对效率变化两个组成部分：

$$M_j(0,t) = \left[D_{jt}^t / D_{jt}^0\right] \times \left[D_{j0}^0 / D_{jt}^t\right] = TC_j(0,t) \times EC_j(0,t) \tag{10.32}$$

式中，技术变化指前沿面的移动，相对效率变化指技术效率的改进。

继续考虑更为一般的情况：实际决策单元的投入产出数据有时会是不确定的、不精确的或者是模糊的，其具体表现可能为概率形式、区间数、序数形式、定性数据或者是模糊数据。针对这种情况，可有针对区间数的 DEA 模型及其灵敏度分析，以区间数 BCC-DEA 模型为例，有：

$$\max\left\{\theta=U^tY_0+u_0\left|\begin{array}{c}U^tY_j-V^tX_j+u_0\leqslant 0,j=1,\cdots,n\\V^tX_0=1,U\geqslant 1\varepsilon,V\geqslant 1\varepsilon\end{array}\right.\right\} \tag{10.33}$$

式中，$Y_j=\left[y_{1j},\cdots,y_{sj}\right],X_j=\left[x_{1j},\cdots,x_{mj}\right],j=1,\cdots,n$，$Y_0=\left[y_{10},\cdots,y_{s0}\right],X_0=\left[x_{10},\cdots,x_{m0}\right]$。设 $x_{ij}^l\leqslant x_{ij}\leqslant x_{ij}^u$ 和 $y_{rj}^l\leqslant y_{rj}\leqslant y_{rj}^u$，则决策单元相对效率的上下限分别由式（10.34）和式（10.35）确定。

$$\max\left\{\overline{\theta}=U^tY_0^u+u_0\left|\begin{array}{c}U^tY_j^l-V^tX_j^u+u_0\leqslant 0,j=1,\cdots,n,j\neq 0\\U^tY_j^u-V^tX_j^l+u_0\leqslant 0\\V^tX_0^l=1,U\geqslant 1\varepsilon,V\geqslant 1\varepsilon\end{array}\right.\right\} \tag{10.34}$$

$$\max\left\{\overline{\theta}=U^tY_0^l+u_0\left|\begin{array}{c}U^tY_j^u-V^tX_j^l+u_0\leqslant 0,j=1,\cdots,n,j\neq 0\\U^tY_0^l-V^tX_0^u+u_0\leqslant 0\\V^tX_0^u=1,U\geqslant 1\varepsilon,V\geqslant 1\varepsilon\end{array}\right.\right\} \tag{10.35}$$

显然，若假设式（10.34）～式（10.35）中的 $u_0=0$，则退化为区间数 CCR-DEA 模型。

第三节　数据包络分析法的应用与发展

DEA 方法作为一种决策单元相对有效性评价方法，评价决策单元相对效率情况是各类 DEA 模型的基本功能。由于 DEA 前沿面可以模拟生产函数（前沿生产函数），所以各类 CCR-DEA 模型的最优解可以用来衡量特定约束下的生产效率，各类 BCC-DEA 模型的最优解可用于衡量特定约束下的纯技术效率。此外，相应的 DEA 模型还可以用于衡量配置效率等各类生产效率。

一、生产效率

法约尔（Farrell，1957）认为，生产过程的生产效率由两部分组成，即技术效率和配置效率，三者之间的关系为：生产效率=技术效率×配置效率。

由于生产效率又可以分为基于投入和基于产出的效率，若考察基于投入的生产效率，则技术效率反映在给定产出水平下，决策单元使用最少投入的能力，又称为生产效率。技术效率又可以分为纯技术效率和规模效率，其中纯技术效率指纯粹由于技术原因引起的效率变化，规模效率指纯粹由于规模原因引起的效率变化。显然，三者之间的关系为技术效率=纯技术效率×规模效率。

配置效率反映的是在投入价格及生产技术固定的条件下，生产过程使用最适合比例投入组合的能力，即生产过程是否在最小成本下生产，又称为价格效率。

二、规模收益

对经济学中规模收益概念的扩展，将规模收益从经典经济学引入到 DEA 方法框架中，通过基于径向测度的 CCR-DEA 模型可考察决策单元的规模收益情况。除此以外，还可通过可变规模收益假定下的 BCC-DEA 模型来估算规模收益情况。到目前为止，基于 DEA 的规模收益研究大体可以分为四种类型，如表 10-2 所示。

表 10-2　基于 DEA 模型的规模收益研究

基本模型	基本假设及主要方法
CCR-DEA 模型	在不变规模收益假定下计算 $DMU_0(x_0, y_0) \in PPS$
BCC-DEA 模型	可以在可变规模收益假定下通过支撑超平面在生产可能集上的截距来估算被评单元的规模收益情况，该截距为 DEA 模型凸约束中的一个对偶变量，因此可以通过截距符号的正负来判定被评单元的规模收益，或分析决策单元在一个小的邻域内的性质来判定其规模收益情况
FGL-DEA 模型	通过一系列径向测度的 DEA 模型对决策单元的规模收益情况进行估算，判断被评单元是否达到了规模收益最优
非径向测度 DEA 模型	为弥补上述三种模型遗漏松弛变量信息的不足，通过非径向测度的加性模型、乘积模型考察规模收益问题；或者建立包括反馈过程的动态 DEA 模型和柯布-道格拉斯函数 DEA 模型来分析规模收益问题

资料来源：杨国梁，刘文斌，郑海军. 数据包络方法（DEA）综述. 系统工程学报，2013，6：840-860.

三、其他应用

由于通过 DEA 模型的前沿面可以模拟生产函数，所以管理与评价的很多问题都可以通过 DEA 模型进行分析，如最小成本问题、最大收益问题、最大利润问题等。此外，DEA 模型还可广泛用于技术进步贡献率的估算、区域经济预警、系统分类等诸多领域，并处于不断蓬勃发展之中。

应用实例

中外大学技术转移效率评价①

对技术转移效率的定量研究始于20世纪末，这一时期部分国家，特别是美国技术转移已有一些实践，使搜集分析所需数据成为可能。例如，对技术转移过程中各阶段效率的研究发现，美国大学专利许可生产力在不断提高，这主要归功于教职工意愿的提高及大学对外部研发经费依存度的上升。其他学者采取DEA方法的研究肯定了美国大学专利许可生产力的提升。而用DEA方法对1997～2007年美国高校技术转移效率进行分析的结果表明，效率的提高主要源于大学频繁的商业化活动，并非是研发投入的增加。

随着各国大学技术转移工作的不断推进，对其他国家大学技术转移效率的研究也逐步展开。例如，对英国大学技术转移效率进行计算的结果表明，英国大学技术转移效率不高，且有规模报酬递减的趋势。而对英美两国高校技术转移效率的比较研究发现，美国大学技术转移效率要比英国高，而且有医学院与孵化器的高校效率更高。对法国大学的研究则表明，其效率与学科类别高度相关，专精于自然科学与工程学科的高校技术转移效率最高。

国内学者也有关于大学技术转移效率的一些研究，例如，关于我国高校科技投入产出及科研成果转化效率的比较，对我国27个省市高校2000～2006年以来技术转移效率的分析，以及地方政府支持和区域市场需求规模不确定性对大学技术转移效率的影响等。但总体看来，目前国内外研究主要是专注于各个国家国内高校技术转移效率的评价，以试图找出影响大学技术转移效率的因素，而缺乏对多个国家的比照分析；在分析中也较少采用曼奎斯特指数方法测算全要素生产率及其分解，详细了解影响技术转移效率的综合因素。

一、指标构建

要测算大学技术转移效率，首先必须明晰技术转移过程，从而能够选取合适

① 资料来源：陈琨，李晓轩，杨国梁. 2014. 中外大学技术转移效率比较研究——基于DEA-Malmquist方法. 科学学与科学技术管理，(07)：98-106.

的输入项与输出项进行分析（陈琨等，2014）。按照技术转移的一般过程：首先投入一定资金，当取得科技成果后，科研人员向技术转移办公室披露发明，由技术转移办公室筛选具有市场前景的成果，并决定是否申请专利。而获得授权的专利有两种转移途径，或是发放专利许可给需要专利的企业，或是发明人自己创办衍生企业，最终由技术转移获取一定的回报（图 10-1）。

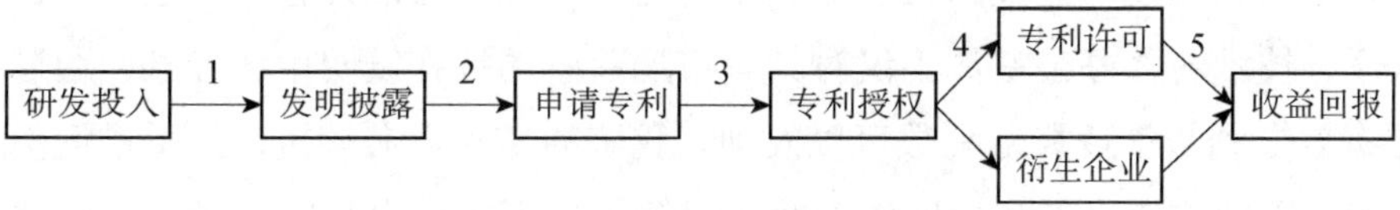

图 10-1　技术转移的阶段划分

国内外对大学技术转移效率的研究主要基于图 10-1 所示过程来构建分析框架，设计输入和输出指标。

从现有研究看，国外研究的输入项通常取图 10-1 所示的阶段 2 之前的研发投入、发明披露等，以及服务于阶段 2 到阶段 5 的相关指标，如技术转移办公室员工数与专利保护法律费用等；而国内研究则一般忽略了服务阶段的指标与发明披露数。考虑到国情不同，有必要分析其中的差别，以筛选合适指标。

考虑到在我国并不存在类似美国《拜杜法案》所规定的科研人员需要将发明披露给技术转移办公室的法律，使这一指标很难作为输入项，在英国也有同样情形。美国的发明披露也存在缺陷，事实上仍有相当比例的技术并未披露给技术转移办公室。在我国，大部分高校的技术转移办公室实际上是科技处或其下属机构，仅有专利管理功能，与欧美有较大差异，也缺乏长期统计数据。因此，涉及技术转移办公室的相关指标并不适用。

关于研发人员指标，国外有研究曾经使用，但仅限于生物、工程与物理相关专业，且加入了人员质量指标。对国际间比较而言，由于人力资源价格成本之间的差异，一国在同等成本下甚至可以雇佣到他国几倍的人力，而且国与国之间研发人员质量难以衡量，也无相关数据，因此不作考虑。基于上述原因，本书仅考虑将研发经费作为输入项。

按照图 10-1 的技术转移阶段划分，相关研究输出项出自阶段 2 到阶段 5，大致可分为专利许可指标（专利许可数、专利许可收入）、衍生企业指标（衍生企业数）、专利指标（专利授权数）等。国内通常使用技术转让收入作为输出项，较少考虑数量问题，国外有研究视专利许可数量为“对新的或改进产品和工艺知识传播扩散的衡量”，但该指标面临的问题是，数量难以反映专利许可的相对重要性，这就需要引入专利许可收入指标。至于衍生企业指标，一是有可能源于专利许可的结果，二是中国缺乏衍生企业的统计，因此本书未予考虑。

总的来说，国外研究采取专利相关指标作为输出项，是为了反映大学在技术转移上的努力程度，但我国大学专利申请与审核程序与国外存在差别，如在斯坦福大学，技术转移办公室员工仅对具有市场前景的披露发明申请专利。通过对比各国有效专利与年授权专利数可以发现，我国的专利寿命较短，且质量远不及发达国家。因此，使用专利指标作为输入或输出项可能得出我国大学技术转移效率远低于或高于国外的偏误。综上所述，本书使用专利许可数与专利许可收入作为输出指标。

另一个非常重要的问题是投入与产出之间存在的时间滞后，即当年投入科研经费难以在当年完成图 10-1 所示的阶段 1 至阶段 5 全过程。国内外相关研究有如下处理方式：一是多年数据求平均值，但该方法面临的问题是使用平均数据难以观察到效率的年变化情况；二是采取一定年限的滞后期，国内研究一般使用 1 年的滞后期，国外研究有使用 3 年滞后期的情况，但并未说明依据。另外，还有的研究忽略了时间滞后问题。从案例分析和相关调研的情况看，一般滞后期在 4 年左右，如法国原子能委员会专利转化的滞后期平均约为 3.7 年，有学者对美国 91 个大学技术转移办公室进行调查发现，这一过程平均需要 4.17 年。

由于我国大学在对专利的推广力度、知识产权保护环境、企业对大学知识产权的需求等方面均与欧美发达国家存在差距，滞后期可能更长，考虑到国际对比的可能性，同时排除单一年份的偏差，本书采取滞后 3～5 年进行测算。

二、测度模型

本书主要使用基于 DEA 的曼奎斯特指数方法来比较各国大学的技术转移效率。该方法能很好地处理多个输入输出的面板数据，用来分析不同时期生产决策单元的效率变化。其中，DEA 主要基于数学规划模型，根据样本数据，确定分段线性最佳前沿面，测算具有多个投入、多个产出的生成决策单元与最佳前沿面的距离获得其效率水平。由于 DEA 不需要事先确定投入产出的函数关系，可以避免主观因素的影响。而曼奎斯特指数可以测定 t 时期技术条件下，从 t 到 t+1 时期的整体效率变化情况，基于产出角度可以表示为

$$M(x_{t+1},y_{t+1},x_t,y_t)=\left[\frac{d_c^t(x_{t+1},y_{t+1})}{d_c^t(x_t,y_t)}\times\frac{d_c^t(x_t,y_t)}{d_c^{t+1}(x_t,y_t)}\right]^{\frac{1}{2}} \tag{10.36}$$

式中，d 表示距离函数，脚标 c 表示固定报酬的情况，M 表示曼奎斯特指数，即全要素生产率，等式右边第一项比例式表示 t 时期技术条件下，从 t 到 t+1 时期技术效率的变化；第二项表示 t+1 时期技术条件下，从 t 到 t+1 时期技术效率的变化。

曼奎斯特指数可以分解为技术效率变化指数和技术进步指数：

$$M(x_{t+1},y_{t+1},x_t,y_t)=\frac{d_c^{t+1}(x_{t+1},y_{t+1})}{d_c^t(x_t,y_t)}\times\left[\frac{d_c^t(x_{t+1},y_{t+1})}{d_c^{t+1}(x_{t+1},y_{t+1})}\times\frac{d_c^t(x_t,y_t)}{d_c^{t+1}(x_t,y_t)}\right]^{\frac{1}{2}} \tag{10.37}$$

式中，技术效率变化指数为等式右边第一项的比例式，表示从 t 到 t+1 时期该生产决策单元对生产前沿面的追赶程度；技术进步指数为等式右边中的括号项，衡量的是从 t 到 t+1 时期生产前沿面的变化情况。

进一步还可将技术效率变化指数分解为纯技术效率变化和规模效率变化：

$$M(x_{t+1},y_{t+1},x_t,y_t)=\frac{d_v^{t+1}(x_{t+1},y_{t+1})}{d_v^t(x_t,y_t)}\times\left[\frac{d_v^t(x_t,y_t)\times d_c^{t+1}(x_{t+1},y_{t+1})}{d_c^t(x_t,y_t)\times d_v^{t+1}(x_{t+1},y_{t+1})}\right]\times\left[\frac{d_c^t(x_{t+1},y_{t+1})\times d_c^t(x_t,y_t)}{d_c^{t+1}(x_{t+1},y_{t+1})\times d_c^{t+1}(x_t,y_t)}\right]^{\frac{1}{2}} \tag{10.38}$$

式（10.38）放松了前面固定规模报酬的假设，c、v 分别为固定报酬与变动报酬下的情况，右边第一项为纯技术效率变化，第二项为规模效率变化，第三项仍为技术进步。

本书将一国大学整体视为一个生产决策单元，先确定每一年各国大学生产最佳前沿面，再把其中每个国家大学的生产前沿面与最佳前沿面进行比较，从而对各国大学的技术效率和生产率变化进行测定，得出该国高校以产出为指标的曼奎斯特指数。

在本书中，对比国家的选择主要从两个方面考虑：一方面是国家的典型性，另一方面是数据的可获取性。美国作为技术转移开展较早、成效显著的国家，代表了当今世界大学技术转移的最高水平；英国同样具有很强的科研力量，技术转移工作在欧洲各国中也名列前茅；日本从最初模仿欧美为主的“技术立国”逐渐转向自主创新，技术转移是其关注的重点之一；西班牙与意大利虽然技术转移工

作开展较晚，且传统产业仍然占有较大比重，但目前技术转移工作发展较快；丹麦不仅全球竞争力排名靠前，而且是欧盟公共研发机构技术转移活动开展较好的几个国家之一；在新兴发达国家中，澳大利亚技术转移工作已取得一定成效。

此外，由于目前法国还缺乏连续、大规模的调查报告，也未见德国技术转移机构在网上公开调查情况，法、德两国留待未来的研究中去完善。基于以上考虑，主要选择美国、英国、日本、西班牙、意大利、丹麦、澳大利亚等国与我国进行比较。

数据来源包括两各方面：一方面是各国研发经费数据，来自 OECD 数据库；专利许可数与专利许可收入数据源于相应国家政府部门或技术转移权威机构调查，如我国教育部《高等学校科技统计资料汇编》、美国大学科技经理人协会（AUTM）年度报告、日本文部科学省《日本高校技术转移状况》、英国高等教育基金委员会（HEFCE）年度报告、西班牙大学技术转移协会（RedOTRI）年度报告、意大利大学研究成果增值网络（NETVAL）年度报告、丹麦科技创新部《公共资助研究商业化调查》、澳大利亚创新工业科研部《研究商业化全国调查》。

在搜集数据的过程中，有一些数据缺失或无法直接获取，对这些数据的处理，说明如下：澳大利亚仅有双数年数据，本书运用插值法来确定单数年数据，即使用前一年和后一年的均值作为当年数据。美国与意大利调查高校数据分别约为整体科研经费的 94%及教职工的 74%，根据比例求取了整体情况。

考虑到各国数据调查时间端的完备，选取时间序列为 2004～2010 年，根据滞后期的设定，输入项研发经费为 1999～2007 年的数据，主要统计数据见表 10-3～表 10-5。

表 10-3　1999～2007 年各国大学研发经费水平（单位：百万美元）

国家	1999 年	2000 年	2001 年	2002 年	2003 年	2004 年	2005 年	2006 年	2007 年
中国	2 199	2 605	3 405	4 315	5 231	6 056	7 027	7 734	8 168
美国	32 435	34 598	37 179	40 350	42 989	44 560	45 190	45 488	46 141
英国	5 885	6 416	7 249	7 827	7 867	8 026	8 771	9 246	9 655
日本	15 839	15 984	15 984	16 357	15 954	16 109	16 153	17 250	17 118
西班牙	2 501	2 723	2 966	3 164	3 534	3 602	3 870	4 100	4 275
意大利	4 871	5 091	5 656	5 944	6 015	5 880	5 437	5 779	6 090
澳大利亚	2 364	2 383	2 578	2 771	3 019	3 268	3 499	3 731	4 003
丹麦	691	753	769	989	1 026	1 065	1 088	1 194	1 288

表 10-4 2004～2010 年各国大学专利许可数 （单位：项）

国家	2004 年	2005 年	2006 年	2007 年	2008 年	2009 年	2010 年
中国	731	842	701	711	1311	1571	1745
美国	5007	5269	5322	5355	5279	5628	5465
英国	2154	2099	2699	3286	3193	4463	4808
日本	477	1103	2409	3532	4234	4527	4968
西班牙	142	101	186	190	172	182	209
意大利	46	66	155	134	126	82	76
澳大利亚	294	269	305	315	241	266	345
丹麦	31	40	45	78	76	69	96

表 10-5 2004～2010 年各国大学专利许可收入（单位：千美元）

国家	2004 年	2005 年	2006 年	2007 年	2008 年	2009 年	2010 年
中国	33 580	36 206	35 751	59 013	96 940	111 672	106 018
美国	1 159 644	1 387 626	1 491 609	1 542 977	2 275 525	2 342 963	2 497 706
英国	56 697	65 648	76 597	80 702	83 502	88 128	89 392
日本	6 007	7 983	10 017	9 681	12 325	11 134	18 072
西班牙	2 375	2 063	3 225	2 955	3 265	3 514	3 412
意大利	904	473	1 372	964	1 227	376	198
澳大利亚	23 732	29 052	54 083	143 368	56 875	55 824	59 155
丹麦	384	735	3 469	4 929	6 411	5 467	7 628

三、结果分析

本书使用 DEAP 2.1 处理数据，下面分别对历年技术转移效率与曼奎斯特指数及其分解进行讨论。

由于各滞后期各年度技术转移效率排名及变化趋势趋同，表 10-5 仅列举了与实际情况最为切合的滞后 4 期各年度的技术转移效率（为便于比较，表中给出不同滞后期各年度均值，下同）。该效率反映的是大学技术转移产出与可能的最大产出的比值，等于 1 表示已处在生产前沿面上，产出已达到理论上的最大值；小于 1 则表示离生产前沿面还有差距，还未达到可能的最大值。

可以看出，各滞后期中我国高校年均效率值仅在英、美之后，排名稳定。而即便在发达国家的大学之间，技术转移效率也有很大差别，意大利仅为 0.04～0.05，日本也与英、美有较大差距。此外，2007 年澳大利亚专利许可收入的爆发式增长，使得美国脱离了生产前沿面，这也可能与美国大学减缓了技术转移的步伐有关。

从各年效率变化趋势来看，我国高校在 2004～2007 年技术转移效率相对其他国家处于大幅下滑状态，直至 2008 年才有所回升，而后又开始下降；相反，日本大学技术转移发展迅猛，目前已接近我国；OECD 数据库有相关记录以来，中国高校来自企业的研发经费就一直在 30%以上，而表 10-6 中大部分国家基本都在 10%以下，而日本、意大利却在 5%以下的水平。这说明早期技术转移效率较高可能得益于我国高校与企业接触较为频繁，但这种优势将随着他国大学技术转移的发展而逐渐抵消（表 10-6）。

表 10-6　2004～2010 年各国大学专利技术转移效率比较

国家	2004 年	2005 年	2006 年	2007 年	2008 年	2009 年	2010 年	年均值		
								滞后 3 期	滞后 4 期	滞后 5 期
中国	0.941	0.899	0.539	0.458	0.696	0.615	0.573	0.603	0.674	0.747
美国	1.000	1.000	1.000	0.846	1.000	1.000	1.000	0.982	0.978	0.977
英国	1.000	1.000	1.000	1.000	1.000	1.000	1.000	1.000	1.000	1.000
日本	0.089	0.238	0.427	0.530	0.661	0.551	0.554	0.453	0.436	0.419
西班牙	0.155	0.118	0.170	0.129	0.120	0.092	0.098	0.125	0.126	0.127
意大利	0.027	0.040	0.076	0.053	0.054	0.030	0.025	0.045	0.044	0.042
澳大利亚	0.496	0.485	0.624	1.000	0.412	0.370	0.384	0.530	0.539	0.537
丹麦	0.123	0.180	0.173	0.231	0.240	0.182	0.226	0.190	0.194	0.198

由于各滞后期纯技术效率变化、规模效率和技术进步指数值在减去 1 之后的正负关系稳定，本书同样以滞后 4 期值为例说明。

从曼奎斯特指数值来看，我国高校各滞后期排名末尾，其中在 4 期和 5 期排名最后，说明 2004～2010 年技术转移的发展落后于所选发达国家；各滞后期曼奎斯特指数值最大仅为 1.5%的增长，有两期甚至为负，表明我国高校技术转移发展处于停滞状态甚至有可能出现倒退；除西班牙外，其他各国大学曼奎斯特指数值均在 1 之上，反映其技术转移效率都在不断提高（表 10-7）。

表 10-7　各国大学 2004～2010 年技术转移效率曼奎斯特指数均值

国家	纯技术效率	规模效率	技术进步	曼奎斯特指数		
				滞后 3 期	滞后 4 期	滞后 5 期
中国	0.919	1.002	1.061	1.015	0.977	0.964
美国	1.000	1.000	1.058	1.068	1.058	1.047
英国	1.000	1.000	1.070	1.084	1.07	1.063

续表

国家	纯技术效率	规模效率	技术进步	曼奎斯特指数		
				滞后 3 期	滞后 4 期	滞后 5 期
日本	1.368	0.992	1.076	1.461	1.459	1.473
西班牙	0.927	0.999	1.075	1.003	0.996	0.991
意大利	0.998	0.992	1.076	1.074	1.065	1.068
澳大利亚	0.970	0.988	1.060	1.022	1.016	1.028
丹麦	1.000	1.107	1.050	1.154	1.163	1.162

从各细分指标看，我国高校技术转移效率的下降是由于纯技术效率的退步，在追赶生产前沿面上的努力程度仍有待提高。日本大学情况则正好与我国相反，其科研能力及面对的市场环境保证了在技术转移上有较大潜力。除日本与丹麦外，包括中国在内的各国技术转移效率的上升主要得益于技术进步。

四、几点讨论

本书通过基于 DEA 的曼奎斯特指数方法对 2004～2010 年我国及部分发达国家专利技术转移效率及其动态变化进行了测算。从技术转移效率看，尽管我国高校与英、美两国有一定差距，但在日、西、意、澳、丹等国之上，说明我国大学技术转移远逊于发达国家的说法值得商榷，另外，还可以看到，发达国家之间技术转移效率差别也比较大，不能一概而论。

从各国大学曼奎斯特指数分析结果看，我国高校曼奎斯特指数值排名末尾，显示我国高校与发达国家存在差距的真正原因是技术转移发展速度落后，特别是在发达国家大学技术转移不断发展的同时，我国高校停滞不前甚至出现了衰退，这也在各年技术转移效率中得到了反映。究其原因，主要是纯技术效率的下滑。这与日本形成一定反差。

此外，对比国内外大学专利状况及各国技术转移效率可以发现，专利转化率低的重要原因不在于转化专利较少，而是专利存在泡沫，实际上如此庞大的专利大部分并不具备市场前景，反映出我国高校专利管理上存在较大弊端，应当修改相关评价奖励机制，并参照国外经验引入专利申请前的筛选机制，淘汰不合适的专利申请。

如何评价大学创新对经济社会的影响一直是一个热门话题，也存在诸多争议。本书对中外大学技术转移效率进行了探索和比较，但仍有一些局限与不足，例如，缺乏法、德等发达国家大学技术转移数据，滞后期假设与实际情况很可能存在差距。此外值得关注的是，作为美国大学衍生企业的谷歌、雅虎所产生的社会效益和经济效益远非“专利许可数量与收入、衍生企业数量与股权价值”等指标所能反映，如何全面反映技术转移的效益仍然面临挑战，简而言之，对于影响我国技术转移效率、曼奎斯特指数分解及各指数变化的原因，还需要进一步实证分析。

需要补充说明的是，较高的技术转移效率并非一定有益，应该注意到大学的根本使命仍在于教育与研究，如何平衡三者之间的关系仍有待在未来的研究中深入探索。

第十一章 综合指数法

从指数产生和发展的历史来看，最早的指数是物价指数。早在 1675 年英国学者赖斯·沃汉（Rice Voughan）在《货币铸造论》一书中，就以谷物、家畜、鱼类、绢、麻、兽皮等当时重要的商品为样本，将 1650 年的价格与 1352 年的价格进行比较，编制了反映金属货币交换价值变化的指数。此后的 300 多年间，统计指数的应用和理论不断发展，逐步扩展到工业生产、进出口贸易、铁路运输、工资、成本、生活费用、股票证券、人的行为和心理等各个方面（徐国祥，2009）。

近年来，社会上出现了指数热，各种指数层出不穷，如空气污染指数、生态环境指数、物价指数等，但从历史发展的角度来看，比较著名的指数包括股票指数、GDP 指数等。道·琼斯股票指数是世界上历史最为悠久的股票指数，1884 年由道·琼斯公司的创始人查尔斯·亨利·道开始编制。最初的道·琼斯股票价格平均指数是根据 11 种具有代表性的铁路公司的股票，采用加权平均法进行计算编制而成，计算公式为：股票价格平均数=入选股票的价格之和/入选股票的数量。后面发展的各种股票指数也以加权平均法为主。

GDP 指数是指数法的另一重大应用实例，目前很多国家仍然把该指数作为衡量国家经济实力的重要工具。1934 年，美国哈佛大学经济学家西蒙·史密斯·库兹涅茨（S. S. Kuznets）在给美国国会的报告中正式提出 GDP 这个概念。1944 年召开的联合国货币金融大会（布雷顿森林会议）决定把 GDP 作为衡量一国经济总量的主要工具。GDP 指的是一国（或地区）一年以内在其境内生产出的全部最终产品和劳务的市场价值总和，被很多国家（或地区）用作衡量一个国家（或地区）综合实力的重要指标。我们惯用的汉语译名“国内生产总值”，与英文原文有出入，英文 GDP 的字面意思是“地区内部生产毛值”，指在一定时期内，在某一指定地区合法产出的所有最终产品和服务的市场价值总和。GDP 是居民消费总额、政府消费总额、存货增加总额、净出口总额和固定资本形成的总额五项的加总。GDP 指数可以实现跨年度及跨地区和跨国家的比较。

从发展历史看，指数方法更多地作为衡量经济发展水平的工具，在科技发展史上，由于科技发展的不可预测性，指数方法引入的较晚，多用于监测指标。

第一节　科技评价指数

在科技政策领域，科技评价指数往往与国家竞争力的研究有关。这些研究在国际上比较有影响力的主要有：世界经济论坛（WEF）发布的《全球竞争力报告》（*Global Competitiveness Report*）、瑞士洛桑国际管理学院发布的《世界竞争力年鉴》（*World Competitiveness Yearbook*）、世界知识产权组织（WIPO）发布的全球创新指数（global innovation index，GII）、欧盟针对成员国的综合创新指数（summary innovation index，SII）等。在国内比较有影响的还有中国科学技术发展战略研究院从 2011 年开始发布的国家创新指数（China innovation index，CII）等。除此以外，还有世界银行发布的知识经济指数（knowledge economy index，KEI），中国科学院用于研究所监测与管理的创新能力指数，《自然》杂志发布的自然指数、自然出版指数等。

一、全球竞争力指数

《全球竞争力报告》是世界经济论坛从 1979 年开始发布的年度报告。目前的全球竞争力指数是马丁教授为世界经济论坛设计并于 2004 年开始使用，该指数旨在衡量各经济体取得中长期经济持续增长的能力。该指数由 12 个竞争力支柱项目构成，为识别处于不同发展阶段的各经济体竞争力状态提供全面图景。这些支柱包括制度、基础设施、宏观经济稳定性、健康与初等教育、高等教育与培训、商品市场效率、劳动市场效率、金融市场成熟性、技术设备、市场规模、商务成熟性、创新。其中，创新支柱包括创新能力、科学研究机构的质量、企业研发投入、产学研合作、政府对先进技术产品的获得、科学家和工程师的数量及专利申请（PCT）7 项指标。

在《2015—2016 年全球竞争力报告》中，中国内地在全球 144 个经济体中排名第 28 位，其中，创新水平排第 31 位（World Economic Forum，2016）。

二、世界竞争力指数

《世界竞争力年鉴》中的世界竞争力指数是瑞士洛桑国际管理学院于 1980 年创建并从 1989 年开始连续发布。该指数包括一级指标 4 项、二级指标 20 项、细项指标 338 项（IMD，2014）。细项指标又可分为测算指标 253 项和参考指标 85 项，其中测算指标又可分为可测度的硬指标 135 项和由专家评判的软指标 118 项（表 11-1）。

表 11-1　世界竞争力指数评价要素及指标构成

一级指标（指标权重 0.25）			
经济运行 （细项指标 83 项）	政府效率 （细项指标 70 项）	企业效率 （细项指标 71 项）	基础设施 （细项指标 114 项）
二级指标（指标权重 0.05）			
国内经济 （细项指标 25 项） ——硬指标 6 项 ——软指标 2 项 ——参考指标 17 项	公共财政 （细项指标 12 项） ——硬指标 5 项 ——软指标 3 项 ——参考指标 4 项	生产效率 （细项指标 11 项） ——硬指标 3 项 ——软指标 4 项 ——参考指标 4 项	基本基础设施 （细项指标 25 项） ——硬指标 8 项 ——软指标 10 项 ——参考指标 7 项
国际贸易 （细项指标 26 项） ——硬指标 12 项 ——软指标 1 项 ——参考指标 13 项	税收政策 （细项指标 13 项） ——硬指标 6 项 ——软指标 2 项 ——参考指标 5 项	劳动市场 （细项指标 24 项） ——硬指标 9 项 ——软指标 11 项 ——参考指标 4 项	技术基础设施 （细项指标 23 项） ——硬指标 13 项 ——软指标 10 项
国际投资 （细项指标 18 项） ——硬指标 10 项 ——软指标 3 项 ——参考指标 5 项	组织机构 （细项指标 13 项） ——硬指标 5 项 ——软指标 8 项	金融 （细项指标 20 项） ——硬指标 8 项 ——软指标 9 项 ——参考指标 3 项	科学基础设施 （细项指标 23 项） ——硬指标 13 项 ——软指标 6 项 ——参考指标 4 项
就业 （细项指标 8 项） ——硬指标 6 项 ——参考指标 2 项	企业法规 （细项指标 20 项） ——硬指标 5 项 ——软指标 15 项	企业管理 （细项指标 9 项） ——软指标 9 项	健康与环境 （细项指标 26 项） ——硬指标 8 项 ——软指标 7 项 ——参考指标 11 项
价格 （细项指标 6 项） ——硬指标 5 项 ——参考指标 1 项	社会结构 （细项指标 12 项） ——硬指标 4 项 ——软指标 6 项 ——参考指标 2 项	价值体系 （细项指标 7 项） ——软指标 7 项	教育 （细项指标 17 项） ——硬指标 9 项 ——软指标 5 项 ——参考指标 3 项

为保证数据的精确性，世界竞争力指数的硬指标从国际、国内、地方性组织及私人机构直接获取；软指标为专家评判指标，其权重为硬指标权重的 1/2，指标值从 4000 名以上专家意见中获取。

在表 11-2 中的基础设施项下，技术基础设施、科学基础设施和教育三个二级指标能够在一定程度上反映国家或地区的科技竞争力。如在《2014 年世界竞争力年鉴》中，中国在 60 个经济体中的总排名为第 23 位，其中基础指标排第 26 位，技术基础设施、科学基础设施和教育分别排在第 20、第 7 和第 39 位。

表 11-2 世界竞争力指数科学基础相关细项指标（2014 年）

指标代码	指标名称	指标描述
4.3.01	研发总投入	百万美元
4.3.02	研发总投入比重	占 GDP 的比重
4.3.03	人均研发投入	美元/人
4.3.04	企业研发投入	百万美元
4.3.05	企业研发投入比重	美元/人
4.3.06	研发人员全国总投入	全时当量（千人）
4.3.07	研发人员全国人均投入	每千人全时当量
4.3.08	企业研发人员总投入	全时当量（千人）
4.3.09	企业研发人员投入比重	每千人全时当量
4.3.10	学士学位	全部学士学位中科学和工程领域比重
4.3.11	科技论文	由原作者发表的文章
4.3.12	诺贝尔奖	1950 年以来获得诺贝尔奖自然科学项数
4.3.13	人均诺贝尔奖项	1950 年以来每百万人获得诺贝尔奖项数
4.3.14	专利申请	本国及非本国居民专利申请总数
4.3.15	人均专利申请	每 10 万居民申请专利数
4.3.16	专利授权	申请人所在国授权专利数（2010～2012 年）
4.3.17	有效专利	每 10 万人有效专利数
4.3.18	科学研究	与国际水平相比很高
4.3.19	研究人员与科学家	能够吸引研究人员与科学家
4.3.20	科学研究规章制度	有关法律法规能够促进科研活动
4.3.21	知识产权	知识产权能够得到有效保障
4.3.22	知识转移	大学和企业间知识转移便利
4.3.23	创新能力	企业新产品及新服务创新能力

三、全球创新指数

全球创新指数由康奈尔大学、欧洲工商管理学院和世界知识产权组织联合发布，从 2007 年起每年一期。

全球创新指数的基本理念为：创新投入和创新产出指标值的平均值定义为全球创新指数值，创新产出与创新投入的比值定义为创新效率。创新投入次级指数和创新产出次级指数——每个都围绕着各支柱建立，每个支柱被分为三个分支柱，每个分支柱由不同的指标组成（Cornell University et al.，2016）。例如，2016 年度全球创新指数指标体系是由 2 个一级指标、7 个二级指标、21 个三级指标和 82 个四级指标构成（图 11-1）。

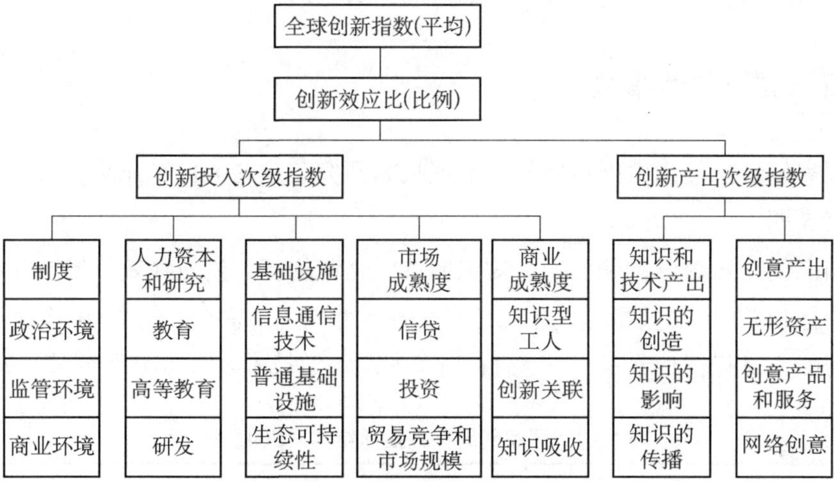

图 11-1　全球创新指数概念模型

在全球创新指数中，创新投入次级指数是通过五个投入支柱来捕捉国家经济中使创新活动成为可能的要素；创新产出次级指数表征创新产出是经济内部的创新活动结果，虽然创新产出次级指数只包括两个支柱，但在计算全球创新指数总得分时，它与创新投入次级指数权重相同。

从《2016 年全球创新指数》排名结果看，中国在 128 个经济体中总排名为第 25 位，在创新投入次级指数中，人力资本和研究支柱排名为第 29 位；在创新产出次级指数中，知识和技术产出排名为第 6 位。

四、欧盟综合创新指数

欧盟综合创新指数是评估欧盟成员国的创新表现，总结创新研究系统优劣势的定量指标，每年随《欧盟创新能力记分板》系列报告发表。《欧盟创新能力记分板》系列报告由欧盟委员会创新能力记分板项目组负责，自 2001 年开始发布以来经过不断修正和改进，最终于 2014 年确定为目前的欧盟创新指数指标体系（申静等，2015）。

欧盟创新指数的指标由从创新动力、企业活动和创新产出 3 个维度构成：通过人力资源、研究体系和财政支持 3 个角度评价创新动力；通过企业投入、企业合作和企业资产 3 个角度评价企业活动；通过创新行动和经济效率 2 个角度评估创新产出，共包含 3 个维度 8 个方面的 25 项指标。

五、国家创新指数

国家创新指数由中国科学技术发展战略研究院从 2011 年开始发布，现已连续发表 5 期。

国家创新指数分创新资源、知识创造、企业创新、创新绩效、创新环境 5 个一级指标和 30 个二级指标（各二级指标权重相等），每年对全球 40 个主要国家的创新能力进行评估和排名（表 11-3）（中国科学技术发展战略研究院，2016）。

表 11-3 国家创新指数指标结构（2015 年）

一级指标	二级指标
创新资源	1. R&D 经费与 GDP 的比值
	2. 每万人口中 R&D 人员
	3. 高等教育毛入学率
	4. ICT 费用占 GDP 的比例
	5. R&D 经费总额
知识创造	6. 学术部门每百万研发经费的科学论文引证数（SCI）
	7. 每万 R&D 人员的科技论文数
	8. 每百人互联网用户数
	9. 每亿美元 GDP 发明专利申请数
	10. 发明专利授权数
企业创新	11. 企业研发经费占工业增加值的比例
	12. 每万企业研究人员拥有三方专利数
	13. 高技术产业增加值占 GDP 的比重
	14. 知识服务业增加值占 GDP 的比重
	15. 高技术产业增加值

续表

一级指标	二级指标
创新绩效	16. 综合技术自主率
	17. 总体生产率水平（人均 GDP）
	18. 高技术产业出口占制造业出口的比重
	19. 单位能源消耗的 GDP 产出
	20. 高技术产业出口额
创新环境	21. 知识产权保护力度
	22. 政府规章对企业负担影响
	23. 宏观经济稳定性
	24. 当地研究与培训专业服务状况
	25. 反垄断政策效果
	26. 员工收入与效率挂钩程度
	27. 企业创新项目获得风险资本支持的难易程度
	28. ICT 相关法律完善程度
	29. 产业集群发展状况
	30. 政府采购对技术创新影响

从《国家创新指数报告 2015》的排名结果看，中国国家创新指数排名为第 18 位，比上年提升了 1 位，与创新型国家的差距进一步缩小了。

第二节　指数编制方法

指数的编制有如下四个关键步骤。

一、确定样本空间

即从时间和空间两个维度界定被评价对象：编制哪个时间段内、针对哪些样本的指数。一般来说，不同的科技评价指数会因评价目的不同而选取不同的样本（表 11-4）。

表 11-4　世界主要科技经济竞争力评价指数的样本范围

指数名称	样本范围
世界竞争力指数	61 个经济体（2016 年度）
全球竞争力指数	144 个经济体（2015～2016 年度）

续表

指数名称	样本范围
全球创新指数	128 个经济体（2016 年度）
欧盟综合创新指数	22 个欧盟国家（2016 年度）
国家创新指数	40 个科技活动较活跃的国家（2014 年度）

二、构建指标体系

首先要按照被评价的基本方面列出所要考虑的因素，然后按照各因素的相对重要程度，确定权重。

世界竞争力指数采用的是指标等权重设置。按照该指数的评估理念，经济体的世界竞争力包括四大要素："经济运行"要素用于评估国民经济的宏观表现；"政府效率"要素用于评估政府政策是否有益于竞争力的提高；"企业效率"要素用于评估激励企业创新、盈利和承担社会责任的环境与条件；"基础设施"要素用于评估硬件设施、科学技术和人力资源满足企业需要的程度。相应地，基于四大要素可设置等权重的四项一级指标：经济运行、政府效率、企业效率和基础设施。为表征四大要素，每项一级指标又细分为五个二级指标，每个二级指标又包含若干可定量描述或定性判断的细项指标，从而形成指标体系。虽然从评价的理念上讲，这些二级指标的权重并非必须等权重设置，但为提高结果的可靠性，使研究结果与过去数据有更好的兼容性，世界竞争力指数的 20 个二级指标一直是等权重设置，即每个二级指标的权重固定为 0.05；但在由细项指标合成二级指标时，这些细项指标在权重上存在差异。其中，硬指标来自统计数据，每个二级指标项下的硬指标权重相同；软指标来自专家组的问卷调查，权重为硬指标的 1/2；而参考指标并不计入综合指数。

全球竞争力指数采用的是动态加权指数方法。按照全球竞争力指数对经济发展的假设，可将经济体的经济发展水平分为三个阶段（图 11-2）。在第一阶段，各经济体主要靠要素驱动，而且基于其要素禀赋——主要是低技能的劳动力和自然资源进行竞争。在该阶段经济体保持竞争力主要取决于运作良好的制度（支柱 1）、发展充分的基础设施（支柱 2）、稳定的宏观经济环境（支柱 3）和健康且接受过基本教育的劳动力（支柱 4）；在第二阶段，各经济体的竞争力将越来越依靠高等教育和培训（支柱 5）、高效的商品市场（支柱 6）、运行良好的劳动力市场

（支柱 7）、发达的金融市场（支柱 8），以及利用现有技术的能力（支柱 9）和巨大的国内或国际市场（支柱 10）；在第三阶段，只有各经济体的企业能够创新或依靠独特的产品、服务、模式和工艺进行竞争，该经济体才能保持竞争力，这就需要最先进的生产工艺或商业模式（支柱 11）或创新（支柱 12）。

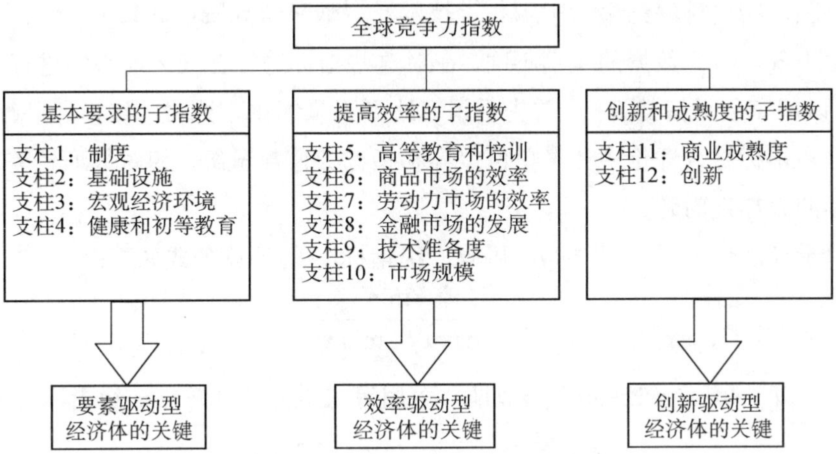

图 11-2 全球竞争力指数概念模型

基于上述假设，全球竞争力指数为不同经济体在基本要求子指数、提高效率子指数和创新与成熟度子指数三个子指数上设置了不同的权重（表 11-5）。

表 11-5 全球竞争力指数各子指数权重设置

经济发展阶段	要素驱动	中间阶段	效率驱动	中间阶段	创新驱动
人均 GDP/美元	<2 000	2 000～2 999	3 000～8 999	9 000～17 000	>17 000
基本要求子指数权重/%	60	40～60	40	20～40	20
提高效率子指数权重/%	35	35～50	50	50	50
创新与成熟度子指数权重/%	5	5～10	10	10～30	30

三、数据收集整理

在收集数据的过程中，要保证数据科学、准确。一般来讲，数据应来源于公开出版的年鉴或者相关部门公布的权威指标数据。如果有可能的话，对于同一指标数据，尽可能选择该指标数据发布者所提供的原始数据。

四、合成评价指数

国家创新指数和世界竞争力指数采用的都是标杆分析法，其原理是：对被评价对象给出一个基准值，并以此标准去衡量所有被评价的对象，从而发现彼此之间的差距，给出排序结果（中国科学技术发展战略研究院，2015）。

由于各项指标数据的量纲不同，在对这些指标进行合成之前必须进行标准化处理。以国家创新指数为例，首先采用直线型无量纲化方法对二级指标进行处理，以消除多指标综合评价中计量单位差异和指标数值数量级、相对数形式差别，解决指标的叠加性问题。

对于经济体 i，二级指标 j，可有二级指标 y_{ij} 的计算公式如下：

$$y_{ij}=\frac{x_{ij}-\min x_{ij}}{\max x_{ij}-\min x_{ij}}$$

式中，$i=1\sim40$；$j=1\sim30$；类似地，可用等权重方法计算出一级指标得分：

$$Y_{ik}=\sum_{j=1}^{5}\beta_i y_{i(j+5k-5)}\quad Y_{i5}=\sum_{j=1}^{10}\beta_i y_{ij}$$

$$\overline{Y_{ik}}=\frac{100\times Y_{ik}}{\max(Y_{ik},i=1\sim40)}$$

式中，β_i 为权重，$i=1\sim40$；$k=1\sim5$，利用等权重计算出国家创新指数并据此给出 40 个国家的排序：

$$Y_i=\sum_{k=1}^{5}\omega_k\overline{Y_{ik}}$$

$$\overline{Y_i}=\frac{Y_i}{\max(Y_i,i=1\sim40)}$$

式中，$i=1\sim40$，ω 为权重。

总的来说，综合指数法适用于对科技发展态势进行判断，并能够比较好地解决类似样本之间相互比较的问题。

在科技政策研究中，综合指数法可以反映复杂现象总体变动的方向和程度，分析复杂现象总体变动中因素变动的影响，研究长期变动趋势，平均指标变动及其受水平因素和结构因素变动的影响程度。其优势主要包括两方面：一是操作简便、结果直观、便于排序，可以对各项因素进行综合比较，实现指数的横向纵向比较，是一种比较通用的方法；二是指标选取及权重确定有着较强的政策导向性。

综合指数法的局限性在于，权重关系是以某个时间点为基准的，而在实际过程中可能会有变化。因此，综合指数法的计算结果带有近似的性质。如果调整权重关系，指数的可比性会变差。因此，在采用指数法进行评价的时候，如果要做纵向的比较，就要尽可能保留历史的细项数据。

在实际应用中，综合指数的构建往往与主成分分析法、专家评价法、标杆评比法等评价方法结合使用，以确定指标及指标的权重关系。

第十二章 标杆基准法

出于成本压力，1979 年美国施乐公司考察了日本复印机制造商所使用的生产材料、工艺和方法，并以竞争对手为标杆基准，学习和改进产品设计和生产组织，最终大幅降低了复印机的生产成本。这不仅使施乐公司在复印机市场上增强了竞争优势，同时也产生了一种新的管理工具——标杆基准法。20 世纪 80 年代以来，在新公共管理背景下，标杆基准法作为一种新的管理工具，被日益广泛地应用到科技政策研究中来，以期提供最有价值（best value）的服务（Magd & Curry，2003）。

第一节 标杆基准法概述

发展至今，标杆基准法在科技政策研究中，尤其是在政策分析及绩效管理方面的研究成果得到了广泛应用。O’Reagain 和 Keegan（2000）提出使用标杆基准法来分析创新体系和政策的绩效，例如，选择需要改进的领域，该领域内最好的实践（best practice），设计出指标集（benchmarks），详细研究最好实践的过程，尤其是达到最好实践所需的条件，最后形成相关建议。

小布什当政时期，美国政府由白宫管理与预算办公室（OMB）于 2001 年提出总统管理议程（President’s Management Agenda，PMA），要求所有的联邦机构对其人力资本、竞争采购、改进财政绩效、电子政府和预算绩效整合等五个方面的绩效以“红、黄、绿”灯的方式进行标杆比较和评估（刘莹等，2007）。事实上，欧洲创新记分牌（European Innovation Scoreboard）所采用的也是标杆基准法，用以分析欧盟国家创新体系和政策的绩效。但 Polt（2002）认为，在实践中相对于整个政策层面的标杆评比，标杆基准法主要适合于一些具体层面的比较（Fahrenkrog et al.，2002），如科学研究的领先性（Tijssen et al.，2002）、基于专利的国家知识网络（Shin & Park，2006）、科学和技术基础设施（包括仪器设备、大科学装置等）的国际比较（Georghiou et al.，2001）等。

尽管如此，目前学术界对于标杆基准法尚无统一的概念（欧明臣和凌文辁，2003）。按照施乐公司的理解，标杆基准法是持续地将公司的产品、服务、作业与最强的竞争者或被认为是领导者的公司互相比较的过程。Camp（1989）则将标杆基准法定义为"寻找和学习行业内部最好的实践活动，从而获得卓越绩效"的过程。Keehley 等（1997）认为，标杆基准法是确认与引进最高标杆，以提高绩效的过程。Fischer（1994）则认为，标杆基准法是比较本机关与其他机关的绩效，以获取新的途径和观念的过程。美国生产力与品质中心对标杆基准法所作的定义为：标杆基准法是一项有系统、持续性的评估过程，通过不断地将组织流程与世界上居领导地位的其他组织相比较，以获得协助改善营运绩效的信息（欧明臣和凌文辁，2015）。

综合以上学者的观点，本书认为，标杆基准法应当是与同领域或行业内的领导者比较学习，通过一些绩效指标与标杆，针对自身产品质量、管理水平等进行度量的连续过程，是一种确认、建立与达成卓越标准的方法，是一种测量与改善绩效的管理工具。

第二节　标杆基准的"锚定"过程

在机构绩效管理中，标杆基准的"锚定"主要有三个关键步骤。

一、战略分析

首先是对组织进行战略分析。需要了解组织的使命、竞争战略，以及组织运作中价值增加最多的一些活动和过程，以选择相应的关键绩效指标（key performance indicators，KPI）。在战略分析阶段，研究者将主要面临诸如：我们需要哪些关键绩效指标、这些绩效指标是否恰当等关键问题。显然，在战略分析阶段，识别和确认好的绩效指标有助于组织与其他组织的比较，同时为组织改进绩效提供关键信息。

二、标杆“锚定”

关键绩效指标确定后，研究者需要进一步为各指标设置所要达到的绩效目标，而绩效目标的取值则可根据比照标杆来确定。为提高标杆管理的可行性，绩效目标和比照标杆应该由管理者和工作人员共同协商确定。在实践中，较为常用的有内部标杆、竞争对手标杆、国内同行标杆、不同行业标杆、国际组织标杆及外部信息标杆等六种基准“锚定”方法。

内部标杆是将组织内部的历史记录或者不同单元的最优绩效水平作为比照标杆。与其他方法相比较，内部标杆容易实施，适用于机构实施标杆管理的初始阶段。内部标杆的最大优点在于所需的资料和信息易于取得，并且获得的信息不必经过整理便可以转换到本部门内，也不存在资料鸿沟的问题。除此以外，在分化程度较高的机构中，内部流程标杆分析还可以促进部门间的沟通。内部标杆的缺点是视野狭隘、不易找到最佳作业典范，且学习对象局限在组织内部很难为组织带来创新性突破。值得注意的是，如果存在内部倾轧问题的话，“锚定”内部标杆易于造成偏见，不利于改善组织整体绩效。

竞争对手标杆则以竞争对手为基准，“锚定”关键指标。在激烈的竞争中，如果竞争对手在所有的关键指标上均优于组织自身，那么组织显然会因此处于极为不利的竞争地位。所以在通常情况下，竞争对手只会在部分关键指标上优于组织，同时又在另一些指标上劣于组织。为此，管理者会有非常强的动机将竞争对手优于自身组织的那部分作为比照标杆，以期待自身组织可以在保证自身优势部分的同时，通过学习竞争对手的优势来改进自己的劣势部分，从而赢得相对竞争对手的竞争优势。除了信息极具竞争价值之外，以竞争对手作为标杆基准的另一个优点是企业本身与竞争对手的做法往往大同小异，一旦需要将对手的流程转换到组织自身时也不会有太大的困难。一般而言，作为学习对象的竞争对手即使采用的技术手段或作业方式与组织本身虽不尽相同，至少也极为类似。所以从对手那获得的信息可以很快运用到组织内部。需要指出的是，由于涉及技术秘密，关于竞争对手的相关信息在收集时存在较大难度。

国内同行标杆就是将国内行业绩效领先的组织作为比照标杆，或将国内同行业组织在某些关键指标上最佳表现的组合作为虚拟标杆基准。

不同行业标杆是将不同行业组织在某些关键指标上最佳表现的组合作为虚

拟标杆基准。例如，美国西南航空公司希望缩短他们 40 分钟的飞机再次加油时间，然而在与其他航空公司的比较过程中，西南航空公司发现自己在这个方面已经是行业领先者，因此它们转而向世界上再次加油时间最短的一级方程式赛车进行标杆管理和学习，从而成功将自己的飞机再飞加油时间缩短到 12 分钟（Murdoch，1997）。不同行业标杆最大的优点在于协助组织去引发许多极具创意的管理手段与方法。这种“跳脱框框”的突破性思考方式对许多观念封闭的组织来说简直是如同跳出井外的青蛙。来自行业外界截然不同的观念与做法，很容易会对处于自身行业封闭环境下的机构造成极大的刺激进而引发许多创新性的做法，使机构内原有的运作方式发生重大转变。另外一个优点是容易寻求到真正的最佳作业典范，毕竟“人外有人，天外有天”。不同行业标杆的缺点是在资料搜集上可能受限于距离遥远（对方可能在不同的国家）、必须投入较多的资源来进行初级资料的搜集或是加入付费的企管顾问数据库，否则就只能通过二手资料来分析。虽然如此，由于跨行业标杆分析可以激发组织进行创新性突破，因此尽管实行困难，但仍然被普遍认为是最具长期的报酬与效益。

国际组织标杆是指将国际上绩效领先的组织，如世界 500 强跨国公司等作为比照标杆；英国航空公司就曾经应用与成本相关的 18 个关键绩效指标与其他国际航空公司进行标杆比较（Francis et al.，1999）。

虽然将现实中表现最好的作为比照标杆的做法在实践中非常流行，但是有时由于某些现实原因（如数据可获得性），研究者可能会放弃寻找现实存在的比照标杆，而转向询问客户他们期望的绩效水平是什么，这就是外部信息标杆，如进行客户满意度和产品质量需求调查等。所以，从某种意义上说，客户需求是进行标杆管理最为直接的原因和动力。

事实上，很多情况下组织标杆基准的确定往往是上述方法的综合。例如，在中国科学院“一三五”规划重大突破目标完成情况验收中，“重大突破”根据重大科学问题、开辟新方向、关键核心技术、系统解决方案、重大社会经济效益和重大影响咨询建议等六类“重大突破”的参考标准，以及在国际、国内具有重要影响的领军人才的引进和培养、促进科教融合等体制机制创新的重大成效进行认定的。

以重大科学问题和开辟新方向为例：重大科学问题主要是本领域公认的重大科学问题，经济社会发展、国家安全中的关键科学问题。开辟新方向主要是提出新的理论主张或认知框架，发现新现象或重要物质体系并提出新的理论解释，发展一种新方法使理论假设得到检验，发明新的仪器从而开辟新的研究领域。这些关键指标的标杆基准，既有内部标杆（如两院院士评选的年度中国十大科技进展），也有国内同行标杆（如获国家自然科学奖），也有国际组织标杆（如入选本领域国际年度重要科学进展、获得本领域国际公认的重要奖项、产生国际同行公认的新学科、新方向；在国际数学家大会等最有影响的国际学术会议上做特邀报告等），而在重大社会经济效益和重大影响咨询建议等关键指标上，标杆基准的“锚定”更多应用的是外部信息标杆等方法。

需要指出的是，就像一枚硬币的两面，关于确定比照标杆的方法和标杆基准的适当性，研究者和实践者通常会面临两个难题：首先，作为比照的标杆基准是否具备可行性？显然，不可行的标杆基准可能会引发组织内部沮丧和抵制的情绪。其次，标杆基准是否有效？比照标杆应与组织目前的绩效水平有一定距离，这样组织才有可能通过标杆管理过程来改进绩效和收益。

三、学习改进

标杆基准确定后，组织就可以找到目前的绩效差距，然后采取一系列具体措施来改进绩效。当标杆基准实施一段时间以后，再根据组织内部的反馈对绩效目标或行动方案进行修正。

虽然标杆基准法得到人们越来越多的关注，但目前关于标杆管理的学术性文章仍远少于实践性文章，也就是说，整个学术共同体关于标杆管理的理论研究仍严重滞后于实践应用，这也导致了标杆管理领域迫切需要一些理论发展来指导各种实践活动（Yasin，2002）。

应用实例

美国能源部国家实验室绩效评价[①]

美国能源部拥有美国联邦政府重要的国家实验室系统，其所属的 13 个国家实验室和 8 个技术中心是高能物理和核物理等诸多学科领域全球规模最大、综合

---

① 资料来源：李强. 2009. 美国能源部国家实验室的绩效合同管理与启示. 中国科技论坛，(04)：137-144.

性最强的研究机构。这些实验室除3个实验室为国有国营之外，其余均以国有民营的模式进行管理。美国能源部要求在实验室的绩效计划、自评估报告和绩效报告三个关键文件中全部使用可量化的标准对绩效水平进行“锚定”，使这三个文件成为有效实施评估和保证评估质量的重要基础（李强，2009）。

在承包方年度绩效评估测度计划中，绩效评估被分为3个层次，即绩效目标、绩效分目标、绩效指标和绩效因子。绩效评估顶层是8项绩效目标，包括3项科学技术目标和5项管理运营绩效目标，并可分解为若干绩效分目标（表12-1）。

表12-1 实验室绩效目标与分目标构成

绩效目标	分目标
1.0 有效地完成使命	1.1 学科领域科技产出有深远影响
	1.2 科学技术发展上的卓越领导能力
	1.3 促进研究计划目标转化为科技成果
	1.4 科技成果交付与转化的效率与效果
2.0 研究设施高效建设与运营	2.1 为研究项目提供有效的装置设计
	2.2 有效建设安装科技设施及其组件
	2.3 设施的高效运转
	2.4 设备有效运转对实验室发展的支撑
3.0 科技项目有效组织	3.1 服务科学能力和科学预见的职位
	3.2 提供有效的科技项目计划与管理
	3.3 积极有效地与客户沟通、反馈
4.0 健全、有能力的领导集体和财务管理	4.1 对实验室有独特预见且按计划有效实施，包括实施计划所需要的紧密合作关系
	4.2 为整个组织提供有责任的、积极的领导集体
	4.3 提供积极的、有效的合作办公室支持
5.0 长期卓越的安全卫生及环境保护	5.1 提供环保的、有利于员工健康的工作环境
	5.2 提供积极有效的安全、健康及环境管理
	5.3 提供积极有效的废弃物管理，尽可能减少废弃物，避免污染
6.0 积极、高效的商业系统和资源配置	6.1 提供积极、有效、负责任的财政管理系统
	6.2 提供积极、有效、负责任的收入及财产管理系统
	6.3 提供积极、有效、负责任的人力资源管理系统
	6.4 提供积极、有效、负责任的内部审计、质量信息管理及其他适当的服务系统
	6.5 技术转移的有效性及智力资本的商业化
7.0 运行、维护、更新设备的卓越能力	7.1 有效管理设备使其在全寿命周期实现最有效运转且成本最低
	7.2 为支持实验室未来的项目进行设备需求与建设规划
8.0 安全管理、应急管理方面有效性	8.1 积极有效的应急管理
	8.2 积极有效的网络安全管理
	8.3 积极有效的核设施管理、物质资产分类管理
	8.4 积极有效的敏感信息分类管理

绩效目标和分目标是承包方绩效评估测度计划中必需的内容，其权重由美国能源部相关办公室决定，目的在于测评最终结果或影响，而不注重过程或活动。每项绩效分目标可由若干绩效指标来表征，并用相应的绩效因子来测评。绩效指标和绩效因子的设立由现场办公室主任根据实际情况自由裁量，主要是考察实现相应绩效分目标所需从事的重要活动、要求和工作进度，是评估承包方是否达到分目标的基本参数。

绩效分目标下的绩效指标和绩效因子是评估该分目标实现程度的基本参数，绩效指标和绩效因子包括主观和客观两个方面，不设权重。分目标的绩效分数表示实验室承包方在实现分目标方面的程度，由负责评估该分目标的有关部门决定，所得数值可转化为从 A+到 F 的 11 个级别。绩效分目标的绩效标准可由各现场办公室根据实际情况自主裁量，科学办公室只原则给出判断依据和分级标准。

例如，绩效分目标“有效建设安装科技设施及其组件”共包括四项绩效指标：全寿命周期的、概念超前的科学研究计划及其有效性；实验室现有设备的利用效率；为关键决策和预算提供及时、准确的信息；以及满足美国能源部意图的能力和与实验室资产相关的项目组织能力。绩效因子包括进度报告，雷曼评语、计划或工作人员办公室的评语及监督等（表 12-2）。

表 12-2　绩效分目标“有效建设安装科技设施及其组件”分级标准

二级指标	分级	分级指标
2.2 有效建设安装科技设施及其组件	A～A+	在不突破成本和进度要求的情况下，实验室所完成的工作被认定或证实能够增强项目范围或影响力；实验室总是能够模范地按时向能源部提供状态报告并主动地就紧急问题或状态进行沟通。在执行阶段项目能够确保满足成本和进度的基本要求；检查结果表明项目实施是环保、安全、健康的典范
	B+	项目满足 CD-2 绩效指标要求，实验室在环境保护、安全和健康方面处于持续领先地位；经常性的检查结果表明实验室在执行阶段管理中处于领先地位；在很大范围内，实验室能够发现并修正项目执行中的偏差而不影响成本及进度要求；经常向能源部汇报项目状态；经常性的检查结果表明实验室的项目组织能够满足成本和进度的绩效要求
	B	在 B+项下有一项没有达到要求
	C	评议结果表明项目在成本和进度要求的边缘运行；实验室能够承担对环境、安全及卫生方面的义务；不能满足对能源部汇报的完整性要求，实验室对项目的责任心在下降
	D	评议结果表明项目有可能违反成本和进度绩效的基本要求，或者实验室没有尽到对环境、安全及健康方面的义务；实验室向能源部提交的很多报告都是不完整的；实验室对项目的责任和义务在减退
	F	实验室在项目执行过程中伪造数据，没有能够按照最低的环境、安全与健康标准执行，评议结果显示项目的执行情况经常违反在成本、进度方面的绩效要求

每项分目标的分数根据该分目标的权重计算出其权重分数，再将各项分目标的权重分数相加，并按四舍五入的原则保留小数点后一位，就得到相应绩效目标的分数，并可进而得出科学与技术绩效总分数（绩效目标 1～3）和管理与运营绩效总分数（绩效目标 4～8），也可相应转化为从 A+（4.3～4.1）到 F（0.7～0）的 11 个等级（表 12-2），并有相应的入门奖励额度（由科学与技术绩效等级决定）和下拨比例（由管理与运营绩效决定），二者乘积为承包方本财政年度能够拿到的奖金比例。

总的来说，经过多年的实践，美国能源部在对国家实验室的绩效管理中已形成自评估与外部评估相结合、由利益相关方共同参与的网络化评估模式，这种模式注重绩效评估与日常管理的有效结合，强调专家构成的多样性，尤其是“以证据为基础”的同行评议理念和基于标杆基准的绩效“锚定”方法，使评估工作体现出较强的管理咨询与诊断特色，从而在发现问题与不足的同时，为评估对象的持续进步与发展提供咨询与建议，有利于国家实验室管理的改善和科学技术发展能力的提高。

从科研机构管理的角度看，美国能源部要求在实验室的绩效计划、自评估报告和绩效报告三个关键文件中全部使用可量化的标准对绩效水平进行“锚定”，使这三个文件成为有效实施评估和保证评估质量的重要基础。随着信息技术和量化技术的充分使用和评估方式和技术方法的不断完善，美国能源部对所属实验室的评估已成为制度化和程序化的管理活动。因此，尽管评估工作涉及面广，涉及的部门和人员也比较多，但由于指标明确、相关文件与报告规范、充分，因而评估工作开展起来能够做到有条不紊，对实验室日常管理的干扰并不大。

第十三章 战略地图法

战略地图法是从平衡记分卡发展而来的战略规划和管理工具，它以结构简单、逻辑清晰的图表方式，将机构战略转化为执行语言，使决策层更容易梳理战略、把握方向，更有利于组织各层级对战略的理解与沟通，更好地推广和执行。除此以外，战略地图还通过量化的方法使战略目标和测度指标更便于制定、管理和测度，使组织在制定战略和管理绩效时取得更为显著的效果，因而在企业，尤其是在包含多个不同业务的集团化企业中得到广泛应用，并逐步拓展到政府部门和科技活动组织中。

第一节 组织战略与绩效测度

在20世纪80年代前的100多年里，组织绩效测度主要是考虑一些财务指标和生产率指标，如利润、投资收益率、人均产量、销售利润率等，但这些财务指标难以反映企业的内部运作和长期发展等方面的绩效。20世纪80年代以来，随着全球化竞争的加剧，组织战略和新生产管理的技术和理念不断发展，Kaplan和Norton（1992）提出的平衡记分卡分别从“客户”“财务”“内部商业运作”和“创新和组织学习”四个角度衡量组织绩效，平衡记分卡的提出立即对组织绩效测量理论产生了革命性的影响。相对传统的绩效测量理论而言，平衡记分卡的创新性思想主要体现在两个“平衡”上：首先，绩效测度应该是组织短期（过去）和长期（将来）表现的平衡；其次，绩效测量应该在组织的有形资产和无形资产（知识）上达到平衡（张大群等，2011）。

然而，上述绩效测量理论并没有建立起组织战略与绩效测度之间紧密的逻辑关系。Kaplan 和 Norton（2004）非常敏锐地看到绩效管理对于组织战略执行的重要作用，并提出战略地图（Strategy Maps）这一战略规划和管理工具。Kaplan 和 Norton 认为成功的战略管理包括三个部分：突破性进展=描述战略+测量战略+管理战略。这后面包含了一个非常深刻的管理哲学道理：如果您想管理组织的战略，那么您首先需要设法测量它们。如果您想测量组织战略的实施，那么您首先需要把组织的战略表述清楚。为此，Kaplan 和 Norton 提出如下解决方案：突破性进展=战略地图+平衡记分卡+基于战略的组织。然后，Kaplan 和 Norton（2004）为商业企业总结出关于制定战略地图的抽象模板，具体包括如下四个视角。

财务视角：主要分析企业如何实现和增加股东的长期价值。

客户视角：主要分析为实现股东价值和组织愿景，企业应该选择何种差异化竞争战略（提供具有什么属性的产品或服务），使其在客户那里更有竞争力。

内部运作视角：主要分析为实现相应的竞争战略和满足客户需求，企业应该进行和改进哪些内部业务过程。

学习和成长视角：分析为实现上述内部业务过程，管理者需要对企业内部的资产配置做出哪些调整，即组织资产与战略的一致性调整。

在实践中，管理者可以在此模板的基础上根据具体情况，完成符合企业组织个性化的战略地图，如针对国立科研机构的战略地图构想（表 13-1）。

表 13-1　商业企业与国立科研机构的不同视角

商业企业		国立科研机构	
财务视角	如果我们是成功的，则我们在股东面前会有怎样的表现？	委托人视角	如果我们是成功的，则我们在政府、纳税人或客户面前会有怎样的表现？
↑ 客户视角	为实现组织愿景，我们必须在客户面前具有哪些表现？	↑ 内部运作视角	为满足国家或其他资助方的需求，我们应擅长哪些内部业务过程？
↑ 内部运作视角	为满足客户，我们应有哪些表现优异（或擅长）的内部业务过程？	↑ 学习和成长视角	为实现优异内部业务过程，我们的组织应该如何进行学习和改进？
↑ 学习和成长视角	为实现优异业务过程，组织应该如何进行学习和改进？	↑ 财务视角	为进行R&D活动，以及改进学习，组织是否具有充足的资源支撑？

第二节 科研机构的战略地图

显然，表 13-1 所给出的战略地图在很多方面并不符合国立科研机构科研活动的一般规律。首先，国立科研机构的定位与社会分工和企业不同，国立科研机构必须从国家战略需求出发，开展定向基础研究、战略高技术创新与系统集成，以及事关经济社会全面协调可持续发展的重大公益性创新，为社会提供相关公共产品和服务，从而满足国家和社会的需求。这些公共产品和服务大都无法直接通过市场机制定价，像商业企业一样通过利润来衡量组织绩效的好坏。其次，国立科研机构的委托人和客户通常是重叠的。一方面，国立科研机构的经费来源主要来自中央、地方政府的财政直接拨款或项目经费。因此，政府和社会公众可以看成是国立科研机构的委托人；另一方面，国立科研机构也希望通过自身的科研成果，提高各产业的国际竞争力，促进国民经济增长和增加社会福利。所以，政府和社会公众又可以看作是国立科研机构的最终客户。

基于上述考虑，可分别从“委托人”“内部运作”“学习成长”和“财务”四个视角深入分析国立科研机构战略地图的四个核心要素，并整合成机构整体的战略地图。

一、委托人视角

该视角主要分析国立科研机构如何为国家和社会创造长远价值。这也是科研机构自身的组织使命、愿景和战略定位所要回答的核心问题。例如，关于如何为国家创造长远价值，中国科学院在其 2002 年办院方针中提出：“面向国家战略需求，面向世界科学前沿，加强原始科学创新，加强关键技术创新与集成，攀登世界科技高峰，为我国经济建设、国家安全和社会可持续发展不断做出基础性、战略性、前瞻性的重大创新贡献。”一般来说，国立科研机构为国家和社会创造长期价值主要可以通过如下两种途径。

其一，瞄准国家战略需求，完成国家委托的关系国计民生和国家安全的重大科研任务。例如，袁隆平教授关于杂交水稻的研究，我国 20 世纪五六十年代的

“两弹一星”工程，目前的“神舟”飞船载人航天，“嫦娥”探月工程，以及一些重大任务等。

其二，探索科学研究前沿，提出具有重大原始性（或突破性）创新的科研成果。原始性创新成果常会给产业发展创造出巨大的生产力。例如，法国科学家费尔和德国科学家克鲁伯因为其关于“巨磁电阻”效应的研究荣获 2007 年诺贝尔物理学奖，诺贝尔奖评审委员会在宣布物理奖归属时说，这是一次“好奇心导致的发现研究”，然而它的应用最终导致了整个信息产业关于存储介质的技术革命，使计算机硬盘的容量从几十 M 提高到上百 G（1G＝1024M）。

国立科研机构对于国家和社会的贡献包括：直接产出，即科研机构进行科研活动在短期内的直接成果，如科学论文、专利等；间接成效，即通过研究成果的产业化或知识溢出等途径给产业带来的收益，如新产品或新工艺、公司或产业的成长等；长期影响（impact），即科研成果最终会给国家和社会所带来的长期收益，如 GDP 的增长、国家竞争力的增强和人们生活质量的改善等（图 13-1）。

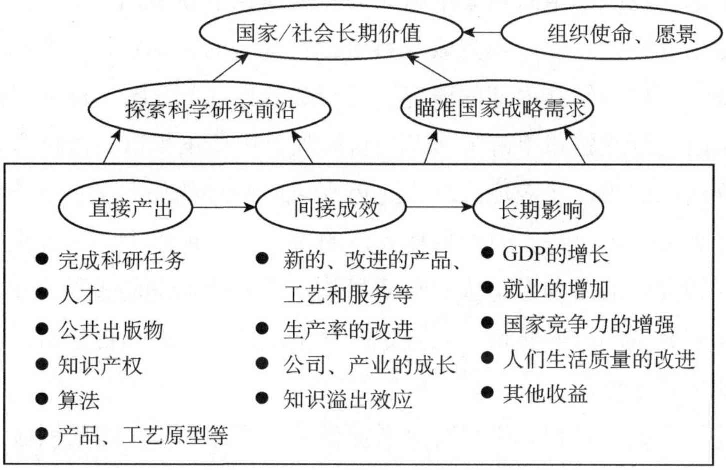

图 13-1　委托人视角下国立科研机构的战略地图

二、内部运作视角

本视角主要分析科研管理者如何通过加强自身内部的管理和改进关键的内部业务流程，来实现组织使命、愿景，进而满足国家和社会的需求。对于国立科研机构来说，其内部业务流程可以包括如下四个部分（表 13-2）。

表 13-2 内部运作视角下国立科研机构的战略地图

创新规划过程	研究开发过程	人才培养	社会关系过程
• 辨别科学重大研究机遇 • 识别创新机遇 • 学科布局调整	• 项目申请 • R&D 活动 • 进度、风险管理	• 招生 • 教学 • 研究项目参与 • 培养质量	• 产学研的合作 • 成果转化 • 与国际、国内科研组织的合作交流 • 科普

首先是创新规划过程，即科研管理者在明确组织使命的情况下，与内、外部的同行专家共同讨论和调整研究的学科布局，识别本领域的重大创新机遇的规划过程。莫顿发现对于科学发现的优先权是与私有产权不同的一种产权方式。这种特殊的体制导致科学研究是只有第一没有第二的“胜者通吃”的竞赛。因此，如何及时发现重大科学问题、获得科学发现的优先权对于科研人员来说非常重要。另外，当科学发展到一定阶段后，则通常会面临科学成果产业化的巨大机遇。在现阶段我国企业 R&D 能力较弱的情况下，科研管理者需要及时识别出本领域的重大创新机遇，组织学术队伍集中科研力量应对该创新机遇。

其次是研究开发过程。当完成对科研机构未来的目标定位和学科布局以后，管理者需要进一步组织其内部的研究人员形成科研团队，围绕目标定位和学科布局选题，完成项目选题和申请工作。当科研项目申请下来以后，科研人员除了从事科学研究活动之外，还应注意项目进度和风险管理的相关工作。

再次是人才培养过程。因为科技人才的流动是知识溢出的一种重要方式，所以高质量科技人才的培养也是国立科研机构从事科研活动的重要产出之一。研究机构为提高研究生的培养质量，应做好研究生录取、研究项目参与、论文写作指导等方面的培养工作。

最后是社会关系过程。研究所除了提供公共产品之外，还应积极参与各种社会和学术活动，扩大自己在学术界和社会上的影响力。目前，一些关于科学地图的研究结果表明，在国际学术界享有盛誉的研究所，往往处于学术交流网络的中心地位，也就是说，科学社会网络会对科学研究有正的外部性。另外，国立科研机构还需要给社会提供一些公共服务，如举行科普活动、提交咨询报告等。最后，科研机构还可以通过与企业合作的方式，直接为企业解决其技术难题或者开发新产品，直接创造经济效益。

三、学习和成长视角

本视角主要分析为支持优异的内部运作过程，科研机构需要对组织的内部资源（即组织资本、人力资本和科研平台）做出哪些相应的战略调整（图 13-2）。

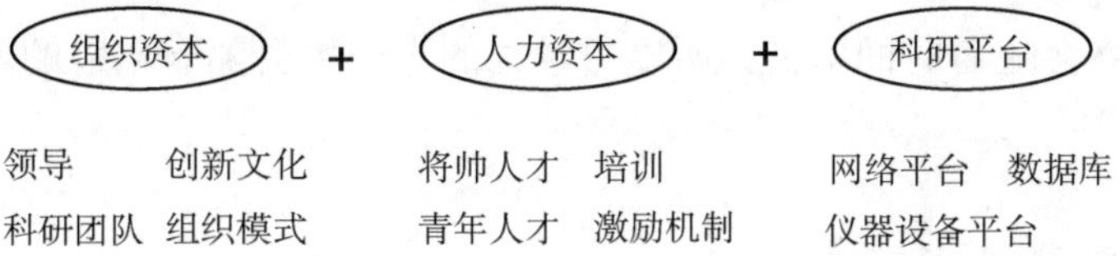

图 13-2　学习和成长视角下国立科研机构的战略地图

（一）组织资本方面

目前，科研团队在科学研究中发挥着越来越重要的作用。科研团队变得重要的主要原因是现代科学发展专业分工的细化。科学家取得重大成果不仅取决于他们的努力程度，还取决于他们所能获取的认知资源（即知识基础）。团队内的科研人员不仅可以获取自己的认知资源，还可以非常方便地获取其他成员的认知资源。因此，团队进行科研活动可能比个人研究者更具生产力。国立科研机构组织资本包括知识资本、关系资本和结构资本。知识资本指各科研团队长期积累的隐性显性知识，以及知识的更新速度；关系资本包括科研团队内部和外部的关系情况，包括组织结构和模式、激励学术交流与合作的制度规范、管理者的领导力等；结构资本指组织内部的各团队之间的合作，即创新文化等。良好的创新文化可以帮助科研机构内部形成宽松和浓厚的学术氛围。

（二）人力资本方面

科研机构的人力资本包括科研领军人才、科研人员的知识技能，以及科研机构对科研人员的培训和激励等措施。由于科学家之间生产率的不等性，所以科研组织拥有的优秀科学家的人数决定了该组织的创新能力。通过对 20 世纪物理学杂志的文献计量研究发现，期刊论文在科学家群体中是高度偏斜的分布，即大部分论文是由极少数科学家发表的，随后一些学者也在很多其他的学科发现了这种偏斜分布的现象。开始时，有些学者倾向将这种偏斜分布现象归因于科学家自身特质的差异，如个人能力、研究动机等。然而社会学家发现这种不均匀分布会随着科学家年龄的增长而加剧。所以，他们提出这种不均匀分布是由科学研究的“马太效应”或“积累优势”导致的必然结果。即由于社会的反馈和强化过程，一个高产的科学家未来极有可能会更加高产。科学社会学的另一个非常有意思的发现是，科学家的生产率与他们自身的生命周期高度相关。因为生命是有限的，人力资本最终会随着时间降低，所以科学家的生产率会随着年龄的增长，先增加后降低。

（三）科研平台方面

科研平台包括科研仪器设备、野外台站、科技文献、网络及标本馆与种质资源库等。以科研仪器设备为例：科研仪器设备在当前科研活动中发挥着越来越重要的作用，科学和技术之间呈现出越来越强的相互推进关系。首先，科学的发展让技术革命的出现变成可能；其次，技术进步使得出现越来越多新仪器发明，从而极大推动科学自身的发展。例如，20 世纪出现的射电望远镜和电子显微镜，让科学家可以更好地观察宇宙空间、物质分子原子结构等宏观、微观的物理现象。在粒子物理领域，由于高能级加速器的引入，科学家可以直接观察到原子的内部世界。有科学家曾这样风趣地比喻科研仪器设备对科研活动的影响：“在现在科学的世界里，获得虫子的鸟儿并不一定是最聪明或者最勤奋的，而常会是那些拥有发现和挖掘虫子最先进设备的鸟儿。”

四、财务视角

本视角主要分析科研机构是否拥有和如何获取充足支撑其科研活动的经费。目前，我国国立科研机构的经费来源主要有四个：国家对国立研究机构的直接拨款，包括科研人员工资、事业费等；国立研究机构通过申请国家资助机构的项目来进行科学研究活动，例如，科技部支持的 973 项目、国家自然科学基金委员会的项目等；国立科研机构还可以通过产学研结合的方式，加强与企业的合作，获取横向资助项目；此外，国立科研机构的科研成果还可以通过专利授权、转让及技术服务等方式获得收入。

国立科研机构的管理者除了可以通过增加经费收入的方式保障科研活动的

进行外，还可以通过提高内部科研效率的方式进行科研活动，如增强科研仪器的共享等。另外，提高科研活动的效率也是国家与社会大众对国立科研机构的基本要求之一。

五、战略地图构建

在经费支持的基础上，整合学习和成长视角、内部运作视角、委托人视角和财务视角，便可构建国立科研机构的战略地图（图 13-3）。当然，我们可以通过类似的逻辑分析方法对不同类型的研究所进行战略地图分析，帮助其逐步理清使命和战略目标，以及为实现其战略目标的一系列的具体行动方案，并在此基础上进行战略管理和绩效评价。

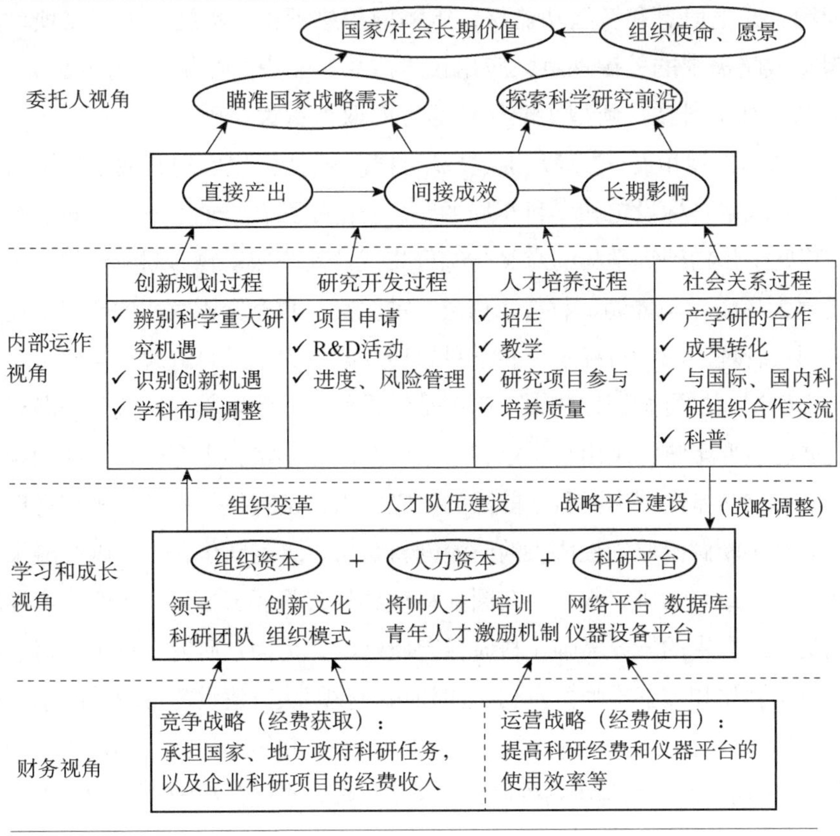

图 13-3　国立科研机构的战略地图

应用实例

基于战略地图的研究所绩效评价①

某研究所（以下简称某所）是以基础研究和应用基础研究为主的国立研究机构。截至 2009 年，共有职工 400 多人（创新岗位职工 300 多人），其中两院院士 14 名，研究员 114 名，研究生 640 余人，经费来源 93%左右为中央财政预算。

从委托人视角来看，某所以开创世界科学前沿和满足国家长期战略需求为目标。在科学前沿方面，基础研究在若干领域取得了原创性成果，开创受国际同行瞩目并处于世界科学前沿的新生长点、新方向；在满足国家需求方面，为提升我国科技创新能力、实现经济社会可持续发展、建设创新型国家做出重要贡献。在清洁能源、光电信息和新型功能材料等领域积极承担、实施重大国家项目，做出满足国家战略需求的关键性重大应用技术成果。在产业化方面，力争在清洁能源、光电信息、纳米科技、新型功能材料等方面取得重大突破。

从内部运作视角看，为满足上述战略目标，某所提出实现其战略目标的关键过程。第一是战略目标设定和学科布局调整。强化凝聚态物理学与光物理、原子分子物理、等离子体物理等学科的交叉与综合集成，系统探索物质科学前沿，形成以凝聚态物理为核心，与能源、材料、信息、前沿交叉科学紧密关联的研究格局。第二是科研项目管理。围绕目标定位和学科布局选题，完成项目选题和申请工作，同时提高研究所层面的资金调控能力。第三是优秀科研人才培养。造就若干名对世界物理学发展有重要影响的杰出科学家和十余名在国际学术界占有一席之地的领衔科学家，建立一支具备冲击国际科学前沿的研究实力、富有挑战精神、规模合理、结构科学、能够不断做出原创性成果的一流创新队伍，这支队伍代表我国在凝聚态物理学及相关领域最高的研究水平并在国际科技界具有重要影响力。第四是优异的学生培养机制。研究生的培养需强化科研导向原则，并贯彻到研究生招生、培养的全过程。进一步强化和完善导师负责制，加强指导教师队伍建设与管理，改革和完善研究生奖助体系，进一步调动和激发学生的积极性。第五是国际、国内同行的学术交流。鼓励研究所科研人员与国内外同行的学术交流，进一步拓宽研究人员的学术视野。

① 资料来源：张大群，杨国梁，李晓轩. 2011. 国立科研机构的战略地图与其绩效评估体系研究. 科学学研究，（12）：1835-1844.

从学习和成长视角看，为有效支撑这些关键内部过程的运作，某所认定应该从如下一些方面对其资源和组织结构进行调整。首先在科研组织资本方面，研究所需要建立合理有效的组织结构，提高领导力，加强制度与创新文化建设，构建良好的科研团队；其次在科研人力资本方面，培养或引进将帅人才，建设人才队伍，加强科研后备力量培养，设立人才专项基金等用于增加科研人力资本的竞争力；最后在科研平台方面，建设现代化、综合性的大型国家公共研究平台和世界一流的凝聚态物理研究基地，构建良好的科研信息平台和科研仪器设备平台。

从财务视角看，承担国家、地方政府的科研任务，以及企业的科研项目，增加对自主研制国际一流高精尖大型设备的支持强度，不断提高科研经费和仪器平台的使用效率等。基于上述分析，制成该研究所的战略地图（图 13-4）。

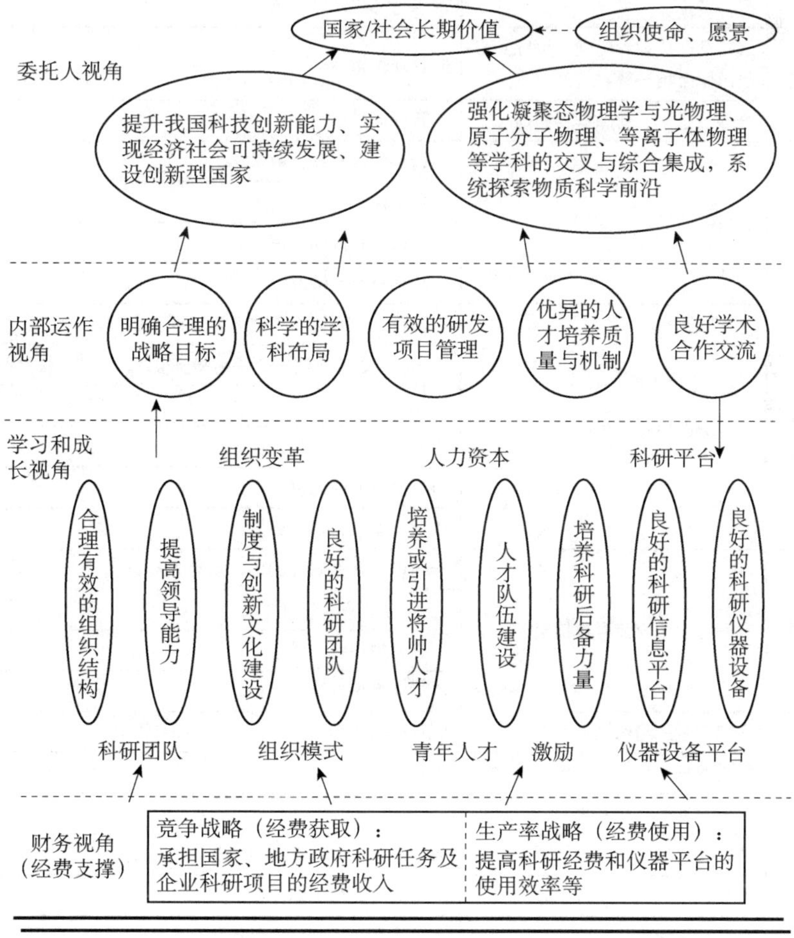

图 13-4 某所战略地图

在战略地图的基础上，可以根据战略地图各环节的目标和方案，制定出某所的绩效目标和绩效测量指标（表 13-3）。

表 13-3 某所绩效目标和绩效测量指标

模块	目标	测量指标
瞄准国家战略需求	提升我国科技创新能力、实现经济社会可持续发展、建设创新型国家	发明专利申请、授权及转移转化情况
		有实质影响的咨询报告数量
		科研成果产业化带来的经济效益
		社会效益
探索科学研究前沿	基础研究在若干领域取得原创性成果，开创受国际同行瞩目并处于世界科学前沿的新生长点、新方向	高影响因子期刊论文
		高引用论文数
		国际系列会议邀请报告
		国内与国际学术奖励
创新规划	战略目标合理、明确、可行并与组织使命相一致	同行评议指标
	合理、科学、前瞻学科布局	同行评议指标
研究开发	有效的研发项目管理	申请到的各种项目数量
		项目申请成功率
		项目按时完成的比率
		人均项目经费情况
人才培养	人才培养质量与机制	全国百篇优秀论文入选者占毕业生比例
		中国科学院院长奖学金特别奖获得者、优秀奖获得者所占比例
		历年毕业生情况
		学科建设（按学科评估结果）
		研究生毕业的比例
		国际合作培养学生数量
社会关系	良好的学术交流合作情况	一周以上合作研究的出、来访人员数量
		主办/发起国际系列会议
		国际合作项目与成果
		各类学术报告会
组织资本	合理有效的组织结构	同行评议指标
	提高领导能力	同行评议指标
	制度与创新文化建设	同行评议指标
	良好的科研团队	入选国家自然科学基金的科研创新团队数
人力资本	培养或引进科研将帅人才	实际效果（如国际化）
	人才队伍建设	优秀人才在研究员中的比例

续表

模块	目标	测量指标
人力资本	培养科研后备人才	国际学术期刊与学术组织任职情况
		优秀人才的国际竞争力
		青年人才的引进、培养工作的机制
科研平台	良好的科研信息平台	科研人员对科研信息系统的满意度
	良好的科研仪器设备	科研人员对科研仪器使用的满意度
		仪器技术平台的完整性
		仪器技术平台的特色
竞争战略	充足的经费收入	承担国家、地方政府科研任务的经费收入
		承担企业科研项目的经费收入
		外争经费占政府直接拨款的比率
		人均经费情况
运营战略	良好的科研平台共享机制	科研仪器设备的使用率
		科研仪器设备的共享情况
	良好的经费使用效率	经费支出情况

第十四章 元评价方法

通俗地讲，元评价（Meta-evaluation）就是对评价本身的评价。其主要目的是检验评价中可能出现的各种偏差，运用统计和其他的方法来估计产生的偏差对评估结论的影响。

第一节　元评价方法的产生与发展

元评价是对评价活动及其结果优劣的评估，即"对评价的评价"（evaluation of evaluation）（Orata & Evaluating Evaluation，1940）。1965年，美国颁布《中小学教育法案》（ESEA），联邦政府加强了对补偿教育项目的资助，并要求对这些项目的执行情况加以法定评估，评估活动的质量开始得到美国学术界的关注。1969年，Scriven（1969）以教育评价为背景首先提出元评价的概念，把对评价的评价称为元评价，认为元评价是评价者评估方法论后，用以评价特定评估方面表现的评估，即第二层次的评估（second-orderevaluation）。Cook（1974）认为，如果原来的评价称为原级评价（primary-evaluation），那么元评价就是二级评价（secondaryevaluation），他将元评价界定为对总结性评估的技术与质量的评估。Stufflebeam（1978）则将元评价定义为针对一项评估实用性、可行性、合理性和精确性，进行优缺点描述与判断的过程。Straw和Cook（1990）则认为元评价是针对某项评估的技术质量及其结果进行评估的各项活动。

综上所述，元评价就是对评价本身的评价，对评估方案、评估过程、评估结果等依照既定的标准判断其优缺点及价值，以判断评估工作的质量及评估的可靠性。实践中元评价的准则可以是预先确定的、结构化的，也可以是紧急的、非结构化的。应用这些准则的方法往往反映了元评价的自身程序，从叙述性综述到简单的审计（Cooksy & Caracelli，2009）。元评价的主要目的是检验评价中可能出现的各种偏差，运用统计和其他的方法来估计产生的偏差对评估结论的影响。

我国学者史耀芳（1991）认为，就元评价研究的历史来说，大体可分为两个阶段：第一阶段（20世纪60年代末到70年代末），元评价研究侧重在评价方法、技巧和工具等方面上；第二阶段（20世纪80年代初到现在），元评价研究则侧重在研制标准化教育评价计划和方案上。我国目前关于元评价的研究还处在起步阶段，大部分研究仅仅是对元评价的概念、必要性进行描述，初步涉及了元评价的标准，但基本都集中在教育评估领域，科技评价领域涉及元评价较少。随着国内各种评价的发展，如人才评价、机构评价、项目评价、科技计划评价、科技政策评价等层出不穷，关于评价的科学性、评价结果的合理性并没有统一的标准，量化评价引起的争议越来越大，越来越多的学者开始认识到科技评价元评价的重要意义。

朱少强等（2010）认为，可以按照评价活动的10个要素为线索，包括评价主体、评价对象、评价目的、评价标准、评价内容、评价程序、评价方法、评价指标、评价数据、评价结果，从对评审专家的评价、对评价机构的评价、对评价行业协会、学术出版认证等角度，构建学术评价的元评价体系和机制。

俞立平等（2012）探讨了科技评价元评价的主题、评价质量与元评价的关系等相关问题，构建了宏观元评价体系结构。他们认为元评价分为内部元评价和外部元评价，自己所做的元评价称为内部元评价，第三方机构所做的元评价称为外部元评价。政府部门和学术机构对这些评价进行外部元评价，然后做出决策，从而产生政策效果，并对政策效果进行外部元评价。元评价通过对评价目的、评价数据、评价方法、权重设置、评价结果等环节的检查和分析，找出其中存在的问题并加以改进。这一方面可以提高原始评价的质量，另一方面有利于提升评价机构的公信力和权威性（图14-1）。

建立元评价机制和规范元评价操作，是解决当前学术评价问题的根本途径。因此，元评价必须在评估方案实施前、实施中、实施后分别进行，不同评估阶段的元评价有不同的关注点（王雁，章仁彪，2009）（表14-1）。

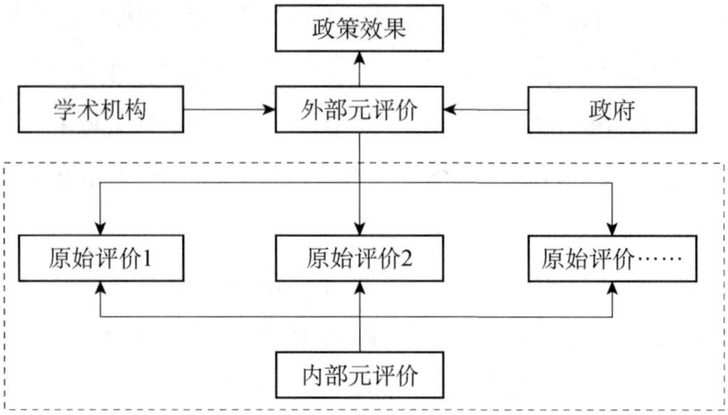

图 14-1　宏观元评价框架

表 14-1　某研究所战略目标及测量指标

评估功能	评估设计阶段	评估过程阶段	评估完成阶段
决定评估的焦点	评价及协助改善评估的目的及问题，并调查及确定受评对象	确定是否对所选的问题及目的进行评估，并评估其价值	对目的及问题的健全和价值程度进行评价
设计评估	评价及协助改进评估设计的策略，并提供设计所需的信息及选择	对评估实际的效果进行评价，并在必要时提供监控及修正信息	确定评估设计是完善的，并通过适当的实施而对参与者产生帮助
搜集信息	评估、协助选择工具及信息搜集的策略	观察及评估资料搜集工作	评价资料搜集的信息和所使用方法的质量及相关性
分析信息	引导原评估者选择合适的分析策略，并考虑信息的呈现及说明	评价资料分析的过程是否有效率的分析、整合、分类等	评价资料分析的方法使用的适切性及精确性
报告信息	对评估报告的呈现形式及内涵进行评价	详细阅读并评价评估报告的初稿，讨论及提供将评估报告改进成专业性报告的建议	对评估是否有平衡性的、有时效性的报导，以及是否正确及正当的引用进行评价
管理评估	对改进评估工作的管理计划、经费及协议进行评价	对评估工作的管理计划、经费及协议的适合程度进行评价	对评估是否能有效的管理、是否合乎成本的价值

元评价理念产生以来，元评价方法在多个西方国家的高校教学评估中得到了较成熟的应用。比较典型的例如，英国高等教育质量委员会（Quality Assurance Agency for Higher Education，QAA）对高校内部评估制度、评估指标及组织在教学中的作用进行检查，分析和评议高校的教学质量保证体系，起到了元评价的作用；荷兰高等教育督导团（Inspectorate of Higher Education，IHO）是典型的元评价实施组织，专门对荷兰大学协会和荷兰高等职业教育学院协会的评估活动及高校的教学评估工作实施评价检查；类似的还有 1996 年成立的美国高等教育认证

委员会（Council for Higher Education Accreditation，CHEA），其目标是增进高等教育认证的效用，提高教育质量，向公众负责。

第二节　元评价方法的分类与应用

在实际应用中，元评价主要用于分析和解决诸如评估完成后是否达成预定目标、评估标准是否适当、评估人员是否具备专业资格及价值判断能力及评估是否公平公正等问题。在科技政策研究中，元评价作为评价活动的重要组成部分，它与一般的评价活动在方法上有很多共同之处，例如，也会用到问卷调查、专家访谈、统计分析等方法。除此以外，在元评价中还经常会用到内容分析法、经验总结法等方法，并进行信度分析和效度分析（侯光文，1998）。

一、内容分析法

内容分析是对评价中各种材料的内容及其有效性按照评价的目的和要求，进行再评价的方法。评估的主要内容包括研究理论体系的合理性、鉴定评价方案的科学性。

二、经验总结法

借助经验总结，对评价的可靠性、有效性、可行性及实用性进行总结分析，寻求更加有效的评价模式。

三、信度分析

在有了切实可行的评价方案后，并制定了正确科学的评价标准的条件下，要提高评价质量，其关键在于搜集信息和评价结果计算等环节做到准确可靠。对信度分析主要应考察以下三个方面：一是评判专家信度，即评价专家对评价结果的稳定可靠程度，主要采用相关分析法、肯德尔和谐系数等方法。二是指标内部一致性，指标整体一致性不一定高，但相似方面的指标应当有较高的一致性。一致性程度越高，调查就越有意义、其评价结果的可信度就越强。判断内部一致性，比较典型的方法包括斯皮尔曼分半法、库德—理查森公式及克龙巴赫 α 系数等。三是评价结果的稳定性，主要是考察评价结果在不同的时间或者采取不同方案，通过相关性分析，研究评价结果的稳定性。

四、效度分析

评价分析是度量评价的准确程度。其中内容效度和结构效度可用内容分析法、经验总结法进行评价，组织实施的效度也可以采用经验总结法。目前评价中更多地采用定性方法进行效度分析，在实践中往往难以做出中肯的评价，必须加大定量分析力度以提高元评价的可靠性。

尽管关于元评价已有一些理论与方法并已大量应用，但就目前情况看，评价领域还没有一个元评价实践的通用标准，当务之急是针对它的特征定义达成一些共识（Leslie et al.，2009）。事实上，元评价本身也是跨学科研究，例如，评价技术既是统计学的研究范畴，也是数学、科学计量学、情报计量学的研究对象。关于评价的成本问题、政策效果等又是经济学、系统科学、社会学的研究对象。关于对众多评价的管理、评价导致的决策问题，又是管理学的研究对象。关于科技评价的信息处理又是情报学的对象。关于评价目的、评价周期的研究又是科学学的研究对象。元评价的理论和实践需要更加深入的研究。

从实践的角度看，元评价的意义主要体现在以下几个方面：降低评估结果的不确定性；判断评估过程的质量；矫正评估过程中的错误及偏差；为评估结果提供责任保证；整体评价各种原始评估。总体而言，元评价可以帮助诊断评估中的错误，提供评估结果科学性、合理性的保证，还能为未来新评估的改进提供指引及数据参考，因此，元评价方法在欧美国家已得到较为普遍的应用。

应用实例

美国教育方案、计划及材料评估标准

在美国，教育评估标准联合委员会（Joint Committee on Standards for Educational

Evaluation，JCSEE）于 1981 年发布《教育方案、计划及材料评估标准》，并于 1994 年和 2011 年分别进行了修订，在 2011 年修订的版本中共包括五大类 30 项标准（表 14-2）。

表 14-2　美国教育方案、计划及材料评估标准

1. 实用性标准（utility standards）		
序号	评估标准	定义
U1	评估的可信度	评估者需在评估领域建立起良好的声誉
U2	关注相关利益者	评估应将注意力集中在项目投入各个方面的个人或群体
U3	谈判目的	评估的目的应基于相关利益者的需求，不断地认知和协商
U4	清晰的价值	评估应清晰呈现作为评估目的、过程和评判的支撑的个人或文化价值
U5	相关信息	信息应满足利益相关者的需求
U6	有意义的过程和产品	评估的组织过程，描述和评价应以如下方式进行 如鼓励参与者重新发现、重新解释、修改他们的理解
U7	及时恰当的沟通报告	满足多元受众群体的需求
U8	对结果和影响的关注	促进有责任和适配的使用，警惕意外的负面结果和错误使用
2. 可行性标准（feasibility standards）		
序号	评估标准	定义
F1	项目管理	采用高效的管理策略
F2	务实的程序	评估程序应务实有效
F3	语境的可行性	评估应识别、监测和平衡文化、政治性的利益与个人和群体的需求
F4	资源的使用	应有效利用资源
3. 合理性标准（propriety standards）		
序号	评估标准	定义
P1	回应性导向	评估应使利益相关者及其群体有所回应
P2	达成正式的协议	协议应通过谈判协商得出，考虑各方需求、期望和文化背景
P3	人权和尊重	应保护人权，维护参与者和其他利益相关者的尊严
P4	清晰和公平	应公平地解决利益相关者的需求和目的
P5	透明度和信息披露	应提供完整的对于发现、局限和结论的描述，违反法律的情况除外
P6	利益冲突	应以开放和坦诚的识别和解决现实存在或潜在的影响评估的冲突因素
P7	财政责任	评估应考虑消耗的所有资源，服从财政程序和过程
4. 精确性标准（accuracy standards）		
序号	评估标准	定义
A1	合理的结论和决定	评估结论应在因果关系和文化上有清晰的解释
A2	有效的信息	信息应为预定的目的服务，支撑有效的解释
A3	可靠的信息	评估过程应产出可靠的和持续性的信息
A4	详述的项目和内容描述	评估应以适当的详细程度和广度记录项目情况和评估目的
A5	信息管理	评估应采用系统信息收集、评价、证实和储存信息

续表

A6	合理的设计和分析	应针对不同的评估目的采用合适的评估方法
A7	详述的评估推理	评估推理应被清晰和完整的记录
A8	沟通和报告	讨论应有适当的范围，警惕错误理解、偏见、歪曲和错误
5. 评估责任标准（evaluation accountability standards）		
序号	评估标准	定义
E1	评估记录	评估应全面记录谈判目的、实现的设想、过程、数据和结果
E2	内部元分析	使用标准衡量评估设计的问责、采用的方法、收集的信息和结果
E3	外部元分析	评估项目的赞助商、客户和其他利益相关者应鼓励采用以上标准开展外部元分析

美国教育评估标准联合委员会认为元评价有效并积极推行元评价主要是基于三个方面的原因：首先，在心理学层面上，大量的多学科研究证明，在很大程度上来说，团队推理和解决问题相对于独立研究者是一个极大的跳跃，因此，独立研究者或者团队工作需要将其他人的工作当作一个证据收集的过程。其次，在元评价过程中，更多优秀的思想家可以进行更深入的思考，这一方法论原则已在通用的科学质量控制过程同行评议中采用。而在大多数专业评价或付费评价中，这个过程被绕过了，因为评价者直接面对客户，而大多数科学研究的目标是发布专业的报告（为名利或者财富），元评价的功能和意义就在于缩小这个鸿沟；最后，在道德层面上，评价者宣称他们的工作能提高产品质量或给出保证，但如果不进行元评价，就连他们在潜意识里对评价结果也是拒绝的。因此，元评价应该由评价者在评价工作中及工作完成后进行，尽管元评价难以避免自我评价的局限性，但仍然可以强制评价者从第三方的视角去审视评价者的工作，而且往往需要采用不同的方法来评估，以更好地检验已有的评价结果。

在实践层面，美国教育评估标准联合委员会还就元评价的实施步骤建议如下（Stufflebeam，2001）：在准备阶段，主要是要确定并安排元评价利益相关者进行互动、为元评价团队配备合格的元评价人员、确定元评价需要解决的问题及制定元评价的标准，原则或准则达成一致意见；在执行阶段，主要是收集和查看相关资料，并根据需要收集新的信息，如现场访谈，观察和问卷等，在此基础上，进行定性和定量信息的分析；在完成阶段，就已有评价是否遵守了适当的标准、原则或准则做出判断，并通过报告、信件、口头报告等方式传达元评价结果，并向客户和其他利益相关者做出解释和说明。

参考文献

毕洪海. 2016. 作为规制决策程序的成本收益分析. 行政法学研究，(3)：89-96.

陈端吕. 2011. 计量地理学方法与应用. 南京：南京大学出版社.

陈敬全. 2013. 欧盟研发框架计划的评估实践. 全球科技经济瞭望，28(7)：60-68.

陈琨，李晓轩，杨国梁. 2014. 中外大学技术转移效率比较研究——基于 DEA-Malmquist 方法. 科学学与科学技术管理，35(7)：98-106.

陈正伟. 2013. 综合评价技术及应用. 成都：西南财经大学出版社.

程津培. 2006. 科学技术事关国家利益. 中国软科学，(3)：1-5.

菲利普·夏皮拉，斯蒂芬·库尔曼. 2015. 科技政策评估——来自美国与欧洲的经验. 方衍，邢怀译. 北京：科学技术文献出版社.

风笑天. 2005. 社会学研究方法:走向规范化与本土化所面临的任务. 华中师范大学学报（人文社会科学版），(6)：44-48.

高晶利. 2012. 基于 SNA 国内知识图谱领域科研合作关系研究. 现代情报，(1)：102-106.

顾雪松. 2009. 基于科学发展观的科学技术评价研究. 大连理工大学硕士学位论文.

顾雪松，迟国泰，程鹤. 2010. 基于聚类-因子分析的科技评价指标体系构建. 科学学研究，28(4)：508-514.

贺颖. 2008. 基于科学计量视角的同行评议专家遴选问题研究. 天津大学博士学位论文.

侯光文. 1998. 试论教育评价元评价. 教育理论与实践，18(4)：23-26.

胡明铭，黄菊芳. 2005. 同行评议研究综述. 中国科学基金，(4)：251-253.

胡群，刘文云. 2009. 基于层次分析法的 SWOT 方法改进与实例分析. 情报理论与实践，32(3)：68-71.

黄传慧，郑彦宁，孙雨生. 2013. 美国科技政策体系研究. 科技管理研究，(22)：43-46.

黄菁. 2014. 我国地方科技成果转化政策发展研究. 科技进步与对策，31(13)：103-108.

黄圆圆，朱东华，任智军，等. 2006. 对比分析方法在专利情报分析中的应用研究. 现代图书情报技术，(10)：60-65.

蒋红珍. 2011. 政府规制政策评价中的成本收益分析. 浙江学刊，(6)：136-144.
雷家骕，程源，杨湘玉. 2005. 技术经济学的基础理论与方法. 北京：高等教育出版社.
雷玉琼. 2008. 资源配置新视角：社会网络. 北京：企业管理出版社.
李军. 2015. 浅谈财务报表分析的方法. 财经界（学术版），(17)：289.
李亮，朱庆华. 2008. 社会网络分析方法在合著分析中的实证研究. 情报科学，26(4)：549-555.
李强. 2007. 国家高新区产业集聚实证研究：生产要素集中的规模收益分析. 科学学研究，25(6)：1112-1121.
李强. 2009. 美国能源部国家实验室的绩效合同管理与启示. 中国科技论坛，(4)：137-144.
李强. 2014. 技术进步及其增长效应：MRW 模型扩展与实证研究. 研究与发展管理，26(6)：9-21.
李强，李晓轩，吴剑榻. 2015. 国外政府青年科技奖项设置及其启示. 中国科技奖励，(12)：50-56.
李强，王小梅，韩涛. 2014. 基于知识图谱的评价理论树拓展研究. 科研管理，35(5)：128-137.
李睿. 2014. 公共政策回溯性价值分析和事中评估研究——以少数民族高层次骨干人才培养计划为例. 浙江大学硕士学位论文.
李松柏. 2011. 社会调查方法. 咸阳：西北农林科技大学出版社.
梁雄健. 2004. 通信企业信用管理. 北京：北京邮电大学出版社.
梁永霞. 2009. 引文分析学的知识计量研究. 大连理工大学博士学位论文.
林恩丽. 2013. 浅谈专利分析对企业的重要性. 福建电脑，(2)：87-88.
林聚任. 2009. 社会网络分析：理论、方法与应用. 北京：北京师范大学出版社.
林培锦. 2011. 权力与利益视角下的学术同行评议制度优化研究. 科技进步与对策，(11)：99-103.
林庆宇. 2015. 统计分析基础及指标对比分析法在建设项目中的应用实践. 城市建设理论研究（电子版），(22)：1238-1239.
刘军. 2014. 社会网络分析导论. 北京：社会科学文献出版社.
刘鲁宁. 2007. 科技项目同行评议体系反评估模型分析与设计. 哈尔滨工业大学硕士学位论文.
刘权. 2015. 作为规制工具的成本收益分析——以美国的理论与实践为例. 行政法学研究，(1)：135-144.
刘萱. 2010. 基于 PUS 指标的“科学文化”指数模型及效度分析. 中国科学技术大学博士学位论文.
刘莹，张大群，李晓轩. 2007. 美国联邦机构的绩效评估制度及其启示. 中国科技论坛，(9)：140-144.
陆斌. 2008. 基于国家创新系统的科技政策研究：美国经验与中国实践. 上海大学硕士学位论文.
马琳. 2014. 中国研发投入及其产出效率省际比较研究. 吉林大学博士学位论文.
孟溦，李强，刘文斌. 2007. 基于 3E 理论构建科研机构评价指标体系. 科学学研究，25(5)：908-914.
苗润生，陈洁. 2010. 财务分析. 北京：北京交通大学出版社.
默顿 R K. 2003. 科学社会学. 鲁旭东，林聚任译. 北京：商务印书馆.

欧明臣，凌文铨. 2003. 标杆分析法在图书馆绩效评估上的应用. 情报资料工作，(6)：47-49.
潘教峰，张晓林，王小梅，等. 2013. 科学结构地图 2012. 北京：科学出版社.
曲立，吕晓岚. 2005. 国内外科技项目评价方法比较. 企业经济，(9)：36-38.
申静，赵域航，耿瑞利. 2015. 欧盟创新评价指标体系的演变及启示. 创新与创业管理，(2)：74-91.
申义彩，杨枫，王晓燕. 2011. 基于关联规则的计算机等级考试答卷分析. 信息系统工程，(10)：127-129.
石飞，庄海燕. 2010. 社会网络分析理论研究. 经济师，(11)：31-32.
石永贵. 2009. 企业网络资源协调研究. 河北工业大学博士学位论文.
史耀芳. 1991. 略论教育评价中的元评价. 教育理论与实践，11(5)：42-44.
孙宏才，田平，王莲芬. 2011. 网络层次分析法与决策科学. 北京：国防工业出版社.
孙锐，石金涛. 2006. 基于因子和聚类分析的区域创新能力再评价. 科学学研究，24(6)：985-990.
Saaty T L. 2015. 网络层次分析法原理及其应用——基于利益、机会、成本及风险的决策方法. 鞠彦兵，刘建昌译. 北京：北京理工大学出版社.
田瑞强，姚长青，袁军鹏，等. 2013a. 基于科研履历的科技人才流动研究进展. 图书与情报，(5)：119-125.
田瑞强，姚长青，袁军鹏，等. 2013b. 基于履历信息的海外华人高层次人才成长研究：生存风险视角. 中国软科学，(10)：59-67.
涂兴佩. 2015. 同行评议诞生记. 中国科技奖励，(9)：26-27.
王连芬，许数柏. 1990. 层次分析法引论. 北京：中国人民大学出版社.
王炼. 2005. 科学计量学方法论研究若干问题的探讨. 中国科学技术信息研究所硕士学位论文.
王炼，武夷山. 2006. 从 Scientometrics 期刊的自引看科学计量学的学科特点. 科学学与科学技术管理，(2)：10-13.
王陆. 2009. 典型的社会网络分析软件工具及分析方法. 中国电化教育，(4)：95-100.
王璐，包革军，王雪峰. 2004. 综合评价中一种新的指标选择方法. 数理统计与管理，23(1)：72-76.
王苏丽. 2010. 面向企业危机预警的专家研讨可视化系统研究. 南京农业大学硕士学位论文.
王雁，章仁彪. 2009. 教育元评估的理念与标准辨析. 中国高等教育评估，(1)：41-44.
王瑛. 2003. 社会学研究中的统计方法与技术. 兰州：兰州大学出版社.
吴述尧. 2014a. 共建同行评议系统. 科技导报，32(33)：95.
吴述尧. 2014b. 同行评议与科学共同体. 科技导报，32(31)：89.
吴述尧. 2014c. 同行评议方法不可取代. 科技导报，32(32)：89.
谢治国，胡化凯. 2003. 冷战后美国科技政策的走向. 中国科技论坛，(1)：137-140.
徐芳，周建中，刘文斌，等. 2016. 博后经历对科研人员成长影响的定量研究. 科研管理，(7)：117-125.

徐国祥. 2009. 统计指数理论及应用. 北京：中国统计出版社.
许涤龙. 2004. 统计学. 长沙：中南大学出版社.
许树柏. 1988. 实用决策方法——层次分析法原理. 天津：天津大学出版社.
严蔚刚. 2007. 科研评价应遵循什么基本原则. 光明日报，2016-07-12(013).
杨国梁，刘文斌，郑海军. 2013. 数据包络分析方法（DEA）研究综述. 系统工程学报，28(6)：840-860.
杨立英，周秋菊，岳婷. 2007. “科学前沿领域”挖掘的文献计量学方法研究. 北京：中国科学院国家科学图书馆.
姚锐. 2011. 中国博士后制度发展——政策分析的视角. 南京大学博士学位论文.
叶耀军，王首军，魏磊，等. 2001. 矩阵最大特征值的近似求法. 河南农业大学学报，35(9)：69-72.
叶中华. 2010. 美国先进技术计划（ATP）评估中的工具创新研究. 科学学与科学技术管理，(3)：77-81.
俞立平，潘云涛，武夷山. 2012. 元评价对提高科技评价质量的影响研究. 科学学研究，30(4)：512-516.
约翰·斯科特. 2007. 社会网络分析法. 刘军译. 重庆：重庆大学出版社.
曾晓营，余锋. 1990. 美国科学技术政策发展的回顾. 科学学研究，8(1)：74-86.
张存刚，李明，陆德梅. 2004. 社会网络分析：一种重要的社会学研究方法. 甘肃社会科学，(2)：109-111.
张大群，杨国梁，李晓轩. 2011. 国立科研机构的战略地图与其绩效评估体系研究. 科学学研究，29(12)：1836-1844.
张大群. 2009. 标杆比较分析的数学理论及其应用. 中国科学技术大学博士学位论文.
张俊生，彭丽宇. 2016. 层次分析法在确定轨道单元质量评价因素权值中的应用. 中国新通信，(17)：115.
张世怡，刘春茂. 2011. 中文网站社会网络分析方法的实证研究. 情报科学，(2)：246-252.
赵红专，翟立新，李强. 2006. 公共科研机构绩效评价的指标与方法. 科学学研究，24(1)：85-90.
赵景华，邢华. 2010. 政府战略管理的SWOT模型：一个概念框架. 中国行政管理，(5)：23-27.
赵伟等. 2013. 创新型科技人才分类评价指标体系构建. 科技进步与对策，30(16)：113-117.
中国科学技术发展战略研究院. 2015. 国家创新指数报告2014. 北京：科学技术文献出版社.
中国科学技术发展战略研究院. 2016. 国家创新指数报告2015. 北京：科学技术文献出版社.
中国科学院发展规划局，中国科学院管理创新与评估研究中心. 中国科学院研究所“一三五”专家诊断评估报告汇编（2012～2014）.
周柏春，孔凡瑜. 2010. 美国科技政策跃迁及其对我国的启示. 科学与管理，(3)：29-33.
周华东. 2011. 科技政策研究：嬗变、分化与聚焦. 科学学与科学技术管理，32(11)：5-13.
周建中，肖小溪. 2011. 科技人才政策研究中应用CV方法的综述与启示. 科学学与科学技术管理，32(2)：151-156.
周元敏，许宏武. 2006. 中外博士后制度的比较. 现代大学教育，(4)：79-82.
朱亮. 2015. 基于文献的科技监测研究. 中国农业科学院博士学位论文.
朱庆华，李亮. 2008. 社会网络分析法及其在情报学中的应用. 情报理论与实践，(2)：179-183.
朱少强，唐林，柯青. 2010. 学术评价的元评价机制. 重庆大学学报（社会科学版），16(3)：81-85.
Abramo G, D'Angelo C A, Costa F D. 2009. Research collaboration and productivity: Is there correlation? High Educ, (57): 155-171.
Akman I, Yazici A, Arifoglu A. 2002. E-Government: Turkey profile. Proceedings of 2nd International European Conference on e-Government, MCIL, Oxford, UK.
Akman I, Yazici A, Mishra A, et al. 2005. E-Government: a global view and an emprical evaluation of some attributes of citizens. Government Information Quarterly, 22(2): 239-257.
Alkin M C. 2004. Evaluation Roots: Tracing Theorists' Views and Influences. Sage Publications.
Beynon M. 2002. Ananalysis of distributions of priority values from alter native comparisons scales within AHP. European Journal of Operational Researeh, 140: 104-117.
Bickman L. 1996. Implications of a children's mental health managed care demonstration evaluation. Journal of Behavioral Health Services Research, 23(1): 107-117.
Bolloju N. 2001. Aggregation of analytic hierarchy process models based on similarities in decision makers' preferences. European Journal of Operational Research, 128(3): 499-508.
Bris A. 2014. IMD world competitiveness yearbook 2014. Lausanne: World Competitiveness Center.
Cameron H, Gustavo F, Wolfgang P, et al. 2002. RTD evaluation toolbox-assessing the socio-economic impact of RTD-policies. Published by: European Commission.
Camp R C. 1989. Benchmarking: The Search for Industry Best Practices that Lead to Superior Performance. New York.
Campbell D T. 1957. Factors relevant to the validity of experiments in social settings. Psychological Bulletin, 54: 297-312.
Campbell D T. 1991. Methods for the experimenting society. Evaluation Practice, 12(3): 223-260.
Charnes A, Cooper W W, Rhodes E. 1978. Measuring the efficiency of decision making units. European Journal of Operational Research, 2(6): 429-444.
Chelimsky E. 1983. Program evaluation and appropriate governmental change. Annals of The American Academy of Political and Social Science, 466(1): 103-118.
Chelimsky E. 1998. The role of experience in formulating theories of evaluation practice. American Journal of Evaluation, 19(1): 35-55.
Chen H T. 1989. The conceptual framework of the theory-driven perspective. Evaluation and Program Planning, 12(4): 391-396.
Chen H T, Rossi P H. 1983. Evaluating with sense: The theory-driven approach. Evaluation Review,

7(3): 283-302.

Chen H T, Rossi P H. 1989. Issues in the theory-driven perspective. Evaluation and Program Planning, 12(4): 299-306.

Committee on Science, Engineering, and Public Policy. 1999. Evaluating Federal Research Programs: Research and the Government Performance and Results Act. Produced with support National Academies of Science, National Academy of Engineering, Institute of Medicine,. National Academy Press. (Available on-line at: www. nap. edu/catalog/6416. html).

Cook T. 1974. The potential and limitations of secondary evaluation//Apple M W, Subkoviak M J, Lufler H S J. Educational Evaluation: Analysis and Reponsibility. Berkeley: McCutchan Publishing.

Cooksy L J, Caracelli V J. 2009. Metaevaluation in practice selection and application of criteria. Journal of MultiDisciplinary Evaluation, 6(11): 1-15.

Corley E A, Bozeman B, Gaughan M. 2003. Evaluating the Impacts of Grants on Women Scientists' Careers: The Curriculum Vita as a Tool for Research Assessment//Philip S, Stefan K. 2003. Learning from Science and Technology Policy Evaluation: Experiences from the United States and Europe. Northampton, Massachusetts: Edward Elgar.

Cornell University, INSEAD, and WIPO. 2016. The global innovation index 2016: Winning with global innovation. Geneva, Ithaca and Fontainebleau.

D'Onofrio M G. 2009. The public CV database of Argentine researchersand the "CV-minimum" Latin-American model of standardization of CV information for R&D evaluation andpolicy-making. Research Evaluation, 18(2): 95-103.

Dietz J S, Bozeman B. 2005. Academic careers, patents, and productivity: Industry experience as scientific and technical human capital. Research Policy, 34(3): 349-367.

Dietz, J, I Chompolov, B Bozeman, E Lane and J Park 2000. Using the curriculum vita to study the career paths of scientists and engineers: An exploratory assessment. Scientometrics, 49(3), 419-442.

Dinges M, Berger M, Frietsch R, et al. 2007. Monitoring sector specialisation of publicand private funded business research and development. Science and Public Policy, 34(6): 431-443.

Donaldson S I, Azzam T A. Tending the garden of evaluation theory: Flourishing trees and Ph. D. s// Vo A, Christie C A. Evaluation Use & Decision Making. Greenwich: Information Age (In Press).

Edwin M. 1996. Estimating social and private returns from innovations based on the advanced technology program: Problems and opportunities.

Egghe L, Rousseau R. 1990. Introduction to Informetrics: Quantitative Methods in Library, Documentation and Information Science. Elsevier Science Publishers.

Farrell M. 1957. The measurement of productive efficiency. Journal of the Royal Statistical Society. Series A (General), 120(3): 253-290. doi:10.2307/2343100.

Francis G, Hinton M, Holloway J, et al. 1999. Best practice benchmarking: A route to competitiveness? Journal of Air Transport Management, 5(2): 105-112.

Frank Cunningham, Information Society and Media European Commission and Caroline Wagner, George Washington University, Evaluating Research Dynamics Using Network Analysis (in the context of EU funded R&D), CES/AEA Conference, Toronto, October 27, 2005.

Freeman C. 1991. Networks of innovators: A synthesis of research issues. Research Policy, 20: 499-514.

Gaughan M, Ponomariov B. 2008. Faculty publication productivity, collaboration, and grants velocity: using curricula vitae to compare center-affiliated scientists and unaffiliated scientists. Research Evaluation, 17(2): 103-110.

Gaughan M, Robin S. 2004. National science training policy and early scientific careers in France and the United States. Research Policy, (33): 569-581.

Gaughan M. 2009. Using the curriculum vitae for policy research: An evaluation of National Institute of Health center and training support on career trajectories. Research Evaluation, 18(2): 117-124.

Georghiou L, Halfpenny P, Flanagan K. 2001. Benchmarking the provision of scientific equipment. Science and Public Policy, 28: 303-311.

Greene J G. 1988. Stakeholder participation and utilization in program evaluation. Evaluation Review, 12(2): 91-116

Griliches Z. 1958. Research Costs and Social Returns: Hybrid Corn and Related Innovations. Journal of Political Economy, 66(5): 419-431.

Griliches Z. 1995. R&D and productivity: Econometric results and measurement issues//Stoneman P. Handbook of the Economics of Innovation and Technological Change. MA: Oxford and Cambridge: 52-89.

Grilliches Z. 1992. The search for R&D spillovers. The Scandinavian Journal of Economics, 94: 29-47.

Gustavo F, Wolfgang P. 2002. RTD Evaluation Toolbox-Assessing the Socio-Economic Impact of RTD-Policies. European Commission.

Hall J N, Ahn J, Greene J C. 2012. Values engagement in evaluation: Ideas, illustrations, and implications. American Journal of Evaluation, 33(2): 195-207.

Haskel J, Hughes A, Bascavusoglu-Moreau E. 2014. The economic significance of the UK science base A report for the campaign for science and engineering. UK Innovation Research Centre.

Heberger A E, Christie C A, Alkin M C. 2010. A bibliometric analysis of the academic influences of and on evaluation theorists' published works. American Journal of Evaluation, 31(1): 24-44.

Hicks D, Wouters P, Waltman L, et al. 2015. The Leiden Manifesto for research metrics. Nature, 520(7548): 429-431.

House E R. 1978. Assumptions underlying evaluation models. Educational Researcher, 7(8): 4-12.

House E R. 1994. The future perfect of evaluation. Evaluation Practice, 15(3): 239-247.

House E R, Mathison S. 1984. Methodology and Values in Evaluation. Educational Theory, 34(2): 151-152.

International Institute for Management Development. 2006. World Competitiveness Yearbook. Lausanne.

Jaffe A. 1996. Economic analysis of research spillovers: Implications for the advanced technology program. NIST Contract Report.

Janice E, Williams A. 1989. Numerically developed taxonomy of evaluation theory and practice. Evaluation Review, 13(1): 18-31.

Jonkers K, Tijssen R. 2008. Chinese researchers returning home: Impacts of international mobility on research collaboration an scientific productivity. Scientometrics, 77(2): 309-333.

Kahraman C, Demirel N C, Demirel T. 2007. Prioritization of e-Government strategies usinga SWOT-AHP analysis: The case of Turkey. European Journal of Information Systems, 16: 284-298.

Kaplan R S, Norton D P. 1992. The balanced scorecard: Measures that drive performance. Harvard Business Review, 70 (1): 71-79.

Kaplan R S, Norton D P. 2004. Strategy Maps: Converting Intangible Assets into Tangible Outcomes. Harvard Business School Press.

Kaplan R S. 2001. Strategic performance measurement and management in nonprofit organizations. Nonprofit Management and Leadership, 11(3): 353-370.

Kumar S S. 2004. AHP-based formal system for R&D project evaluation. Journal of Scientific & Industrial Research, 63: 888-896.

Lambert E W, Doucette A, Bickman L. 2001. Measuring mental health outcomes with pre-post designs. Journal of Behavioral Health Services Research, 28(3): 273-286.

Leeuwen T N V, Visser M S, Moed H F, et al. 2003. The Holy Grail of science policy: Exploring and combiningbibliometric tools in search of scientific excellence. Scientometrics, 57(2): 257-280.

Lepori B, Probst C. 2009. Using curricula vitae for mapping scientific field: A small-scale experience for Swiss communication sciences. Research Evaluation, 18(2): 125-134.

Leydesdoref L. 1987. Various methods for the mapping of science. Scientometrics, 11: 295-324.

Macqueen J. 1967. Some methods for classification and analysis of multivariate observations. Proceedings of the 5th Berkeley Symposium on Mathematical Statiscs and Probability, (1): 281-297.

Magd H, Curry A. 2003. Benchmarking: Achieving best value in public-sector organisations. Benchmarking: An international Journal, 10(3): 261-286.

Monica Ganghan. 2009. Using the curriculum vitae for policy research: an evaluation of National Institute of Health center and training support on career trajectories, Research Evaluation, 18(2):

117-124.

Murdoch A. 1997. Lateral benchmarking or what formula one taught an airline. Management Today, 64-67.

Nagarajan N, Vanheukelen M. 1997. Evaluating EU expenditure programs: A guide. directorate-general for budgets of the european commission.

National Science Board. 2008. Science and Engineering Indicators. Arlington: National Science Foundation.

Newman M E J. 2001. The Structure of Scientific Collaboration Networks. Proceedings of the National Academy of Sciences, 98(2): 404-409.

O'Reagain S, Keegan R. 2000. Benchmarking explained—What is benchmarking//Benchmarking in Europe — working Together to Build Competitiveness' Publication 2000, a magazine on benchmarking published by PSI Group, UK (with the support of the European Commission, Enterprise Directorate).

Orata P T. 1940. Evaluating Evaluation. The Journal of Educational Research, 33(9), 641-661.

Patricia K, Steven M, Sue M, et al. 1997. Benchmarking for Best Practices in the Public Sector: Achieving Performance Breakthroughs in Federal State and Local Agencies, Jossey-Bass Publication, Inc.

Robinson T T, Cousins J B. 2004. Internal participatory evaluation as an organizational learning system: A longitudinal case study. Studies in Educational Evaluation, 30(1): 1-22.

Roper S, Hewitt-Dundas N, Love J H. 2004. An ex ante evaluation framework for the regional benefitsof publicly supported R&D projects. Research Policy, 33: 487-509.

Ruegg R, Feller I. 2003. A Toolkit for Evaluating Public R&D Investment Models, Methods, and Findings from ATP's First Decade, Prepared for Economic Assessment Office Advanced Technology Program National Institute of Standards and Technology Gaithersburg, MD 20899-24710.

Ryan K, Greene J, Lincoln Y,et al. 1998. Advantages and challenges of using inclusive evaluation approaches in evaluation practice. American Journal of Evaluation, 19(1): 101-122.

Saaty T L, Hu G. 1998. Ranking by eigenvector versus other methods in the analytic hierarchy process. Applied Mathematics Letters, 11(4): 121-125.

Sandstrom U. 2009. Combining curriculum vitae and bibliometric analysis: Mobility, gender and research performance. Research Evaluation, 18(2): 135-142.

Science and Technology Policy Council. 2015. EPA Peer Review Handbook 4th Edition. U. S. Environmental Protection Agency.

Scott J. 2000. Social Network Analysis: A Handbook. SAGE Publication.

Scriven M. 1969. An introduction to meta evaluation. Educational Products Report, (2): 36-38.

Scriven M. 1986. New frontiers of evaluation. Evaluation Practice, 7(1): 7-44.

Scriven M. 1991. Pros and cons about goal-free evaluation. American Journal of Evaluation, 12(1): 55-62.

Shin J, Lee W, Park Y. 2006. On the benchmarking method of patent-based knowledge flow structure: Comparison of Korea and Taiwan with USA. Scientometrics, 69(3): 551-574.

Solow R. 1957. Technical Change and the aggregate production function. The Review of Economics and Statistics, 39(3), 312-320.

Straw R B, Cook T D. 1990. Meta-evaluation The international encyclopedia of educational. H. J. Walberg and G. D. Haertel Pergamon Press plc, Oxford, UK, 58-60.

Stufflebeam D L. 1978. Meta evaluation: An overview. Evaluation and the Health Professions. 1(1): 17-43.

Stufflebeam D L. 2001. The Metaevaluation Imperative. American Journal of Evaluation, 22: 183.

Tang N H, Shao J, Lee Y C. 2013. The SWOT-AHP framework for the enterprise cloud computing strategy. The Journal of Information Systems, 22(2): 85-104.

Thorpe C. 2008. Political theory in science and technology studies. Hackett E J. Handbook of Science and Technology Studies[C]. Cambridge: MIT Press: 584-601.

Tijssen R J W, Visser M S, van Leeuwen T N. 2002. Benchmarking international scientific excellence: Are highly cited research papers an appropriate frame of reference? Scientometrics, 54(3): 381-397.

Tim T Robinson, J Bradley Cousins. Internal participatory evaluation as an organizational learning system: A longitudinal case study. Studies in Educational Evaluation, 2004, 30(1): 1-22.

Torres R T, Preskill H S. 2001. Evaluation and organizational learning: Past, present, and future. American Journal of Evaluation, 22(3): 387-395.

Vaidya O S, Kumar S. 2006. Analytic hierarchy process: An overview of applications. European Journal of Operational Research, (169): 1-29.

Valdez B. 2005. Evaluation Research Policy Development, Department of Energy-Office of Science.

Wellman B. 1983. Network analusis: Some basic principles. Sociological Theory, (1): 172-178.

Wickramasinghe V, Takano S E. 2010. Application of combined SWOT and analytic hierarchy process (AHP) for tourism revival strategic marketing planning: A case of Sri Lanka tourism. Journal of the Eastern Asia Society for Transportation Studies, 8: 954-969.

Woolley R, Turpin T. 2009. CV analysis as a complementary methodological approach: Investigating the mobility of Australian scientists. Research Evaluation, 18(2): 143-151.

World Economic Forum. 2016. The Global Competitiveness Report 2015—2016. Geneva.

Xu Z. 2000. On consistency of the weighted geometric mean complex judgement matrix in AHP. European Journal of Operational Research, 126(3): 683-687.

Yasin M M. 2002. The theory and practice of benchmarking: Then and now. Benchmarking: An International Journal, 9(3): 217-243.

Youtie J, Rogers J, Heinze T, et al. 2013. Career-based influences on scientific recognition in the united states and europe: longitudinal evidence from curriculum vitae data. Research Policy, 42(8): 1341-1355.